国防科工委"十五"规划教材.航空宇航科学与技术

飞机总体设计

主编　李为吉

编者　李为吉　王正平　艾剑良　杨华保

西北工业大学出版社

北京理工大学出版社　　北京航空航天大学出版社

哈尔滨工业大学出版社　　哈尔滨工程大学出版社

内容简介

本书对飞机总体设计的基本概念和方法作了系统简明的阐述,强调了飞机总体设计的综合协调、折中权衡、反复迭代等特点。

全书共六章,内容有:飞机初始总体参数与方案设计、飞机总体参数详细设计、飞机操纵系统设计与分析、飞机费用与效能分析、飞机总体参数优化。

本书可作为航空高等学校飞行器设计专业本科生的教材,也可供该专业研究生和从事飞机设计工作的工程技术人员参考。

图书在版编目(CIP)数据

飞机总体设计/李为吉主编;李为吉,王正平,艾剑良,杨华保编. —西安:西北工业大学出版社,2004.12
(2023.7重印)

国防科工委"十五"规划教材. 航空宇航科学与技术

ISBN 978 - 7 - 5612 - 1838 - 9

Ⅰ.飞… Ⅱ.①李…②王…③艾…④杨… Ⅲ.飞机—系统结构—设计—高等学校—教材 Ⅳ.V221

中国版本图书馆 CIP 数据核字(2004)第 096198 号

飞机总体设计

李为吉　王正平　艾剑良　杨华保　编
责任编辑　王俊轩
责任校对　李阿盟
西北工业大学出版社出版发行
西安市友谊西路 127 号(710072)
发行部电话:029 - 88493844　88491757
http://www.nwpup.com
陕西博文印务有限责任公司印制　各地书店经销
开本:787 mm×960 mm　1/16
印张:15.25　字数:310 千字
2005 年 1 月第 1 版　2023 年 7 月第 8 次印刷
ISBN 978 - 7 - 5612 - 1838 - 9　定价:39.00 元

国防科工委"十五"规划教材编委会

总　序

　　国防科技工业是国家战略性产业,是国防现代化的重要工业和技术基础,也是国民经济发展和科学技术现代化的重要推动力量。半个多世纪以来,在党中央、国务院的正确领导和亲切关怀下,国防科技工业广大干部职工在知识的传承、科技的攀登与时代的洗礼中,取得了举世瞩目的辉煌成就。研制、生产了大量武器装备,满足了我军由单一陆军,发展成为包括空军、海军、第二炮兵和其他技术兵种在内的合成军队的需要,特别是在尖端技术方面,成功地掌握了原子弹、氢弹、洲际导弹、人造卫星和核潜艇技术,使我军拥有了一批克敌制胜的高技术武器装备,使我国成为世界上少数几个独立掌握核技术和外层空间技术的国家之一。国防科技工业沿着独立自主、自力更生的发展道路,建立了专业门类基本齐全,科研、试验、生产手段基本配套的国防科技工业体系,奠定了进行国防现代化建设最重要的物质基础;掌握了大量新技术、新工艺,研制了许多新设备、新材料,以"两弹一星"、"神舟"号载人航天为代表的国防尖端技术,大大提高了国家的科技水平和竞争力,使中国在世界高科技领域占有了一席之地。党的十一届三中全会以来,伴随着改革开放的伟大实践,国防科技工业适时地实行战略转移,大量军工技术转向民用,为发展国民经济做出了重要贡献。

　　国防科技工业是知识密集型产业,国防科技工业发展中的一切问题归根到底都是人才问题。50多年来,国防科技工业培养和造就了一支以"两弹一星"元勋为代表的优秀的科技人才队伍,他们具有强烈的爱国主义思想和艰苦奋斗、无私奉献的精神,勇挑重担,敢于攻关,为攀登国防科技高峰进行了创造性劳动,成为推动我国科技进步的重要力量。面向新世纪的机遇与挑战,高等院校在培养国防科技人才,生产和传播国防科技新知识、新思想，攻克国防基础科研和高技术研究难题当中，具有不可替代的作用。国防科工委高度重视，积极探索，锐意改革，大力推进国防科技教育特别是高等教育事业的发展。

高等院校国防特色专业教材及专著是国防科技人才培养当中重要的知识载体和教学工具，但受种种客观因素的影响，现有的教材与专著整体上已落后于当今国防科技的发展水平，不适应国防现代化的形势要求，对国防科技高层次人才的培养造成了相当不利的影响。为尽快改变这种状况，建立起质量上乘、品种齐全、特点突出、适应当代国防科技发展的国防特色专业教材体系，国防科工委全额资助编写、出版200种国防特色专业重点教材和专著。为保证教材及专著的质量，在广泛动员全国相关专业领域的专家学者竞投编著工作的基础上，以陈懋章、王泽山、陈一坚院士为代表的100多位专家、学者，对经各单位精选的近550种教材和专著进行了严格的评审，评选出近200种教材和学术专著，覆盖航空宇航科学与技术、控制科学与工程、仪器科学与工程、信息与通信技术、电子科学与技术、力学、材料科学与工程、机械工程、电气工程、兵器科学与技术、船舶与海洋工程、动力机械及工程热物理、光学工程、化学工程与技术、核科学与技术等学科领域。一批长期从事国防特色学科教学和科研工作的两院院士、资深专家和一线教师成为编著者，他们分别来自清华大学、北京航空航天大学、北京理工大学、华北工学院、沈阳航空工业学院、哈尔滨工业大学、哈尔滨工程大学、上海交通大学、南京航空航天大学、南京理工大学、苏州大学、华东船舶工业学院、东华理工学院、电子科技大学、西南交通大学、西北工业大学、西安交通大学等，具有较为广泛的代表性。在全面振兴国防科技工业的伟大事业中，国防特色专业重点教材和专著的出版，将为国防科技创新人才的培养起到积极的促进作用。

党的十六大提出，进入21世纪，我国进入了全面建设小康社会、加快推进社会主义现代化的新的发展阶段。全面建设小康社会的宏伟目标，对国防科技工业发展提出了新的更高的要求。推动经济与社会发展，提升国防实力,需要造就宏大的人才队伍,而教育是奠基的柱石。全面振兴国防科技工业必须始终把发展作为第一要务,落实科教兴国和人才强国战略,推动国防科技工业走新型工业化道路,加快国防科技工业科技创新步伐。国防科技工业为有志青年展示才华,实现志向,提供了缤纷的舞台,希望广大青年学子刻苦学习科学文化知识,树立正确的世界观、人生观、价值观,努力担当起振兴国防科技工业、振兴中华的历史重任,创造出无愧于祖国和人民的业绩。祖国的未来无限美好,国防科技工业的明天将再创辉煌。

前　　言

　　本书是航空高等学校飞行器设计专业本科生的必修课教材,重点讲述了飞机总体设计的基本原理和方法,强调飞机总体设计的综合协调、折中权衡、反复迭代等特点,通过几个循环,由简到繁完成飞机的总体设计,锻炼并增强学生的综合分析和解决问题的能力。

　　全书将飞机总体设计分为三个方面:方案设计、总体参数设计、决策和优化。首先研究飞机总体设计第一轮迭代设计流程,计算最重要的飞机总体参数:起飞重量、翼载荷和推重比,初步计算升阻特性,进行方案设计及初步分析。进而进行飞机总体参数详细设计,包括机翼、机身、尾翼、起落架等部件设计,验证方案设计的可行性,给出飞机三面图。书中还讨论了飞机总体设计的一些重要内容:飞机操纵系统设计,分析现代高速飞机的稳定性和操纵性,增稳和主动控制技术,电传操纵和综合飞行控制的基本概念;飞机寿命周期费用的概念和分析模型,飞机作战效能分析和评估方法。飞机设计是一个复杂的系统工程,涉及多个学科领域,必须建立综合设计思想,书中介绍了飞机多学科设计优化的基本原理、算法,面向系统设计的方法评价准则,多准则决策的层次结构和综合评价框架。

　　本书还吸收了国外一些成功的飞机设计经验数据、计算公式,对学生掌握飞机总体设计方法很有帮助。尽管与实际应用于工业界的方法相比,书中列出的设计与分析技术是简化了的,但课程内容安排符合学生认识规律。通过这门课的学习,使学生在定性分析能力、定量估算能力、综合运用能力等方面得到锻炼、提高。

　　本书是国防科工委"十五"规划教材,是在普通高等教育"九五"国家级重点教材《现代飞机总体综合设计》一书基础上,经过几年教学实践,做了修改补充;保持并加强理论严谨、系统性强的特点。其内容力图接近工程实际,对从事飞机设计的工程技术人员有参考价值,并便于读者自学。

本书由西北工业大学航空学院李为吉、王正平、艾剑良、杨华保编写,李为吉主编。全书由李为吉、王正平统稿。

编 者

2004 年 11 月于西北工业大学

主要符号表

符号	定义	单位
A	机翼展弦比	m
a	前轮伸出量	m
B	主轮距	m
b	机翼翼展,纵向轮距	m
b_a	副翼翼展	m
b_f	襟翼翼展	m
b_t	轮胎宽度	m
c	机翼弦长	m
c'	襟翼放下时的机翼弦长	m
c''	前缘襟翼放下时的机翼弦长	m
$\bar{c}$	机翼平均气动弦长	m
c_f	襟翼弦长	m
C_f	当量蒙皮摩擦阻力因数	
C_D	阻力因数	
C_{D0}	零升阻力因数	
C_L	翼剖面升力因数	
$C_{L\alpha}$	翼剖面升力线斜率	
$C_{L\alpha f}$	襟翼放下时的翼剖面升力线斜率	
$C_{L\delta f}$	由于襟翼弯曲引起的翼剖面升力线斜率	
C_L	机翼升力因数	
C_m	俯仰力矩因数	
D	阻力	N
d_p , D_p	螺旋桨的直径	m
d_t , D_t	轮胎直径	m
d_f , D_f	机身直径	m
E	待机时间	h
e	奥斯瓦尔德效率因子;主轮伸出量	m

f	当量废阻面积	m^2
g	重力加速度	m/s^2
H	飞行高度	m
h	机轮高度	m
i_w	机翼安装角	$(°)$
K_Δ	后掠角修正因数	
K_f	开裂式襟翼修正因数	
K_λ	尖削比修正因数	
K'	简单襟翼的修正因数	
L	升力	N
L/D	升阻比	
L_f	机身长度	m
l_m	主起落架到全机中心的距离	m
l_n	前起落架到全机中心的距离	m
Ma	马赫数	
n	过载	
n_p	螺旋桨桨叶的数目	
n_s	支柱的数目	
N	发动机的数目	
P	功率(或马力)	W(或 $hp=736W$)
P_{bl}	桨叶的单位面积功率	W/m^2(hp/m^2)
P_n	前起落架支柱的载荷	N
P_m	主起落架支柱的载荷	N
q	动压	N/m^2
R	航程	m
Re	雷诺数	
S	机翼面积	m^2
S_{wet}	机翼浸湿面积	m^2
S_{wf}	襟翼翼面积	m^2
t	时间	s,min,h
t/c	相对厚度	
T	推力	N
v	绝对空速	km/h
W	重量	N

X	推力（或功率）	N（或 hp）
x, y, z	从参考点到某一部件重心的距离	m
x_v, x_h, x_c	从重心到某一翼面焦点的距离	m
Y_t	发动机航向力矩的力臂	m

希腊字母	定义	单位
α	迎角	（°）
β	侧滑角	（°）
λ	根梢比	
Λ	后掠角	（°）
π	3.1415926	
Γ	上反角	（°）
ρ	大气密度	kg/m^3
σ	大气密度比	
θ_{fc}	机身锥角	（°）
ϕ	横向地面间隙角	（°）
θ	纵向地面间隙角	（°）
θ_{lof}	纵向翻滚角	（°）
ε	下洗角	（°）
ε_t	扭转角	（°）
η	展向站位	m
ψ	横向翻滚角	（°）
μ_G	地面摩擦因数	
δ	压力比	
γ	航迹角	（°）
θ	温度比	
δ_e	升降舵偏角	（°）
δ_r	方向舵偏角	（°）
δ_a	副翼偏角	（°）
δ_f	襟翼偏角	（°）

目　　录

I

第 6 章　飞机总体参数优化

第1章 绪 言

飞机设计是一项既复杂且周期又很长的工作,通常分成几个阶段进行。

首先拟定设计要求。它是由使用方(军方或民航)负责。现代军用飞机根据国家的战略方针和将来面临的作战环境,经过分析提出作战技术要求。现代军用飞机从设计要求的制定到开始服役使用一般都需要 10 年以上的时间,要准确预计 10 年后的政治、经济、技术环境是相当困难的。一个型号的军用飞机的全寿命费用达数百亿元的量级,因而军用飞机设计要求的研究和制定是一项非常重要和影响巨大的工作。军用飞机设计要求的研究和制定一般都由专门的机构和人员来进行。民用飞机主要强调安全性、经济性和舒适性,其设计要求一般是由飞机公司提出初步设想,经过与可能用户的商讨,并经过市场调查和分析讨论后制定的。

第二阶段是概念设计。它与设计要求阶段有重叠,因为有时要通过概念设计来使设计要求制定得更为合理和具体化。概念设计的目的是对飞机的气动布局、性能、重量水平、航空电子、武器、所需新技术、费用和市场前景等方面进行初步和方向性的探讨。概念设计中还有对设计要求中各项目的指标进行分析,适当降低那些对性能影响不大,但可能降低技术风险和发展费用的设计要求,有可能提出一套合理组合的设计要求。概念设计中设计师的经验和判断力起重要作用,往往采用经验或半经验的分析方法。

第三阶段是初步设计。它包括两部分内容:方案设计和打样设计。方案设计,首先根据设计要求在概念设计的基础上,进行多种气动布局方案的对比和研究,以及机翼、机身、尾翼的形状、设计参数的确定,并同时进行飞机的内部布置。这时,各个专业都要介入,如结构的传力路线设计、新材料新工艺的选用、各系统的原理设计、全机重量和重心估计、飞机性能计算和飞行品质分析,从各专业技术上检查设计方案能否满足设计要求及协调各专业的分指标。飞机方案设计中充满着矛盾,要通过各种方案的研究来评价、折中和综合,不断进行改进,直到获得一个满足要求的综合最佳方案。打样设计,在方案设计阶段主要是确定飞机总体布局,对结构和系统的考虑比较粗略,在详细设计之前,结构和系统还需要一个初步设计的过程,这个过程就是打样设计。在打样设计阶段要进行下列工作:

(1)气动分析和风洞试验,进行全机载荷计算,性能和飞行剖面计算,操纵性和稳定性分析和气动弹性分析等。制造不同的模型,进行高低速风洞试验,提供原始气动力数据。

(2)结构打样设计。对主要受力部件进行初步设计和分析,选择合理的结构形式,确定采用的新材料、新工艺和进行重量估算。

(3)系统打样设计。对所有系统进行原理设计,确定主要附件和系统的功能和功率。对管道、电缆进行初步设计和通路协调。

(4)全机布置协调。一般是在全尺寸图纸上进行,画出全套协调图。随着计算机技术的发展,全机布置协调,运动机构及间隙检查,可在计算机屏幕上进行。

(5)样机审查。在打样设计后期要制造全尺寸样机,用户在全尺寸样机和真实座舱环境中检查是否符合使用要求。在样机审查批准以后,冻结设计状态,详细设计才能开始。

第四阶段是详细设计。其主要任务是:进行结构和系统的详细设计和分析,包括所有零部件设计,提供零件图、装配图、总图;进行详细的重量估算和强度校核,并进行最后的飞机性能计算;进行工艺设计,制定飞机制造工艺方案,向制造部门提供生产图纸;进行结构的静强度、动强度和寿命试验;对系统进行地面台架模拟试验;进行飞机维修性、生存力分析和研制费用、经济性评估。

第五阶段为原型机试制。为加快研制速度,现代飞机都制造多架原型机进行试飞。

第六阶段为试飞。

在试飞结束获得设计定型或型号合格证后才能进入第七阶段。

第七阶段为成批生产。

第八阶段为使用和改进改型。对已投入使用的飞机进行改进改型,扩大它的功能和延长使用寿命,世界各国都很重视这一途径。

为了使航空高等学校学生掌握飞机设计的基本概念、原理和方法,从飞机总体设计和飞机结构设计两个方面,分别用两本教材加以介绍。飞机总体设计是在使用方提出特定设计要求的条件下,选择并确定飞机布局形式和总体设计参数,经过计算、分析、修正,使所设计出来的飞机以优良的性能,最大限度地满足使用方的要求。飞机总体设计是反复迭代逐渐逼近的过程,满足设计要求,可以有多种可行的方案,确定总体设计参数和进行分析,也有不同的工作量和确定精度的方法。飞机总体设计涉及多学科领域,如空气动力学、结构强度、航空发动机、自动控制、电子技术、材料及工艺等,特别需要各方面的综合协调。本书作为航空高等学校本科生教材,为强调培养学生的综合和决策问题的能力,在内容安排上也是由简到繁的,通过几个循环完成飞机的总体设计。

本书将飞机总体设计分为三个方面:方案设计、总体参数设计、决策与优化。将飞机升阻特性和飞行性能计算与分析的内容有机地融入到方案设计和总体参数设计的章节中。第二章讨论飞机方案设计,提出飞机总体设计的第一轮迭代设计流程,其中包括总体布局及初步分析,起飞重量、翼载和推重比的计算,升阻特性初步计算,以及各种矛盾因素权衡处理方法。第三章讨论飞机总体参数设计,介绍机翼、机身和尾翼几何参数选择,内部布置,推进装置与机体一体化设计,起落架设计等。通过总体参数设计,进一步研究总体方案的可行性,进行方案决策。结合实例,给出了飞机初步设计三面图。第四章讨论飞机操纵系统的特点和基本组成,给出设计要求,分析现代高速飞机的稳定性和操纵性,增稳和主动控制技术,介绍电传操纵和综合飞行控制的基本概念。

书中还介绍了下列内容:第五章,飞机费用和效能分析。这是不同于飞机性能准则的另一个决定设计方案取舍的重要方面。它包括了飞机寿命周期费用的组成和分析方法,研究、发展、试验、鉴定、生产费用和使用保障费用分析模型。军用飞机完成预定作战任务能力的大小,可通过作战效能进行综合评估。这一章介绍了飞机作战效能分析的概念和评估方法。现代飞机设计是一个复杂的系统工程,涉及多学科领域,各学科构成的子系统相互交叉影响。飞机设计必须建立综合设计的思想,提高综合设计的手段。第六章,飞机总体参数优化,详细介绍了飞机多学科设计优化方法的基本原理、常用算法及分析比较、近似技术、计算流程。这里有我们的研究成果和对某通用航空飞机总体参数优化的详细分析计算过程。另外,针对飞机总体设计的特点,书中还介绍了面向系统设计的方法评价准则,建立了多准则决策的层次结构和综合评价框架。

本书强调了飞机总体设计的综合协调、折中权衡、反复迭代等特点,在各个阶段都尽量给出具体的设计步骤。在论述中吸收了国外一些成功的飞机设计经验数据、计算公式,对学生掌握飞机总体设计方法很有帮助。在书中还介绍了飞机总体设计优化和决策的基本概念和方法,使读者体验设计的全过程。尽管与实际应用于工业界的方法相比,本教材所列出的设计与分析技术是简化了的,但是其内容安排符合学生认识规律。通过这门课的学习,使学生在定性分析能力、定量估算能力,以及综合运用能力与联系工程实际能力等方面将得到锻炼和提高。

为配合学生学习并掌握飞机总体设计的知识和设计方法,在编者多年教学和科研工作基础上编制了一套飞机总体设计教学版软件及详细的使用手册。学生利用这一软件,可以实现飞机总体设计的各个环节和全部过程,并可对设计方案进行权衡。软件和使用手册将另外单独出版发行。

第 2 章　飞机初始总体参数与方案设计

2.1　方案设计的任务和过程

本章是为了使飞机设计专业的学生能熟悉飞机设计过程中所用的设计决策方法,了解飞机设计的任务来源与如何进行最初阶段的设计工作而编写的。"初始总体参数的确定"和"方案设计"便是这一阶段的任务。初始设计阶段之后的情况很大程度上取决于初始设计阶段的结果和研制成本。如果初始设计阶段的结果可以满足预定的设计要求,则可以进行飞机的详细设计,如果初始设计的结果中发现了某些问题(如某种技术上的不足,或缺乏数据等),那么就要进一步地改进初始方案、研究解决问题的方案,直到问题被解决之后,形成最终设计任务书,再进行飞机的全尺寸发展研制。如果研制表明在可接受的周期和费用内不能解决这些问题,该设计项目则将被取消。

方案设计的任务主要是确定如下飞机总体参数:

(1) 起飞总重 W_{TO};

(2) 最大升力系数 C_{Lmax};

(3) 零升阻力系数 C_{D0};

(4) 推重比 T/W;

(5) 翼载 W/S。

本章中假设飞机的任务要求是已知的,任务书中定义的典型参数有:

(1) 装载和装载类型;

(2) 航程或待机要求;

(3) 起飞着陆场长;

(4) 爬升要求;

(5) 机动要求;

(6) 鉴定基准(例如:实验、航标或军用标准)。

2.2　重量估算

飞机必须在带有装载物的情况下达到航程、航时、速度和巡航速度的目标。估算为了完成任务阶段的飞机最小重量和燃油重量是很重要的。对一定的任务要求,本节提供了一种快速估计起飞总重W_{TO}、空重W_E、任务油重W_F的方法。

该方法适用于如下12种飞机:

(1) 运动螺旋桨飞机;

(2) 单发螺旋桨飞机;

(3) 双发螺旋桨飞机;

(4) 农业飞机;

(5) 公务机;

(6) 涡轮螺旋桨支线飞机;

(7) 喷气运输机;

(8) 军用教练机;

(9) 战斗机;

(10) 军用巡逻机、轰炸机和运输机;

(11) 水陆两用飞机;

(12) 超音速巡航飞机。

一、方法的概述

"设计起飞总重"是指飞机在设计确定任务开始时的总重量,它不一定与"最大起飞重量"相同。许多军用飞机的装载可以超过其设计重量,但将损失包括机动性在内的主要性能。除特殊说明外,起飞总重W_{TO}假定为设计重量。

飞机起飞总重可以表示为如下几项:

$$W_{TO} = W_{OE} + W_F + W_{PL} \tag{2.1}$$

式中　　W_{OE}——飞机使用空重;

　　　　W_F——飞机任务油重;

　　　　W_{PL}——飞机有效装载重量。

而W_{OE}通常记为

$$W_{OE} = W_E + W_{tfo} + W_{crew} \tag{2.2}$$

式中　　W_E——空重;

　　　　W_{tfo}——死油重;

　　　　W_{crew}——乘员重。

空重有时又可写成如下形式:

$$W_E = W_S + W_{FEQ} + W_{EN} \tag{2.3}$$

5

式中　　W_S——飞机结构重量；

　　　　W_{FEQ}——固定设备重量；

　　　　W_{EN}——动力装置重量。

固定设备重量可以包括航电设备、空调设备、特殊雷达设备、辅助动力装置（APU）、内部装置和内部装饰，以及其他用于完成该任务而带的设备的重量。

设计起飞重量包括空机重量和全部载重，如图 2.1 所示。

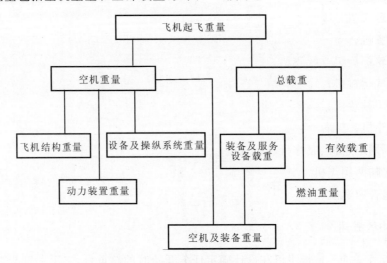

图 2.1　飞机起飞重量分类

对于一般飞机，起飞总重可以表示为如下形式：

$$W_{TO} = W_{crew} + W_F + W_{PL} + W_E \tag{2.4}$$

也可以写为

$$W_{TO} = \frac{W_{crew} + W_{PL}}{1 - \dfrac{W_F}{W_{TO}} - \dfrac{W_E}{W_{TO}}} \tag{2.5}$$

式中　　$\dfrac{W_E}{W_{TO}} = m_e$——空机重量系数；

　　　　$\dfrac{W_F}{W_{TO}} = m_f$——燃油重量系数。

表 2.1 给出了常规起落飞机的结构、动力装置、设备及操纵和燃油的相对重量。

表 2.1　常规飞机的结构、动力装置、设备及操纵和燃油的相对重量

飞机种类		W_S/W_{TO}	W_{EN}/W_{TO}	W_{FEQ}/W_{TO}	W_F/W_{TO}
亚音速 干线客机	轻型	0.30~0.32	0.12~0.14	0.12~0.14	0.18~0.22
	中型	0.28~0.30	0.10~0.12	0.10~0.12	0.26~0.30
	重型	0.25~0.27	0.08~0.10	0.09~0.11	0.35~0.40
超音速飞机		0.20~0.24	0.08~0.10	0.07~0.09	0.45~0.52
地方航线的多用途飞机		0.29~0.31	0.14~0.16	0.12~0.14	0.12~0.18
运动飞机及特技飞行飞机		0.32~0.34	0.26~0.30	0.06~0.07	0.10~0.15
农业飞机及专业飞机		0.24~0.30	0.12~0.15	0.12~0.15	0.08~0.12
轻型水上飞机		0.34~0.38	0.12~0.15	0.12~0.15	0.10~0.20
动力滑翔飞机		0.48~0.52	0.08~0.10	0.06~0.08	0.08~0.12
歼击机		0.28~0.32	0.18~0.22	0.12~0.14	0.25~0.30
轰炸机	轻型	0.26~0.28	0.10~0.12	0.10~0.12	0.35~0.40
	中型	0.22~0.24	0.08~0.10	0.07~0.10	0.45~0.50
	重型	0.18~0.20	0.06~0.08	0.06~0.08	0.55~0.60
军用运输 机及货机	轻型	0.30~0.32	0.12~0.14	0.16~0.18	0.20~0.25
	中型	0.26~0.28	0.10~0.12	0.12~0.14	0.25~0.30
	重型	0.28~0.32	0.08~0.10	0.06~0.08	0.30~0.35

这里有两点值得注意：

(1) 从最底层考虑，估算需要的燃油重量 W_F 是不难的；

(2) 统计数据表明，对先前提及的 12 种飞机，$\lg W_{TO}$ 和 $\lg W_E$ 之间存在线性关系。

基于这两点，求 W_{TO}，W_E 和 W_F 将包含以下 7 个步骤：

第一步：确定任务装载重量 W_{PL}。

第二步：猜测一个起飞重量值 $W_{TO\ guess}$。

第三步：确定任务油重 W_F。

第四步：确定 W_{OE} 的试探值：

$$W_{OE\ tent} = W_{TO\ guess} - W_F - W_{PL} \tag{2.6}$$

第五步：求 W_E 的试探值：

$$W_{E\,tent} = W_{OE\,tent} - W_{tfo} - W_{crew} \tag{2.7}$$

W_{tfo} 大约为 W_{TO} 的 0.5% 或更多,通常可以忽略不计。W_{crew} 数值根据设计要求或使用要求决定。

第六步:按第五节中的方法求 W_E 的许可值。

第七步:比较 $W_{E\,tent}$ 和第五、第六步得来的值,然后改变 $W_{TO\,guess}$ 的值,重复第三 ~ 六步,一直迭代下去,直到 $W_{E\,tent}$ 和 W_E 的差值小于指定的误差值。 在这一阶段,误差值通常取 0.5%。

二、确定飞机装载重量 W_{PL} 和人员重量 W_{crew}

飞机装载重量 W_{PL} 通常已在任务要求中给出。W_{PL} 包括以下各项的一部分:

(1)乘员和行李;

(2)货物;

(3)军用装载,如弹药、炸弹、导弹和各种外挂物。

对于作短程飞行的旅客机,每个旅客重量为 75×9.8 N,带行李 10×9.8 N,对远程飞行每个旅客带行李 15×9.8 N。

机组人员重量 W_{crew} 是由如下方式确定的:

旅客机:机组人员包括驾驶舱内的乘员和飞机乘务人员,人员数目还取决于旅客总数。对机组成员,一般重量为 80×9.8 N,所带行李 10×9.8 N。

军用飞机:对军机飞行员,因为他们带有附加设备,重量取为 100×9.8 N。

三、对起飞总重量 W_{TO} 的估计

$W_{TO\,guess}$ 的初始值通常是按具有类似任务和类型的飞机重量类比而来的,如果无法类比,则任意给一个猜测值。

四、任务油重的确定

在第一节中,第一步曾表明确定 W_F 是不难的,求 W_F 的方法是

$$W_F = W_{F\,used} + W_{F\,res} \tag{2.8}$$

式中　　$W_{F\,used}$——任务期间耗去的燃油重量;

　　　　$W_{F\,res}$——执行任务所必须的余油。

任务余油量通常按下列方式规定:

(1)作为消耗燃油的一部分;

(2)使飞机可以抵达另外机场的附加航程需要;

(3)满足待机时间要求的油量。

为了确定执行飞行任务时耗去的油量,通常采用燃油系数法,即飞行任务被分成若干段

（见图 2.2）。每一段的油耗按简单计算公式或由经验确定。给定某一飞机的任务剖面,把任务剖面分成许多任务段,每一段给予编号并给出起始重量和结束重量。每个任务段燃油系数是段末重量与本段开始时的重量之比。下一步是为每一任务段的燃油系数分配一个数,这可以按下述方法进行。

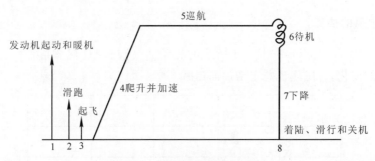

图 2.2　典型飞机任务剖面

第一段:发动机起动和暖机 —— 起始重量为 W_{TO},终止重量为 W_1,本段燃油系数为 W_1/W_{TO}。该系数的参考数据为 0.99 ～ 0.998。

第二段:滑跑 —— 开始重量为 W_1,终止重量为 W_2,燃油系数为 W_2/W_1。该系数的参考数据为 0.99 ～ 0.998。

第三段:起飞 —— 开始重量为 W_2,终止重量为 W_3,本段燃油系数为 W_3/W_2。该系数的参考数据为 0.99 ～ 0.998。

第四段:爬升到巡航高度并加速到巡航速度 —— 开始重量为 W_3,终止重量为 W_4,本段燃油系数 W_4/W_3 的参考数据为 0.98 ～ 0.995。

第五段:巡航 —— 起始重量为 W_4,终止重量为 W_5,本段燃油系数 W_5/W_4 的参考数据为 0.863 ～ 0.99。

第六段:待机 —— 起始重量为 W_5,终止重量为 W_6,本段燃油系数 W_6/W_5 的各种飞机参考数据为 0.99 ～ 0.995。

第七段:下降 —— 开始重量为 W_6,终止重量为 W_7。该系数的参考数据为 0.985 ～ 0.995。

第八段:着陆、滑行和关机 —— 起始重量为 W_7,终止重量 W_8,该系数的参考数据为 0.99 ～ 0.998。

这样即可求出任务燃油系数 m_{ff}:

$$m_{ff} = (W_1/W_{TO}) \prod_{i=1,7} (W_{i+1}/W_i) \qquad (2.9)$$

式中　W_{TO} —— 起飞总重;

　　　W_i —— 发动机起动和暖机阶段末的飞机重量;

　　　W_i, W_{i+1} —— 飞行剖面中每一个任务段的起始和终止重量。

9

任务中使用的燃油为

$$W_{\text{Fused}} = (1 - m_{\text{ff}})W_{\text{TO}} \tag{2.10}$$

任务燃油重量最终为

$$W_{\text{F}} = (1 - m_{\text{ff}})W_{\text{TO}} + W_{\text{Fres}} \tag{2.11}$$

六、空机重量的估算

空机重量系数 m_{e} 可以根据图 2.3 所示的经验曲线,按统计规律估算。空机重量系数在 $0.3 \sim 0.7$ 之间变化,并随飞机总重增加而递减。

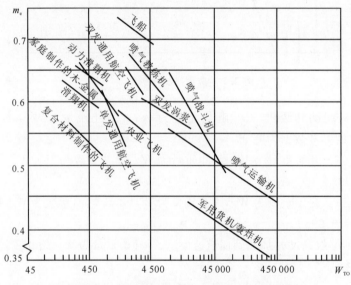

图 2.3   空机重量系数与飞机起飞总重的关系

由图可见,飞机类型的影响也很大。飞船的空机重量系数最大,远程军用飞机的空机重量系数最小。飞船之所以重,是因为它需要携带相当于整个船体重量的附加重量。还应注意到,不同类型的飞机所对应的空机重量系数随飞机重量变化的曲线斜率也不同。

空机重量系数原则上是随飞机尺寸而变化的,但对有些电子设备重量是不变的,也可以把这些设备的重量统计到空机重量中去。这只适用于 20 世纪 80 年代以前的飞机。对于新一代飞机,在使用这些统计数据时要考虑增加 W_{PL} 而减小 W_{E}。总的趋势是飞机总重越小,装载的能力就越小。

七、确定起飞重量

将空机重量系数和燃油重量系数代入式(2.5)中,得到关于起飞重量的迭代关系式,对该式进行迭代,就可求得起飞重量。也就是先假定一个起飞重量,计算统计空机重量系数,再计算起飞总重,如果结果与假定值不一致,则取两数之间的某一个值作为下一个假定值,重新进行计算,直到 $W_{E\,tent}$ 和 W_E 的差值小于指定的误差值。在这一阶段,误差值通常取 0.5%。

2.3 飞机升阻特性估算

一、确定最大升力系数

最大升力系数取决于机翼的几何形状、翼型、襟翼几何形状及其展长、前缘缝翼及缝翼几何形状、Re 数、表面粗糙度以及来自飞机其他部件的影响,如机身、发动机短舱或挂架的干扰。平尾提供的配平力将增加或减小最大升力,这取决于配平力的方向。如果螺旋桨洗流或喷气洗流冲击到机翼或襟翼上,那么在发动机工作条件下,也会对最大升力产生重要影响。

大多数飞机在起飞和着陆时,使用不同的襟翼状态。在着陆过程中,襟翼偏转到最大位置,以提供最大的升力和阻力。不过,起飞用的最大襟翼偏角可能会引起比快速加速和爬升时所期望的阻力还要大。因此,这时的襟翼将使用大约一半的最大偏角,这样一来,着陆时的最大升力系数将比起飞时的大。一般地,起飞最大升力系数大约是着陆最大升力系数的 80%。表 2.2 列出了不同飞机的典型 C_{Lmax} 值。

表 2.2 最大升力系数典型值

序号	飞机类型	C_{Lmax}	C_{LmaxTO}	C_{LmaxL}
1	运动螺旋桨飞机	1.2～1.8	1.2～1.8	1.2～2.0
2	单发螺旋桨飞机	1.3～1.9	1.3～1.9	1.6～2.3
3	双发螺旋桨飞机	1.2～1.8	1.4～2.0	1.6～2.5
4	农业飞机	1.3～1.9	1.3～1.9	1.3～1.9
5	公务机	1.4～1.8	1.6～2.2	1.6～2.6
6	涡轮螺旋桨支线飞机	1.5～1.9	1.7～2.1	1.9～3.3
7	喷气运输机	1.2～1.8	1.6～2.2	1.8～2.8
8	军用教练机	1.2～1.8	1.4～2.0	1.6～2.2
9	战斗机	1.2～1.8	1.4～2.0	1.6～2.6
10	军用巡逻机、轰炸机和运输机	1.2～1.8	1.6～2.2	1.8～3.0
11	水陆两用飞机	1.2～1.8	1.6～2.2	1.8～3.4
12	超音速巡航飞机	1.2～1.8	1.6～2.0	1.8～2.2

C_{Lmax} 的详细求解方法可以查阅相关资料，在初始设计阶段，表 2.2 所列值已经足以"选择"满足任务要求和与襟翼参数相对应的 C_{Lmax}。为了获得较好的最大升力系数的初始估算值，需要求助于实验结果和经验数据。图 2.4 给出了几类飞机最大升力系数随后掠角的变化曲线。要记住的是，用于起飞襟翼偏角状态的最大升力系数，大约是着陆最大升力系数的 80%。

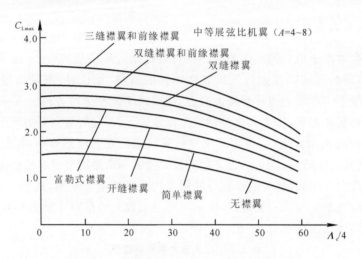

图 2.4　最大升力系数随后掠角的变化曲线

二、确定零升阻力系数

机翼上的阻力有许多种，根据阻力的起因以及是否与升力有关，可以把阻力分为零升阻力（与升力无紧密联系的阻力）和诱导阻力（与升力密切相关的阻力）。其中零升阻力包括摩擦阻力和压差阻力。一架精心设计的飞机在亚音速巡航时的零升阻力大部分为蒙皮摩擦阻力，再加上小部分的分离压差阻力。对于不同类型的飞机，分离压差阻力都占蒙皮摩擦阻力的一定百分比，由此引出"当量蒙皮摩擦阻力系数（C_{fe}）的概念"，它包括蒙皮摩擦阻力和分离阻力。

用当量蒙皮摩擦阻力系数法估算零升阻力的公式为

$$C_{D0} = C_{fe} \frac{S_{浸湿}}{S_{参考}} \tag{2.12}$$

式中　　$S_{浸湿}$——飞机浸湿面积；

　　　　$S_{参考}$——飞机参考面积。

式（2.12）中的当量蒙皮摩擦阻力系数 C_{fe} 可从表 2.3 中查取。

表 2.3 当量蒙皮摩擦阻力系数

$C_{D0} = C_{fe}\dfrac{S_{浸湿}}{S_{参考}}$	C_{fe}/ 亚音速	$C_{D0} = C_{fe}\dfrac{S_{浸湿}}{S_{参考}}$	C_{fe}/ 亚音速
轰炸机或民用运输机	0.003 0	轻型飞机(单发)	0.005 5
军用货机	0.003 5	轻型飞机(双发)	0.004 5
空军战斗机	0.003 5	螺旋桨水上飞机	0.006 5
海军战斗机	0.004 0	喷气式水上飞机	0.004 0
超音速巡航飞机	0.002 5		

这里引入了浸湿面积的概念。所谓浸湿面积,即飞机总的外露表面积,可以看做是把飞机浸入水中会变湿的那部分表面积。要估算阻力必须计算浸湿面积,因为它对摩擦阻力影响最大。

机身的浸湿面积可以用飞机的俯视图和侧视图来估算。对于一般飞机,方程式(2.13)给出了合理的近似。

$$S_{浸湿} \approx 3.4[(S_{侧} + S_{俯})/2] \tag{2.13}$$

式中 $S_{侧}$—— 侧视图中飞机的平面面积;

$S_{俯}$—— 俯视图中飞机的平面面积。

机翼和尾翼的浸湿面积可根据其平面形状估算,如图 2.5 所示,浸湿面积由实际视图外露平面形状面积($S_{外露}$)乘以一个根据机翼和尾翼相对厚度确定的因子得到。

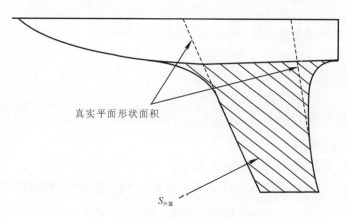

真实平面形状面积

$S_{外露}$

图 2.5 机翼 / 尾翼浸湿面积估算

图 2.5 中所示阴影部分为外露平面形状面积,虚线所示为机翼／尾翼真实平面形状面积。

如果机翼或尾翼像一张纸那样薄,则浸湿面积将精确地等于实际平面形状面积的二倍(即上表面和下表面)。有限厚度的影响将增大浸湿面积,可近似地由式(2.14)或式(2.15)估算。要注意,实际外露平面形状面积是投影(俯视)面积除以上反角的余弦值。

如果 $t/c < 0.05$,则

$$S_{浸湿} = 2.003\, S_{外露} \tag{2.14}$$

如果 $t/c > 0.05$,则

$$S_{浸湿} = S_{外露}[1.977 + 0.52(t/c)] \tag{2.15}$$

对于起飞与着陆,襟翼与起落架对零升阻力的影响比较大,应予以考虑。襟翼与起落架产生附加零升阻力的值主要同它们的尺寸、类型有关,其典型值可参照表 2.4 选取。

表 2.4 ΔC_{D0} 的典型值

襟翼、起落架形式	ΔC_{D0}	e
干净	0	$0.80 \sim 0.85$
起飞放下襟翼	$0.010 \sim 0.020$	$0.75 \sim 0.80$
着陆放下襟翼	$0.055 \sim 0.075$	$0.70 \sim 0.75$
放下起落架	$0.015 \sim 0.025$	

采用哪个值取决于飞机的襟翼、起落架形式。开裂式襟翼阻力比富勒襟翼大;全翼展襟翼阻力大于部分翼展襟翼;装在机翼上的起落架阻力大;上单翼飞机阻力大于下单翼。

三、典型的飞机极曲线

亚音速时,设极曲线为抛物线,则飞机的阻力系数为

$$C_D = C_{D0} + C_L^2/\pi A e \tag{2.16}$$

或者

$$C_D = C_{D0} + K C_L^2 \tag{2.17}$$

式中 $K = \dfrac{1}{\pi A e}$ —— 诱导阻力因子;

　　A —— 机翼展弦比;

　　e —— 奥斯瓦尔德(Oswald)效率因子。

典型的奥斯瓦尔德效率因子(e)在 $0.7 \sim 0.85$ 之间,可以用下面的公式估算 e 值:

直机翼飞机

$$e = 1.78(1 - 0.045A^{0.68}) - 0.46 \tag{2.18}$$

后掠翼飞机

$$e = 4.61(1 - 0.045A^{0.68})(cos\Lambda_{LE})^{0.15} - 3.1 \tag{2.19}$$

式中　Λ_{LE} 为机翼前缘后掠角。

升阻比 L/D 是所设计方案总气动效率的量度。在亚音速状态下,升阻比 L/D 直接取决于两个设计因素:机翼翼展和浸湿面积。下面给出了一个计算最大升阻比的公式,可用于升阻比 L/D 的估算。

$$(L/D)_{max} = 0.5 (\pi Ae / C_{D0})^{1/2} \tag{2.20}$$

以下列出了亚音速及超音速飞机典型极曲线的计算和图表,这些数据可以用于方案论证。所提供的亚音速飞机的极曲线公式如下(襟翼及起落架收上):

$$C_D = C_{Dmin} + \frac{(C_L - C_{L0})^2}{\pi Ae} \tag{2.20}$$

式中　C_{L0} —— 对应于 C_{Dmin} 的升力系数。如果 $C_{L0} = 0$,则 $C_{Dmin} = C_{D0}$。

对第一次近似,

$$C_{Dmin} = (0.9 + 0.15Ma)[3C_f(1 + 3.3\overline{(t/c)})cos\Lambda_{1/4} +$$
$$0.009 \times S_T/S + (0.008k_f - 0.5/k_f^2)S_{Mf}/S + C_{DE}S_E/S + 0.0002]$$

式中　$C_f = \dfrac{0.045}{(\lg Re)^{2.58}}$ —— 机翼在紊流中的摩擦系数;

$\quad\quad C_f = \dfrac{1.328}{\sqrt{Re}}$ —— 机翼在层流中的摩擦系数;

$\quad\quad Re = \dfrac{v_c \times 10^5}{1.46 + 0.25 \times 10^{-4}H + 1.94 \times 10^{-8}H^2}\sqrt{\dfrac{S}{A}}$;

$\quad\quad v_c$ —— 巡航速度;

$\quad\quad S_E$ —— 所有发动机短舱的横截面面积;

$\quad\quad S_T$ —— 尾翼面积;

$\quad\quad C_{DE}$ —— 发动机短舱的阻力系数;

$\quad\quad k_f$ —— 机身的长细比。

发动机短舱的阻力系数决定于涡轮风扇发动机的涵道比(确切地说是决定于短舱形状),如表2.5所示。

表 2.5　C_{DE} 与涵道比的关系

涵道比	0	2	4	6
C_{DE}	0.1	0.1	0.085	0.065

图2.6,图2.7及图2.8给出了亚音速飞机、超音速飞机的极曲线及 C_{D0} 随 Ma 变化的实例。

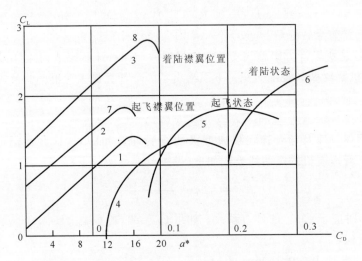

图 2.6　装两台涡轮风扇发动机的亚音速飞机的极曲线

$S = 32 \text{ m}^2$；$A = 9$；$\Lambda_{1/4} = 20°$；$(t/c)_t = 0.14$；$(t/c)_r = 0.10$；$d_f = 2 \text{ m}$；机翼增升装置：前缘缝翼及双缝富勒襟翼；1— 无增升装置的 C_{La}；2— 起飞时（前缘缝翼不打开，襟翼偏转 20°）的 C_{La}；3— 着陆时（前缘缝翼打开，襟翼偏转 40°）的 C_{La}；4— 无增升装置（起落架收起）时的 $C_L(C_D)$；5— 起飞时（起落架放下）的 $C_L(C_D)$；6— 着陆时（起落架放下）的 $C_L(C_D)$；7— 离地时的升力系数；8— 着陆时的升力系数

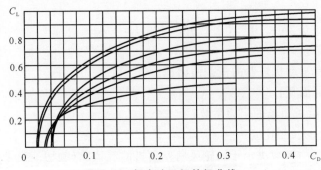

图 2.7　超音速飞机的极曲线

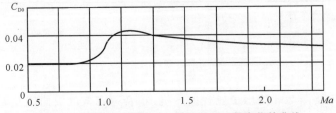

图 2.8　超音速飞机的 C_{D0} 随飞行 Ma 数变化的曲线

2.4　确定推重比和翼载

推重比(T/W)和翼载(W/S)是影响飞机飞行性能的两个最重要的参数,这些参数的优化是初始设计布局完成后所要进行的主要分析、设计工作。然而,在初始设计布局之前,要进行基本可信的翼载和推重比估算,否则优化后的飞机可能与初始布局的飞机相差很远,必须重新设计。

一、确定推重比

T/W 直接影响飞机的性能。一架飞机的 T/W 越高,加速就越快,爬升也就越迅速,能够达到的最大速度也越大,转弯角速度也越大。另一方面,发动机越大,执行全部任务中的油耗也越多,从而使完成设计任务的飞机的起飞总重增加。

T/W 不是一个常数。在飞行过程中,随着燃油消耗,飞机重量在减小。另外,发动机的推力也随高度和速度在变化。

每当设计师们提到飞机的推重比时,通常指的是在海平面静止状态(零速度)和标准大气压条件下,而且是在设计起飞重量和最大油门状态下的推重比。另一个常被提到的推重比是战斗机在格斗条件下的推重比。

1.推重比的折算

在确定参数的过程中,应该注意避免混淆起飞推重比和其他条件下的推重比。如果所需的推重比是在其他条件下得到的,必须将它折算到起飞条件下,以便于选择发动机的数量和大小。例如,在设计过程中得到了巡航状态的推重比$(T/W)_{巡航}$,就可以用式

$$\left(\frac{T}{W}\right)_{起飞} = \left(\frac{T}{W}\right)_{巡航}\left(\frac{W_{巡航}}{W_{起飞}}\right)\left(\frac{T_{巡航}}{T_{起飞}}\right) \tag{2.22}$$

进行折算。

如果可能的话,起飞与巡航条件下的推力比值,应该从实际发动机数据中得到,否则可采用类似发动机的数据,或者某些其他来源的数据。

2.推重比的统计估算值

表2.6给出了不同类型飞机的推重比(T/W)的典型值,这些值都是在海平面和零速度("静态")状态下最大功率时的值。

注意,现代空中格斗战斗机的 T/W 值接近1.0,这表明推力近似等于重量。在格斗条件下,当燃油消耗一部分后,飞机的推重比超过1.0,这时飞机甚至能垂直向上加速。应特别指出的是,能进行格斗的喷气式战斗机的 T/W 是特指发动机开加力时的值,而其他喷气飞机的 T/W,一般是不开加力的值。

表 2.6　推重比的统计值

飞机类型	典型装机推重比
喷气教练机	0.4
喷气战斗机(空中格斗机)	0.9
喷气战斗机(其他)	0.6
军用运输／轰炸机	0.25
喷气运输机	0.25

推重比与最大速度密切相关,在后面的设计过程中,在最大设计速度情况下,气动阻力的计算将与其他准则一起用于确定所需要的 T/W,表 2.7 给出了基于最大马赫数或最大速度的曲线拟合方程,可用于估算推重比(T/W)的初始值。

表 2.7　推重比与最大马赫数的关系

$T/W_{TO} = a \cdot Ma_{max}^{c}$	a	c
喷气教练机	0.488	0.728
喷气战斗机(空中格斗机)	0.648	0.594
喷气战斗机(其他)	0.514	0.141
军用运输／轰炸机	0.244	0.341
喷气运输机	0.267	0.363

3. 根据保证平飞状态的统计确定推重比

飞机在巡航状态时,处于水平匀速飞行中。此时,飞机的重量等于作用在飞机上的升力;推力等于阻力。因此,推重比等于升阻比 L/D 的倒数,即

$$\left(\frac{T}{W}\right)_{巡航} = \frac{1}{(L/D)_{巡航}} \tag{2.23}$$

L/D 可通过多种方法计算。对于螺旋桨飞机,巡航 L/D 和最大 L/D 相同;对于喷气式飞机,巡航 L/D 是最大 L/D 的 86.6%。求出巡航段推重比,然后根据式(2.22)就可以求出起飞时的推重比。

4.根据爬升性能确定推重比

爬升段的推重比可用式

$$\frac{T}{W} \geqslant G + 2\sqrt{\frac{C_{D0}}{\pi Ae}} \tag{2.24}$$

来推算,该式给出推重比的范围,在设计中,必须使爬升推重比不能小于该式所求得的值。

式(2.24)中,G 代表爬升梯度;C_{D0} 是零升阻力系数,对于喷气式飞机,近似等于 0.015,对于整流好的螺旋桨飞机,近似等于 0.020,对于整流不好的固定式起落架螺旋桨飞机,近似等于 0.03。e 是奥斯瓦尔德效率因子,它是诱导阻力效率的量度。对于战斗机,e 近似等于 0.6,对于其他飞机,e 近似等于 0.8。对于无襟翼状态而言,起飞襟翼状态 C_{D0} 大约增加 0.02,e 将减少大约 5%,着陆襟翼状态 C_{D0} 大约增加 0.07,e 将大约减少 10%。可收放的起落架在放下位置使 C_{D0} 大约增加 0.02。

5.根据起飞滑跑距离确定推重比

除非特别指明,均认为起飞时地面为硬质跑道(混凝土地面或柏油路面)。

起飞要求因飞机而异(见图 2.9 和图 2.10)。对民机,应满足相应的规范要求。对军用飞机,起飞性能计算应按相关文献的方法进行。基于不同的任务,起飞要求通常以最小地面滑跑距离、最小爬升率等形式提出。对海军飞机还要有上舰能力,必须考虑弹射器的影响。

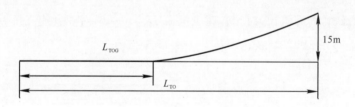

图 2.9　螺旋桨飞机起飞距离的定义

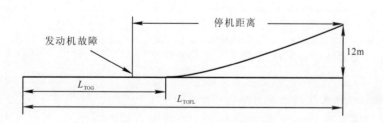

图 2.10　民机起飞距离的定义

下文主要讲述按起飞要求确定具有机械襟翼飞机的设计参数的方法。对具有喷气襟翼和矢量推力的飞机,请参阅有关文献。

通常在飞机的战术技术要求中都给出了飞机的起飞滑跑距离值,但是用下式可以足够精确地算出滑跑距离值：

$$L = \frac{v_{\mathrm{TO}}}{2g} \times \cfrac{1}{\left(\cfrac{T}{W}\right)_{\mathrm{TO}} - \cfrac{3}{2}\mu_{\mathrm{G}} - \cfrac{1}{2(L/D)_{\mathrm{TO}}}} \tag{2.25}$$

式中　　v_{TO}——起飞速度（又叫离地速度）；

　　　　μ_{G}——地面摩擦阻力系数；

　　　　$\left(\dfrac{T}{W}\right)_{\mathrm{TO}}$——飞机起飞滑跑时的平均推重比；

　　　　$(L/D)_{\mathrm{TO}}$——飞机起飞滑跑时的升阻比。

地面摩擦阻力系数的值如表 2.8 所示。

表 2.8　典型的地面摩擦阻力系数 μ_{G}

地面状况	μ_{G}	地面状况	μ_{G}
压平的雪或冰	0.02	坚硬的土跑道	0.07
干的水泥路面	0.02	湿的草地	0.06
湿的水泥路面	0.03	草地	0.08

飞机起飞滑跑时的升阻比，对超音速飞机 $L/D = 5 \sim 6$，对亚音速飞机 $L/D = 8 \sim 10$。在起飞状态，$v_{\mathrm{TO}}^2 = 23.6\dfrac{W/S}{C_{\mathrm{LmaxTO}}}$，将该式代入式（2.25）得到

$$L_{\mathrm{TOG}} \approx \frac{1.2}{C_{\mathrm{LmaxTO}}} \times \cfrac{W/S}{\dfrac{T}{W} - \dfrac{1}{2}\left(3\mu_{\mathrm{G}} + \dfrac{1}{L/D}\right)} \tag{2.26}$$

由式（2.26）可以得出求解推重比的公式为

$$\frac{T}{W} = 1.05\left[\frac{1.2\dfrac{W}{S}}{C_{\mathrm{LmaxTO}}L_{\mathrm{TOG}}} + \frac{1}{2}\left(3\mu_{\mathrm{G}} + \frac{1}{L/D}\right)\right] \tag{2.27}$$

因为飞机的战术技术要求中给出了飞机的起飞滑跑距离值，所以可以根据式（2.27）解出推重比。

6. 根据最大平飞速度确定推重比

飞行的速度增大时，飞机的阻力将增大。克服阻力需要用推力，所以飞机的需用推力值 $T_{\text{需用}}$ 就是飞机的实际阻力值 D，最大可用推力 $T_{\text{可用}}$ 减去阻力 D 或者减去需用推力 $T_{\text{需用}}$，所得的剩余推力 ΔT 为

$$\Delta T = T - D = T_{\text{可用}} - T_{\text{需用}} \tag{2.28}$$

速度愈接近最大，剩余推力 ΔT 就愈小，直到最大剩余推力 ΔT 等于零，此时的速度即为最大平飞速度。当然，这个最大平飞速度是指未受其他条件限制的最大速度。

速度 v 为
$$v = \sqrt{\frac{2D}{\rho C_D S}} = \sqrt{\frac{2T}{\rho C_D S}} = \sqrt{\frac{2\left(\dfrac{T}{W}\right)}{\rho C_D \left(\dfrac{S}{W}\right)}} \qquad (2.29)$$

式中，D 为阻力，最大速度时阻力 D 与推力 T 相等，即 $D = T$，所以
$$v_{\max} = \sqrt{\frac{2T}{\rho C_D S}} = \sqrt{\frac{2\left(\dfrac{T}{W}\right)}{\rho C_D \left(\dfrac{S}{W}\right)}} = \sqrt{\frac{2\left(\dfrac{T}{W}\right)\left(\dfrac{W}{S}\right)}{\rho C_D}} \qquad (2.30)$$

由式（2.30）可以得出推重比的表达式为
$$\frac{T}{W} = \frac{\dfrac{1}{2}\rho v_{\max}^2 C_D}{\dfrac{W}{S}} \qquad (2.31)$$

给出最大平飞速度后，如果已知翼载，就可以求得所需要的推重比。反过来，如果已知推重比，就可以求得所需要的翼载。

7. 推重比的选取

根据飞机的不同性能要求可以求出几个推重比，选取其中的最大值作为飞机的推重比。

二、确定翼载(W/S)

翼载的值是用飞机重量除以飞机的参考（不仅是外露）机翼面积求得的。就像推重比那样，翼载通常是指起飞时的翼载，但也可以指其他飞行条件下的翼载。

翼载影响失速速度、爬升率、起飞着陆距离以及盘旋性能。翼载决定了设计升力系数，并通过对浸湿面积和翼展的影响而影响阻力。

翼载对确定飞机起飞总重有很大影响。如果翼载减小，机翼就要变大。这虽然可改善性能，但由于机翼较大，会引起附加的阻力和空机重量，将导致为完成任务而增加起飞总重。

表 2.9 给出了有代表性的翼载。在设计过程中，这些参数可提供参考，也可用来检验设计的结果。

表 2.9　翼载统计值

飞机类型	典型的起飞翼载(9.8N/m²)	飞机类型	典型的起飞翼载(9.8N/m²)
滑翔机	29	双涡轮螺旋桨飞机	195
运动飞机	54	喷气教练机	244
通用航空飞机 —— 单发	83	喷气战斗机	342
通用航空飞机 —— 双发	127	喷气运输机 / 轰炸机	586

这里所提供的材料,通常都假定 T/W 的初始估算值已用上节所述的方法得到。然而,如果翼载是根据某些单项要求(比如失速速度)确定的,则本节的大多数方程还可用于求解 T/W。

　　这些方法可用于估算不同性能条件下所需要的翼载。为了保证机翼在所有使用条件下能够提供足够的升力,设计师应选择估算所得翼载的最小值。但是,如果由这些性能中某项指标确定的翼载过低时,设计师应考虑采用另外的方法去满足该项条件。

　　例如,如果为了满足失速速度要求所需要的翼载低于其他所有要求时,那么最好的解决办法是在飞机上安装一个高升力襟翼系统。又如,起飞距离或爬升率需要很低的翼载,也许应该增加推重比。

　　1. 根据失速速度确定翼载

　　飞机的失速是影响飞机安全的主要因素。失速速度直接由翼载和最大升力系数确定。在设计过程中,可利用失速速度与翼载的关系,求得满足失速性能的翼载。

　　飞机水平飞行时,升力等于飞机的重量。在失速速度下水平飞行时,飞机处于最大的升力系数状态。因此,可得到

$$W = L = \frac{1}{2}\rho v_{\mathrm{S}}^{2} S C_{\mathrm{Lmax}} \tag{2.32}$$

所以,翼载表达式为

$$\frac{W}{S} = \frac{1}{2}\rho v_{\mathrm{S}}^{2} C_{\mathrm{Lmax}} \tag{2.33}$$

　　通过式(2.33)可求出达到给定失速速度和某一特定最大升力系数所需要的翼载。

　　民用和军用飞机设计规范对不同类型的飞机都规定了最大允许的失速速度要求。通过查阅设计规范可得到失速速度。

　　对某些飞机要求失速速度不大于某个最小值,此时任务书中应指明最小失速速度。例如,规定单发飞机重量为 $W_{\mathrm{TO}} < 27\,000$ N 时的失速速度应不大于 110 km/h。此外,重量为 $W_{\mathrm{TO}} < 27\,000$ N 时的多发飞机的失速速度按最大起飞重量确定,除非它们能满足某些爬升率规范。这些失速速度要求可以在放下或收起襟翼时得以满足。

　　式(2.33)中还有一个很难估算的量就是最大升力系数,该值的变化范围从无襟翼机翼的 1.3 ～ 1.5,到带有浸没在螺旋桨洗流或喷气洗流中的大襟翼机翼的 5.0。

　　对于短距起落飞机(STOL),最大升力系数的典型值大约是 3.0。对于有襟翼和前缘缝翼的常规运输机,其最大升力系数约为 2.4。其他在机翼内侧有襟翼的飞机的升力系数可达 1.6 ～ 2.0。

　　2. 根据起飞距离确定翼载

　　起飞滑跑距离是指机轮离地前经过的实际距离,正常起飞的离地速度是失速速度的 1.1 倍。

　　越障飞行距离是从松开刹车到飞机达到某个规定高度所需要的距离。"平衡场长"是对

双发动机飞机而言的,当一台发动机失效时,在可能最坏的情况下保证安全所需要的机场长度。当飞机刚开始滑跑时,如果一台发动机失效,驾驶员能够安全地将飞机停下来。随着速度增加,一台发动机失效后,要使飞机停下来就需要更长的距离。如果飞机在接近离地速度时一台发动机失效,驾驶员就不可能安全地将飞机停下来,这时必须依靠剩余的发动机继续起飞。

在给定起飞距离时所允许的最大翼载计算公式为

螺旋桨飞机

$$W/S = (\mathrm{TOP})_o \, C_{\mathrm{L}起飞} (hp/W) \tag{2.34}$$

喷气式飞机

$$W/S = (\mathrm{TOP})\sigma \, C_{\mathrm{L}起飞} (T/W) \tag{2.35}$$

式中的起飞参数 TOP(其值等于起飞翼载除以密度比、起飞升力系数和起飞推重比或马力重量比的乘积) 可以在相关参考文献中查得;起飞升力系数 $C_{\mathrm{L}起飞}$ 是起飞时的实际升力系数,而不是在起飞条件下用于失速计算的最大升力系数,飞机大约在 1.1 倍失速速度下起飞,所以起飞升力系数等于最大升力系数除以 1.21;σ 表示密度比,即空气在起飞高度的密度除以海平面的空气密度。

3. 根据机动过载确定翼载

飞机的机动性能主要反映在一定高度、速度下的过载系数 n,机动性能的好坏依赖于飞机的最大升阻比与发动机推力。

一般战斗机将 8 或 9 个 g 设计为最大使用过载,但是此过载必须对应某个特定的格斗重量。

在给定过载系数时所允许的最大翼载计算公式为

$$\frac{W}{S} = \frac{C_{\mathrm{Lmax}}}{n} \times \frac{1}{2}\rho v^2 \tag{2.36}$$

式中,惟一的未知量是格斗状态下的最大升力系数,它与着陆时的最大升力系数不同。在格斗中,通常不可能采用襟翼全偏转状态。此外,在较高速度下,还有使最大升力减小的 Ma 数效应。在格斗中可用的最大升力还受到抖动和操纵性方面的限制。

对于格斗中仅用简单式后缘襟翼的战斗机的初始设计,其格斗最大升力系数假定为 $0.6 \sim 0.8$。对于在格斗中具有可偏转的前缘和后缘襟翼复杂装置的战斗机,最大可用升力系数可达到 $1.0 \sim 1.5$。

必须注意,所得到的翼载必须除以格斗重量与起飞重量的比值,才能获得所需要的起飞翼载。通常,格斗重量规定为飞机的设计起飞重量减去扔掉的副油箱和消耗掉 50% 的内部燃油重量。对于大多数飞机,格斗重量大约是起飞重量的 85%。

4. 根据升限确定翼载

升限分为理论升限和实用升限两种。理论升限是指在给定发动机状态下,飞机能保持等速水平直线飞行的最大高度,也就是最大爬升率等于零时的飞行高度。实用升限是指在给定飞机重量和给定发动机状态下,对于军用飞机,亚音速飞行最大爬升率为 0.5 m/s 时的飞行高度;超音速飞行最大爬升率为 5 m/s 时的飞行高度。

在升限高度上,平飞时升力 L_H 等于重量 W,即

$$L_H = W$$

将升限时的升力式展开,得

$$L_H = \frac{1}{2}\rho_H v_{zj}^2 S C_L = W$$

所以,翼载表达式为

$$\frac{W}{S} = \frac{1}{2}\rho_H v_{zj}^2 C_L \tag{2.37}$$

式中　　ρ_H——升限高度上的空气密度;

　　　　v_{zj}——可用推力最大时的飞行速度;

　　　　C_L——升限飞行时的升力系数。

给定升限高度后,查国际标准大气表可以得到升限高度上的空气密度 ρ_H,根据式(2.37)可以求得满足升限的翼载。

5.根据航程确定翼载

为了达到最大的航程,翼载的选取必须使巡航条件下有高的升阻比 L/D。

随着速度增加,螺旋桨飞机的推进效率要降低,它在最大 L/D 对应的速度下飞行时达到最大航程。而在最大 L/D 对应的速度下,零升阻力等于诱导阻力。因此,为了使航程最大,螺旋桨飞机应这样飞行,即

$$\frac{1}{2}\rho v^2 S C_{D0} = \frac{1}{2}\rho v^2 S \frac{C_L^2}{\pi A e} \tag{2.38}$$

在巡航期间升力等于重量,因此,可得翼载表达式为

$$\frac{W}{S} = \frac{1}{2}\rho v^2 C_L \tag{2.39}$$

由式(2.38)和式(2.39)可求出在给定飞行条件下螺旋桨飞机最大航程时的翼载。对于螺旋桨飞机:

$$\frac{W}{S} = \frac{1}{2}\rho v^2 C_L = \frac{1}{2}\rho v^2 \sqrt{\pi A e C_{D0}} \tag{2.40}$$

对于喷气式飞机,在零升阻力等于诱导阻力 3 倍时的飞行状态下达到最大航程,由此导出为优化喷气式飞机航程而选择翼载的公式,即

$$\frac{W}{S} = \frac{1}{2}\rho v^2 \sqrt{\pi A e C_{D0}/3} \tag{2.41}$$

6.根据航时确定翼载

为了达到最大巡航时间,翼载的选择应能提供一个高的升阻比 L/D。对于螺旋桨飞机,

当诱导阻力等于零升阻力的 3 倍时待机最优；对于喷气式飞机，最优待机是在最大 L/D 条件下，因此可以得出下面的公式：

螺旋桨飞机巡航时间最大时的翼载：

$$\frac{W}{S} = \frac{1}{2}\rho v^2 \sqrt{3\pi A e C_{D0}} \tag{2.42}$$

喷气式飞机巡航时间最大时的翼载：

$$\frac{W}{S} = \frac{1}{2}\rho v^2 \sqrt{\pi A e C_{D0}} \tag{2.43}$$

7. 翼载的选取

根据飞机的不同性能要求可以求出几个翼载，选取其中的最小值作为飞机的翼载。

2.5　总体布局形式的选择（方案设计）

当设计一种新的飞机时，几乎总要遇到如何选择其总体形式的问题。这实际上就是飞机概念设计阶段的开始，完全用解析的方法来选择飞机的形式是不可能的。但是在已有的方案和准备采用方案的范围内，从评价准则和满足给定的设计要求及战术技术要求的观点来看，可以建立起一定形式的求解最优方案的方法。

虽然气动布局从根本上决定着飞机的性能要求能否实现，但是进行飞机总体布局形式的选择不只是考虑气动布局，一般应包括以下几个方面：

（1）选择旅客及有效装载的布局形式；

（2）选择主要飞行状态（巡航状态）的气动升力系统的形式和起飞-着陆状态及其他飞行状态的增升装置的形式；

（3）选择动力装置的形式（发动机或推进装置的型别、数量、在飞机上的布局，以及燃油和其他系统的布局）；

（4）选择起落装置（起落架）的形式；

（5）选择飞机结构受力系统及考虑到生产制造和使用特点的各部件之间的协调；

（6）选择为了满足战术技术要求和设计要求所必需的机上设备、仪表和操纵系统；

（7）选择工艺分离面和使用分离面。

所有的各种各样的飞机总体形式在一定程度上都可能是可行的方案。在图 2.11 中介绍了从低速到现代超音速和高超音速飞机的总体布局形式。

总体形式的最终选择，须在对一系列候选方案逐个进行优化的基础上进行，并且随后要对所选方案进行全面的（解析的和非解析的）分析。选择飞机总体形式最优方案的准则只能是某一综合的目标准则。

例如，多数飞机可以用其起飞重量作为评价准则（目标函数），而满足其战术技术要求和设计要求的飞行技术性能则作为约束条件。这样,飞机总体布局形式的最佳方案将是在某些相同的情况下,起飞重量最小的方案。

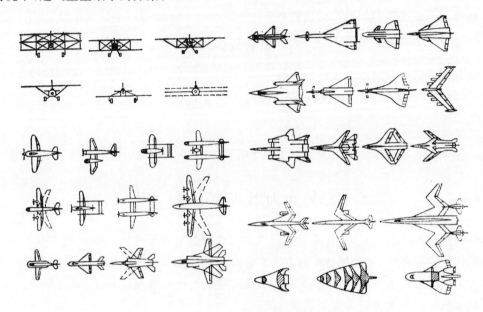

图 2.11   已有的飞机总体布局形式

下面是一些影响总体布局形式选择的技术上的考虑:

(1)设计人员一般把燃油重心、装载重心和空机重心安置在同一纵向位置上。这样做会限制重心的移动范围。而限制重心的移动范围会减少对配平能力的要求,使布局具有较少的浸湿面积。

(2)选择一架亚音速飞机机翼的临界马赫数时,应使它的巡航阻力不会升得很快。这项要求意味着在选择机翼后掠角、翼型类型和翼型相对厚度时,应避免飞机以巡航马赫数飞行时阻力增加过快。

(3)机翼的临界马赫数应该总是低于安定面或操纵面的临界马赫数。

(4)连接主要部件时,例如机翼上的短舱、机身上的短舱和机身上的机翼等等,应使部件干扰阻力最小。

(5)对要求做超音速巡航和超音速机动的战斗机,波阻是一个主要的考虑因素。

(6)安排主要结构部件时应尽量使用同一个加强结构。

(7)在安排飞机主要部件的位置时,要考虑重量、结构的复杂程度、是否容易接近、维修性等因素。

飞机布局的选择经常是从现有的布局出发。在一些大的飞机公司尤其如此。例如波音

707,727,737,757 和 777 等。这些飞机的机身断面都相同。DC—9 系列和 MD—80,MD—82 系列也是这样。

在发展一种新的飞机布局时,提出的经常是经过大量权衡研究后的结果。权衡研究由不同的设计小组进行,以给出一个符合任务要求的最经济的方案。在大一些的公司里,有两个或更多的小组为同一个任务目标工作,而每一个都遵循一个不同的布局方案。

最好能在一个合理的基础上直接选出布局。直接提出一个惟一确定的布局,并能最大程度满足用户要求,这往往是不可能的,因为在设计过程中有太多的变量需要处理,而且其中大部分又不能用数学模型来描述。

一、现有布局的例子

下文主要回顾大量现有的布局形式,对各类飞机进行评述,同时也鼓励读者查阅简氏世界飞机年鉴以获得各类飞机布局的更详细的信息。简氏世界飞机年鉴自 1909 年以来,每年出版一次,包含了丰富的数据资料。对于一个航空工程师来说,借鉴历史经验是十分重要的。

1. 运动飞机

对于相当典型的各种自制飞机的布局形式有如下特性:

(1) 这些飞机从比较简易、性能一般到比较复杂、性能较高,包含的范围很广。

(2) 除了个别飞机外,大部分都是常规布局。

(3) 对一些自制飞机者来说,能把飞机存放在家里是必要的,但有时就需要具有机翼折叠装置。对于自制飞机者,前三点(tri-cycle)或后三点(tail-dragging)式起落架设计是没有多大区别的。这两种形式都得到了广泛的应用,而且大多都采用了固定式起落架,因为它价格便宜,结构简单。

(4) 在自制飞机中,有拉进式和后推式活塞螺旋桨推进装置。

(5) 一般飞机的机翼都是悬臂式。

(6) 由于个人的爱好不同,机翼的平面图各种各样。从双翼到单翼,从无尖削比的直机翼到椭圆翼,无所不包。制造的成本和工时是自制者考虑的重要因素。如果一个自制者想设计一个高效率的椭圆机翼,他就必须花费相应的时间。

(7) 传统设计当中很多人优先选择下单翼设计。这是希望把起落架和机翼连在一起,并且使起落架尽可能地短。

2.单发螺旋桨式飞机

对于相当典型的各种单发螺旋桨式飞机的布局形式有如下特点:

(1) 这类飞机中有下单翼、上单翼、外撑式机翼或悬臂式机翼。

(2) 多数布局的推进装置都是拉进式。

(3) 观察这些飞机水平尾翼的垂直位置:少数是 T 形尾翼,多数水平尾翼都安装在垂直尾翼的根部。

（4）同时也注意这类飞机水平尾翼的纵向安置。有些飞机的水平尾翼放在方向舵铰链线的后面。这是为了在飞机失速和即将进入尾旋时，不使方向舵处于已分离的平尾尾迹中。这类飞机中只有少量的起落架可收放。一个可收放的起落架减少了巡航时的阻力，但也增加了成本：包括制造成本和维护成本。装有可收放起落架的这类飞机也使飞行员在着陆前容易忘记将起落架放下。

（5）这类飞机垂直尾翼一般都带后掠。小后掠能改善尾翼的力矩力臂和升力线斜率，以提高垂直尾翼的效率，同时垂直尾翼带后掠也是一种习惯风格。

3．双发螺旋桨式飞机

对于相当典型的各种双发螺旋桨式飞机的布局形式有如下特点：

（1）这类飞机一般认为是支线螺旋桨式飞机。

（2）注意这类飞机中有的是上单翼，有的是下单翼。

（3）纯推进式布局很少，也有牵引／推进混合式的，要使发动机推力在飞机中心线上。显然，在一台发动机失效的情况下，操纵这种飞机会更容易一些。在常规双发螺旋桨式飞机的设计中，发动机失效是一个很重要的问题。

（4）有些飞机的平尾直接安装在螺旋桨的滑流中。这样做使得调节发动机推力就可控制飞机。尽管会带来这样的好处，对于功率载荷较低的飞机，螺旋桨的滑流会造成严重的尾翼疲劳问题。

（5）在确定平尾位置之前应考虑的另外一个因素是飞机在漂摆状态下的操纵性。在以低功率进场时，飞机处于干净外形状态，突然增加功率会急剧增加所需的操纵力。对于身体素质不太好的飞行员，纵向操纵会变得很困难。如果平尾不在螺旋桨的滑流中，就不会存在这个问题。解决这个问题的办法有时是增加平尾的几何安装角。

（6）注意这类飞机的起落架有些是可收放的。绝大部分是收入机翼。这并不是最好的解决方案。但是，从重量与配平的角度出发，没有比这更好的选择了。

（7）除了个别飞机，大部分飞机的主起落架都是单轮。

（8）有些飞机背鳍的边缘很尖，这有助于增加航向稳定性。

（9）注意各个飞机采用的机翼吊舱方案都不一样。下单翼飞机带来的一个问题是螺旋桨与地面之间的距离决定了吊舱的位置。

（10）对于双尾撑、悬臂推进式布局的飞机，后部螺旋桨的失效可能会造成一个尾翼尾撑的结构失效。

（11）注意许多飞机的吊舱后部都设有行李舱。

4．农用飞机

典型的农用飞机的布局形式有如下特点：

（1）这些飞机中多数是下单翼，少数是双翼机。所有双翼机的机翼都是外撑式。在单翼机中，有悬臂式机翼，也有外撑式机翼。注意，绝大多数农用飞机的平尾也是外撑式的。其原因是为了尽可能地减轻飞机结构重量。

（2）这些飞机中多数是螺旋桨牵引式，个别是喷气式的。而在螺旋桨牵引式飞机中，涡轮螺旋桨式是未来农用飞机动力装置的发展趋势。其原因是涡轮螺旋桨发动机本身比活塞螺旋桨发动机具有更高的可靠性。目前，涡轮螺旋桨发动机较低的市场占有率主要因为其成本较高。

（3）在农用飞机所有布局中，除了喷气式外，都存在一个共性问题即螺旋桨滑流和翼梢旋涡对桁架结构产生脉动影响。

（4）所有这些布局中，除了喷气式外，座舱都被抬高了。这可以得到更好的视野。

（5）所有这些布局都有抗坠毁能力。

（6）除少数布局外，多数飞机都是"后三点式"。

（7）大多数飞机的喷洒器装在飞行员的前面。统计数字表明这有利于提高抗坠毁能力。

（8）防鸟撞风挡是所有农用飞机所必备的特征。

（9）注意大多数农用飞机的起落架是不可收放的。

5.商用喷气式飞机

对于相当典型的各种商用喷气式飞机的布局形式有如下特点：

（1）这些飞机中多数是双发，也有三发和四发的。

（2）绝大多数飞机的发动机都安装在后机身的短舱内。

（3）早期的商用喷气式飞机存在机身容积不够的问题，很多飞机因此都带有翼梢油箱。这主要是因为早期喷气式发动机的耗油率太高。

（4）在商用喷气式飞机上较早使用了翼尖小翼以减小诱导阻力。

（5）最新的几种商用喷气式飞机的设计师们选择使用所谓的"超临界机翼"。

（6）所有商用喷气式飞机的起落架均收入机翼或机身与机翼的结合部。

（7）绝大部分的商用喷气式飞机都使用下单翼。

（8）有些商用喷气式飞机采用了 T 形尾翼布局。

（9）所有商用喷气式飞机的起落架都采用前三点式。

（10）注意有些商用喷气式飞机的机翼几乎不带后掠，这意味着高速商用飞机使用薄机翼，而低速商用飞机使用厚机翼。

6.支线涡轮螺旋桨式飞机

对于相当典型的各种支线涡轮螺桨式飞机的布局形式有如下特点：

（1）这些飞机中有上单翼和下单翼。

（2）只有少数为外撑式机翼，其他的都为悬臂式机翼。对于以巡航为主的飞机，外撑式机翼虽然能够减轻重量，却会增加太多的阻力。

（3）这些飞机中有些采用了 T 形尾翼布局，也有双垂尾布局，多数是常规平尾与垂尾。从操纵品质与平尾疲劳的角度，平尾与螺旋桨滑流的相对位置十分重要。

（4）这些飞机都有机翼短舱。从干扰阻力与诱导阻力的角度，机翼／短舱一体化十分重要。螺旋桨与地面的距离和相关的起落架长度在决定机翼／短舱一体化的方式上起很大作用。

（5）绝大多数起落架收入短舱。其中个别上单翼飞机使用了水泡形整流罩以收放起落架。也有将起落架直接收入机翼的布局。起落架的收放在支线涡轮螺桨式飞机设计中是个很重要的问题。采用水泡形整流罩是未来的趋势，它能减短起落架支柱的长度，从而减轻了重量。将起落架直接收入机翼存在着潜在的问题：它经常要打断主要的承力结构，而这会增加机翼结构的重量。

7. 喷气运输机

典型的喷气运输机的布局形式有如下特点：

（1）这些飞机中除了个别外，都是下单翼。

（2）这些飞机的发动机都安装在后机身短舱内或吊挂在机翼下。

（3）绝大多数的喷气运输机的起落架都收在机身与机翼的结合部，这样便于装卸货物，不需要辅助措施。

（4）许多喷气运输机都遵循波音飞机的机身／机翼布置，即机翼根部后缘转折。这种设计获得了可接受的阻力与厚的翼根空间使得起落架的收藏不与襟翼与后翼梁布置发生矛盾，同时获得了很好的地面横向稳定性（主轮距较大）。

（5）大多数喷气运输机采用前三点式起落架。

（6）注意这些飞机中有些采用了 T 形尾翼布局，大多数平尾是下单翼布置。

（7）对于飞行中的减速板，相当一部分采用的是机翼上安装的扰流片。

8. 军用教练机

典型的军用教练机的布局形式有如下特点：

（1）螺旋桨式军用教练机基本上都是初级教练机，而喷气式军用教练机大都是高级教练机。

（2）教练机都可装载机关炮和炸弹。

（3）注意大多数教练机都使用了背鳍和腹鳍。这很可能是为了解决飞行试验中出现的失速／尾旋问题。

（4）这些飞机中有采用上单翼，也有采用下单翼。

（5）所有这些飞机的发动机都安装在机身内部。应尽量在翼根处或机身内有相对较大的进气道空间，使得气流流动畸变最小。对于单发布局同样面临进气道分叉、S 形管道问题，这类进气道与发动机之间有着严格的匹配关系，需在早期设计中给予足够重视。

（6）在机身内部的发动机进气道，应考虑防止机身内脱落的零件被吸入发动机进气道的措施。

（7）所有教练机采用前三点式起落架。

（8）除个别采用了 T 形尾翼布局，大多数平尾是下单翼布置。

9. 战斗机

典型战斗机的布局形式有如下特点：

（1）大多数现代战斗机采用单发或双发喷气发动机，起落架前三点式布局，主起为单轮形式。

（2）个别飞机是可变后掠翼。这样做在重量和成本上的代价都很大，但可同时满足较高的超音速航程、亚音速航程和低速性能要求。

（3）大多数战斗机采用常规布局。也有采用三角翼无尾布局，这样做能很好地满足超音速攻击或巡航性能。

（4）有些采用鸭翼／三角翼布局。合理地布置鸭翼和三角翼的相对位置能获得很好的飞行性能。

（5）高速和高机动性战斗机的一个主要设计问题是在大迎角下获得足够的航向稳定性。一些设计师由此使用了双垂尾布局。

10. 军用巡逻机、轰炸机

典型的军用巡逻机、轰炸机和运输机的布局形式有如下特点：

（1）对于远程轰炸机，为了布置又长又大的炸弹舱，而采用上单翼和串列式起落架布局。因为采用了串列式起落架，飞机在起飞时就不会需要过大的擦地角，但这样带来更大的起飞滑跑距离。同时要求飞机具有较大的机翼安装角，这样飞机在非最佳高度（就阻力而言）巡航时会自动俯冲。

（2）对于空中加油／运输机和巡逻机都是由民用机型发展而来的，因此它们都是下单翼。

（3）所有飞机都是常规布局。

（4）雷达预警机上的大型搜索雷达具有上视和下视功能，机身和尾翼在一定程度上削弱了下视能力，因此有些飞机采用了复合材料的尾翼。

（5）除了涡轮螺旋桨式外，大部分飞机的机翼都有后掠角（主要是因为巡航速度不同）。

（6）对于在高度、长度和宽度方面都有严格限制的舰载飞机，当加装一台雷达天线屏蔽器时，航向稳定性会受到影响，导致需要更大的垂尾面积。因为高度限制，只有增加垂尾的数目。

11. 水陆两用飞机

典型的水陆两用飞机的布局形式有如下特点：

（1）这类飞机大都需要有一个较大的流线形的机体。这种需要导致了比同类陆基飞机大得多的浸湿面积和型阻。另一方面，它又使得这些飞机具有了一项独一无二的能力：水上起降。

（2）这些飞机无论是现代飞机还是一些老式飞机，基本都是常规布局。

（3）设计水上飞机的一个主要技术难题是防止水喷射到发动机内部，因海水中的盐分对大多数金属都有腐蚀作用。一般推力作用线在飞机重心的上方。

（4）大部分水陆两用飞机都是前三点式布局。

（5）为了防止海水进入机体，水上飞机的起落架舱通常都是密封的。机体内部通常有很多隔离开的密封舱,这是为了防止因为机体局部损伤会造成整个飞机沉入海底而设置的。

12. 超音速巡航飞机

典型的超音速巡航飞机的布局形式有如下特点:

(1)所有超音速巡航飞机都有很大的后掠角。这使得它们在超音速巡航飞行时,机翼前缘还是亚音速的。超音速巡航的阻力主要来自于波阻,因此飞机截面积的分布变得至关重要。

(2)因为机翼后掠角很大,这些飞机的升力线斜率很小。在进场时需要很大的迎角,这使得飞行员的前视界变差。解决这个问题的一个方法是将机头向下弯曲。也可以采用可变后掠翼改善飞机在亚音速飞行时的飞行性能,这样就可以避免向下弯曲机头。

(3)商用超音速巡航飞机的一个主要设计问题是如何避免音爆现象。这也是许多国家禁止超音速巡航飞机掠陆飞行的原因。

(4)超音速巡航飞机的进气道布置也是一个关键问题。大多数飞机将其布置在机翼下非常靠后的地方,尽量减小对气动压力的影响。

(5)超音速巡航飞机巡航时的配平升阻比大致是 7 或 8,而对亚音速运输机而言这个值为 14 ~ 18。这是一个与经济性相关的气动设计问题。

二、非常规布局

在已有的飞机当中有大量的所谓非常规布局形式的飞机,其中有些很成功,有些则不然,因此对于没有先例的飞机进行布局设计,其风险是很大的。下文分别讨论几种非常规布局形式的飞机。

1. 鸭翼和串联机翼式布局

世界上第一架飞机就是一种鸭翼飞机。而后来的鸭翼飞机却非常少见,这是因为早期对鸭翼的气动特性了解得不多。

采用鸭翼布局能带来以下好处:

(1)鸭翼的最大配平升力系数比常规布局飞机大得多。

(2)通过合理安排鸭翼/机翼的相对位置,可以获得更好的配平升阻比。设计鸭式布局的一个注意点是鸭翼必须在机翼失速前失速。

有些鸭式飞机的机翼根部有很大的后掠角,这有两点好处:

(1)能够在靠近飞机重心处装载更多的燃油。

(2)延迟机翼的失速。

为了配平由机翼襟翼产生的负向俯仰力矩,有的飞机鸭翼也设计有很大的后掠角。

合理布置动力装置使其推进飞机而不是牵引飞机,这已经变得越来越流行。推进式与牵引式相比,在俯仰和侧滑两个方面都有更好的稳定性,这样可带来小的尾翼面积。采用推进式的另一个好处是它能减小机舱内的噪声。这在螺旋桨式飞机的设计中一直是一个主要问题。

串联机翼式布局与鸭式布局其实无太大区别。串联机翼式布局可能会带来的一些问题。

在大迎角时停车,再开动发动机会带来以下后果:

(1) 前翼的升力增加。

(2) 因为前翼造成的下洗,后翼升力会减小。

鸭翼和串联机翼式布局设计中的一个主要问题是,前翼对后翼造成的空气动力诱导效应。前翼造成的涡流系统对后翼产生影响的程度取决于以下几个方面:

(1) 机翼的相对面积和展长。

(2) 机翼之间纵向和垂直方向上的距离。

(3) 迎角。

鸭翼(或前翼)翼梢的涡流会对机翼翼展外向的气流造成上洗,而对机翼翼展内向的气流造成下洗。这会使机翼的诱导阻力特性变得很差,同时也会增加翼根处的弯矩。可以采取以下措施来解决这一问题:

(1) 将鸭翼布置得尽可能靠前,并使其在机翼的下方。

(2) 在相同的翼展站位上,使机翼的弯度和扭转角与鸭翼的相反。

如果将机翼和鸭翼布置得很近,则可以利用鸭翼的气流下洗增加机翼的升力,并减小其诱导阻力。

2. 连接机翼布局

与常规布局相比,连接机翼布局是双机翼翼端连接。这种布局有以下好处:

(1) 因为提高了扭转和弯曲刚度,结构重量减小了。

(2) 增强了直接升力和直接侧向力。

(3) 减小了诱导阻力。

(4) 减小了跨音速和超音速波阻。

3. 三翼面布局

采用这种独特布局的原因是:

(1) 三翼面布局允许最小的配平诱导阻力有比常规布局更大的移动范围。

(2) 平尾的作用与常规布局一样,仍然为纵向主要操纵面和配平面。

(3) 常规布局中襟翼的配平俯仰力矩的作用被鸭翼完成。

(4) 机翼的抗扭盒段、后压力舱和主起落架都连在飞机的基本结构上。这样又减少了结构重量。

4. 双机身布局

它们在亚音速和超音速时,浸湿面积更小,并且因为两个机身是一样的,又能够大大减少制造成本。

5. 飞翼布局

纯飞翼布局与常规布局相比有更高的配平升阻比和有效装载系数,对军用飞机来讲,飞翼布局有更小的雷达反射面积。但是,它们的操纵是通过数字飞行控制系统来实现的。

6.升力机身布局

它的主要设计思想是使机身也产生一部分升力。这样做带来的一个问题是当飞机是充压机舱时,飞机的机身会变得很重。

7.倾斜翼布局

倾斜翼布局的飞机在跨音速飞行时的阻力比常规后掠翼和可变后掠翼布局的飞机都小得多。除此之外,与可变后掠翼飞机相比,它只需要一个机翼转轴。

8.飞行汽车

将汽车和飞机两种运输工具结合起来,这是一个很久以来就有的想法。但是,迄今为止,还没有出现一个民用或军用的实用机型。一个很大的设计难题是如何将这两者的特性结合起来,而不致于付出太大的代价。

三、概要论述所有可能的布局

下文主要介绍所有可能的布局。面向的对象是从事航空工程的学生,而不是经验丰富的飞机设计师。

1.总体布局

从飞机基地的角度可将飞机划分为三类:

(1)陆基;

(2)水上起降;

(3)两栖。

在这些基地模式下,有如下可能的总体布局:

(1)常规型;

(2)飞翼式;

(3)鸭翼或串列式机翼;

(4)三翼面;

(5)连接式机翼。

现有的大部分飞机都是常规布局。除了一些特殊情况,设计人员觉得没有什么必需的理由不按常规布局设计飞机。因为处理常规布局的数据和经验都非常丰富。而对其他一些布局,可供参考的数据很少或者完全没有。

对于每一种总体布局,在安排主要飞机部件时都要做大量的选择。

2.机身布局

机身布局从广义上可分为如下几类:

(1)常规布局;

(2)双机身布局;

(3)双尾撑布局;

（4）翼身布局。

3. 发动机的类型、数目和布置

发动机类型的选择主要取决于所期望的飞机性能与某类发动机固有特性之间的匹配。未来 10 年内发动机的选择很可能限制在以下范围：

（1）活塞／螺旋桨。

（2）涡轮／螺旋桨。

（3）桨扇发动机（无涵道风扇发动机）。

（4）涵道风扇发动机。

（5）涡轮喷气发动机。

（6）涡轮风扇发动机。

（7）火箭发动机。

（8）冲压喷气发动机。

此外，还有一些正在研究和发展的发动机。

发动机的数目选择取决于以下几个因素的综合考虑：

（1）所需总推力以及已给定推力量级的发动机的可用性。

（2）爬升性能与临界工作区域和发动机失效的可能性之间的关系。

（3）其他安全性考虑。

（4）制造和维护的成本。

过去一架飞机上的发动机有 1～10 台。B—36 型飞机就有 10 台发动机。对于许多飞机来说，最普遍的是 1～4 台发动机。

一般来说，发动机的安排有以下几种方式：

（1）拉进式。

（2）推进式。

（3）拉进／推进混合式。

在这 3 种基本布置形式中，发动机安装方式如下：

（1）发动机短舱。

（2）埋入式。

不管是短舱还是埋入式，发动机能安放在：

（1）机翼。

（2）机身。

（3）尾翼。

发动机的布置主要影响：

（1）飞机重量。

（2）飞机的颤振和噪声。

（3）发动机效率。

（4）驾驶员的操纵。

（5）维护性。

4.机翼布局

从结构的角度,机翼布局能分为如下几类:

（1）悬臂式。

（2）支撑式。

按照机翼／机身的相对位置,机翼可分类如下:

（1）上单翼。

（2）下单翼。

（3）中单翼。

从后掠的角度,机翼可按如下方式分类:

（1）零度或极小的后掠。

（2）正后掠。

（3）前掠。

（4）可变后掠。

（5）不对称后掠。

绝大多数飞机的安装角是固定的。但也有一些例外,如美国海军战斗机 F—8U。

除了这些可能的机翼总体布局外,以下一些机翼的设计特性对飞机重量、性能、操纵性和稳定性影响也很大:

（1）展弦比。

（2）相对厚度。

（3）翼型。

（4）尖削比。

（5）扭转角。

（6）安装角。

（7）上反角。

（8）增升和控制面。

（9）翼尖小翼。

5.尾翼布局

这里所说的尾翼是指:水平尾翼、垂直尾翼、鸭翼。

尾翼布局与飞机总的布局密切相关。原则上讲,前面有关机翼的讨论大部分都适用于尾翼。此外,还必须作下述的一些布局选择。

对于水平尾翼:

（1）安装在机身上，通常在机身的尾部。

（2）固定尾撑，如双尾撑设计。

（3）安装在垂直尾翼上，如十字形或 T 形翼。

（4）V 形翼。

对于垂直尾翼：

（1）安装在机身上。

（2）固定尾撑，如双尾撑设计。

（3）单垂尾或多垂尾。

（4）V 形翼。

对于鸭翼来说，其布局的选择与平尾的布局选择一样重要。

6.起落架的类型和布置

从系统的观点看，起落架可以分为：

（1）固定式或不可收放式。

（2）可收放式。

根据其方案，起落架可以分为：

（1）后三点式。

（2）前三点式。

（3）前后式。

（4）舷外支架式。

起落架可以安装在：

（1）机翼上或短舱内。

（2）机身上。

对起落架布局设计有很大影响的因素如下：

（1）主起落架支柱的数目。

（2）每个支柱上的轮胎数目。

（3）起落架的收置和可容纳起落架的空间体积。

四、选择总体布局的过程

选择总体布局的具体步骤如下：

第 1 步：确定要设计的飞机是否属于 2.2 节中所述的十二类飞机之一；

第 2 步：考察第一步的结果和 2.5 节；

第 3 步：通过回顾文献记录，得到一些历史经验；

第 4 步：记下认为合适的总体布局，列出理由；

第 5 步：如果时间或人力允许，可做三组方案，选择其中的一个并接着做下去；

第 6 步:将选择总体布局中所做的决定写入文档。

2.6 飞机气动布局的选择

飞机的气动布局通常是指其不同的气动力承力面的安排形式。全机气动特性取决于各承力面之间的相互位置以及相对尺寸和形状。机翼是主承力面,它是产生升力的主要部件。前翼、平尾、垂尾等是辅助承力面,主要用于保证飞机的安定性和操纵性。

根据各辅助翼面与机翼相对位置及辅助面的多少,有以下几种气动布局形式:

(1)正常式布局 —— 水平尾翼在机翼之后;

(2)鸭式布局 —— 水平前翼在机翼的前面;

(3)无尾或"飞翼" —— 飞机只有一对机翼;

(4)三翼面布局 —— 机翼前面有水平前翼,机翼后面有水平尾翼。

其共同点是对不同的升力值都能进行配平,在给定某一升力值时都能保持稳定的运动。操纵性和稳定性是实现飞机任何一种气动布局形式的基础,因此,上面所谈到的四种基本形式又叫做飞机配平的布局形式。它们可以由呈平面的承力面组成,这时"无尾"式只能配平有限的纵向静稳定度(中立稳定)。

采用"扭转"的承力面,可以在保持飞机稳定性的条件下合理地(升阻比损失最小)对所有各种布局形式进行配平。

一、正常式布局

多数战斗机都采用正常式布局。现代战斗机更强调中、低空机动性,要求飞机具有良好的大迎角特性。在 20 世纪 70 年代发展了边条机翼,在中到大迎角范围边条产生的脱体涡除本身具有高的涡升力增量外,还控制和发展了基本翼的外翼分离流动,从而提高了基本翼对升力的贡献,如图 2.12 所示。

二、鸭式布局

随着主动控制技术的发展,电传操纵技术的成熟,把前翼设计得比较大(相对面积 8% ～ 15%)并靠近机翼构成所谓近耦合鸭式布局已成为现实。在中、大迎角时,前翼和机翼前缘同时产生脱体涡,两者相互干扰,使涡系更稳定而产生很高的涡升力。它与边条翼不同之处在于其主翼(基本翼后掠角也大)也产生脱体涡,两个脱体涡产生强有利干扰,属于脱体涡流型;而边条翼仅边条产生脱体涡,基本流仍是分离流,属于混合流型。由于其大迎角特性优越,也是一种具有高机动性能的气动布局形式,典型代表机种有瑞典的 JAS—39、法国的"阵风"、欧洲四国的 EF—2000,如图 2.13 所示。

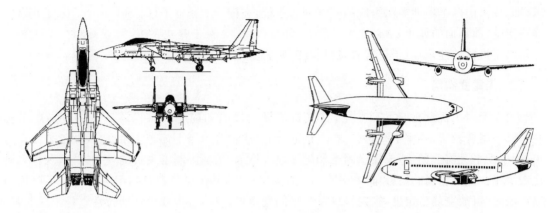

图 2.12 正常式布局飞机

鸭式布局的难点是鸭翼位置的选择以及大迎角俯仰力矩上仰的问题。因鸭翼面积大,产生的大升力在重心之前,俯仰力矩在大迎角时上仰严重,又由于无平尾,如何保证在大迎角具有足够的低头操纵力矩成为难题。有时在后机身加边条(X—29)或放宽静稳定度;推力矢量技术成熟后,该问题就容易解决了。

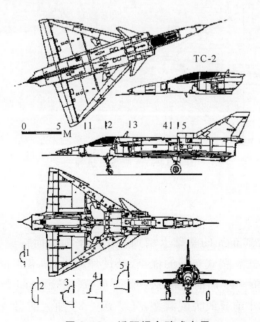

图 2.13 近距耦合鸭式布局

为了在配平的条件下保证飞机的纵向静稳定度($C_{m \cdot c_L} < 0$),必须满足"纵向 V 法则"的要

求,即:任何由两个串列翼面组成的空气动力系统,在配平的条件下($C_m = 0$),为了保证其纵向静稳定度,前翼面的迎角 α_1 必须大于后翼面的迎角 α_2。对于鸭式飞机,此规则相当于鸭翼的迎角大于机翼的迎角;对于正常式飞机,此规则相当于机翼的迎角大于平尾的迎角。

三、无尾式布局

由于无尾飞机没有前翼和平尾,其飞机的纵向操纵和配平仅靠机翼后缘的升降舵来实现。其一尾臂较短,效率不高;其二在飞机起降时,增加升力需下偏较大角度,由此带来低头力矩;为了配平又需上偏,造成操纵困难和配平阻力增加,因而限制了飞机的气动性能,现代飞机比较少用。仅有法国的幻影Ⅲ和SR—71为无尾飞机,其优点是超音速阻力小。有了电传操纵系统后,可放宽静稳定度,纵向操纵及配平问题得以解决,但大迎角气动特性不好。因此,一般第三代高机动战斗机都不采用,仅幻影2000和B—2隐身轰炸机采用了飞翼形式。现在进一步又发展了无尾的飞机如美国的试验机X—36,如图2.14所示。

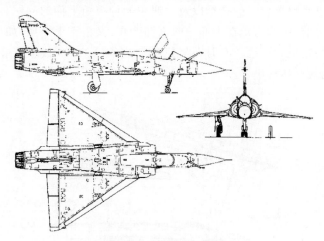

图 2.14　无尾飞机机种

四、三翼面布局

三翼面布局是在正常式布局的基础上增加一个水平前翼而构成的(即前翼 + 机翼 + 平尾)。因此,它综合了正常式和鸭式布局的优点,经过仔细设计,有可能得到更好的确定特性,特别是操纵和配平特性。F—15加前翼构成三翼面布局(AFTI—15布局),其机动性改善是明显的;俄罗斯把苏—27加小前翼改为舰载型,又把苏—27加大前翼改成苏—35,其机动性得到更大提高,主要得益于升力的增加,如图2.15所示。

在正常式布局的机翼前面加一个前翼,使气动载荷分配更合理,从而可以减轻机翼上的载荷,减少结构重量。此外,增加一个前翼操纵自由度,它与机翼的前、后缘襟翼及水平尾翼结合在一起可进行直接力控制及保证足够的低头恢复力矩,改善大迎角特性,提高最大升力;其缺点是因增加前翼而使零升阻力和重量稍有增加。

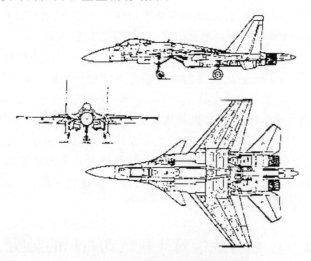

图 2. 15　三翼面布局典型机种

综上所述,各种布局形式特点不同,选择确定布局形式是一个综合、折中的过程。根据经验,鸭式和无尾式布局用于超音速为基本飞行状态的飞机是合理的,而常规式布局则用于亚音速飞机或以亚音速飞行状态为主,超音速飞行状态为次的飞机最合适。

五、选择飞机布局时要考虑的其他因素

在选择飞机布局时,除选择气动配平的形式外,还要考虑其他因素。首先要选择机翼的平面形状、尾翼的尺寸和在飞机上的安装位置,然后是选择起落架的形式及其在飞机上的安装位置。

在飞机气动阻力中称为干扰阻力的部分决定于飞机各部分之间的相互影响,最主要的是中机翼和机身之间的相互干扰。

中单翼的干扰阻力最小。只要中央翼段不妨碍机身内的货舱和发动机进气道的安排,则大多数军用飞机都采用中单翼布局。

旅客机和货机实际上不可能采用这种布局,因为中央翼段穿过机身中间,不能构成统一的客舱和货舱。

上单翼飞机的干扰阻力特性与中单翼飞机的差不多。上单翼布局在布局上和构造上有以下缺点:

(1) 起落架不能装在机翼内,或者(在不大的飞机上)起落架的主支柱很长、很重。在这种情况下,起落架通常是装在机身内,机身要承受很大的集中力。这些力和气密机身的载荷加在一起,会大大地增加其结构的重量和缩短其使用寿命。

(2) 在应急着陆时,机翼(尤其是其上装有发动机时)可能压坏支撑它的机身和货舱或客舱。为了避免这种情况发生,在安装机翼处机身的结构要加强,这将使其重量大为增加。

(3) 当在水上应急降落时,机身在水面以下,应急疏散旅客困难。

上单翼布局有个很大的优点 —— 机身距离地面的高度小。这使得现在所有军用运输机都采用上单翼布局,从而保证能够从机身前面或后面下部的舷梯或斜板(货桥),轻易地装卸武器、装备和人员。

下单翼的干扰阻力最大。在机翼和机身连接处安装整流片可以减小阻力。

下单翼的优点有:可以在机翼内安装起落架和在应急着陆时保证飞机安全。下单翼的缺点是机翼距地面较近,无论在机翼下面吊装喷气发动机还是在机翼上安装涡轮螺旋桨发动机都有困难。因为机翼离地面太近,故需要有上反角,因而在现代飞机上还需要有航向和横向的自动操纵装置。

2.7　隐身性能对飞机气动布局的影响

一、概述

隐身技术是第二次世界大战后出现的重要军事技术之一,它的出现促使战场军事装备向隐身方向发展。隐身技术的专业定义是:在飞机研制过程中设法降低其可探测性,使之不易被敌方发现、跟踪和攻击的专门技术。所谓隐身能力,又称为低可探测性。

对于新一代先进的军用飞机,一般都要求具有隐身性。隐身性包括四个方面:雷达隐身、红外隐身、声隐身、可见光隐身。在现代技术条件下,影响军用飞机突防能力和生存力的主要是雷达隐身和红外隐身。在超视距作战中,雷达是探测飞机的最可靠方法,减弱飞机的雷达反射信号强度,成为飞机设计中提高隐身能力的最关键也是技术最为复杂的因素。

对于高度隐身的飞机,"可见度"以及与其相关的问题支配着设计。评定和衡量一架隐身飞机的最重要的参数是雷达散射截面积(RCS),它是目标的一种折算面积,用来度量目标在雷达波照射下所产生的回波强度大小。

确定雷达散射截面积,首先是通过测量或计算一个目标朝着观察者反射的雷达能量,然后,设计师计算出可以返回同等雷达能量的反射球体(光学上的等效物可以是一个球面镜)的尺寸。这个球体的投影面积(即圆的面积),就是该目标的雷达散射截面积。

雷达散射截面积 RCS 常用平方米$[m^2]$或用分贝平方米$[dB(m^2)]$为单位(此时参数用 σ 表示),其转换关系是

$$\sigma[dB(m^2)] = 10 \times lgRCS[m^2]$$

"$0dB(m^2)$"等于 10 的 0 次方,即为 $1\ m^2$;"20 分贝平方米"等于 10 的 2 次方,即为 $100\ m^2$。

RCS 是方位角、散射体的形状、雷达波的频率、发射和接收天线极化特性的函数。

一架飞机的机体（一个非常复杂的形状）的 RCS 随着观察的角度不同而变化很大（见图 2.16），所以，任何 RCS 的数值都应该以一种标准的方位和高度进行鉴定。一般都以正前方 ±30° 范围内的均值来描述一架飞机 RCS 值的大小，即表示飞机被前向雷达探测发现的程度。RCS 值越大，表示反射的信号越强，越易被发现。图 2.17 表示了不同飞机的 RCS 值。

根据雷达方程，雷达探测距离与目标（飞机）的 RCS 的 4 次方根成正比，以 R 表示雷达探测的距离，则

$$R \sim (\sigma)^{1/4}$$

假设飞机 σ 为 0 dB（相当 1 m²），其探测距离为 100 km；如 σ 减少 10 dB（达到 0.1 m²），其探测距离减少 44%，即为 56 km，减少 20 dB（达到 0.01 m²），其探测距离减少 68%，即为 32 km。图 2.18 为不同 RCS 值的飞机与雷达探测距离关系的示意图。

因此，具有高隐身能力的飞机在突防中，由于其

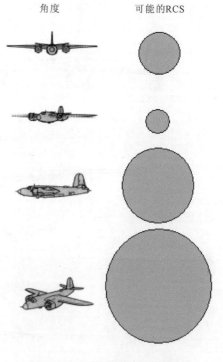

角度　　　　可能的RCS

图 2.16　RCS 随观察角度的变化

RCS 值小，不易被敌方发现，可成功地穿过由先进雷达和高炮、地对空导弹组成的防空系统，提高了飞机的生存力。在进攻中，与敌机相迎，可实现先敌发现，先敌发射，首先消灭敌机。因此，把飞机的隐身能力作为新一代军用飞机必须具备的重要指标之一是非常正确的。

一般对于第三代战斗机，要求其正前方 ±30° 范围的 RCS 应在 1～2 m²，对于第四代战斗机则达到 0.1～0.3m²。

隐身设计的目的是尽可能减小 RCS。RCS 的大小决定于飞机的几何面积和几何特性、雷达波的反射方向、雷达波的反射率。其中前面两个因素由飞机的外形决定，也就是隐身气动布局设计的问题。后一个因素取决于雷达吸波材料（RAM）和雷达吸波结构（RAS）。

RAM 是含有磁性铁颗粒的塑料，一般涂敷在飞机的表面。雷达波在 RAM 中传递时电磁能变为热能，减弱雷达波的反射。RAS 一般是以非金属为基体填充吸波材料的复合材料，可以制成蒙皮或蜂窝夹层结构。高频信号在表面层被吸收，下面的蜂窝结构对付低频信号。

良好的隐身性必须将隐身气动外形与 RAM 和 RAS 相结合。由于本教材内容所限，下面只讨论飞机气动布局设计如何考虑隐身的要求。在研究复杂的飞机外形之前，首先需要了解简单几何形状的 RCS，因为复杂的飞机外形是由一些简单几何外形组成的。

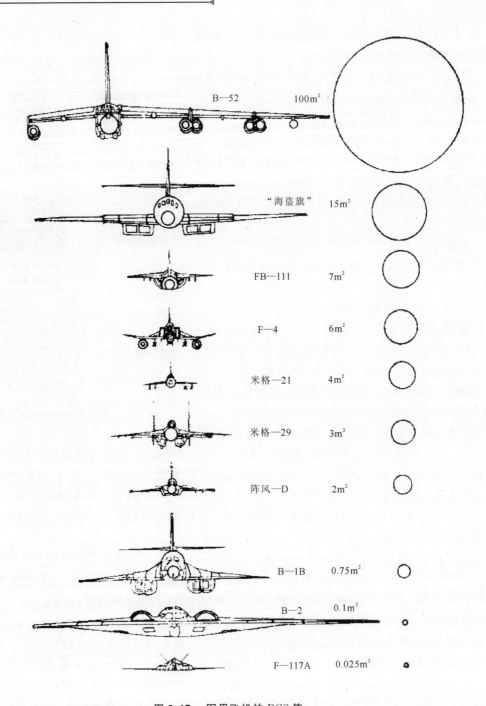

图 2.17　军用飞机的 RCS 值

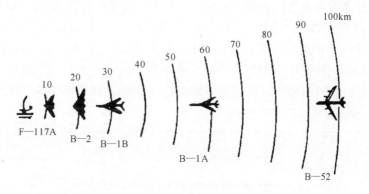

图 2.18 雷达对不同飞机的探测距离

1. 实体

简单几何形状的 RCS 比较如图 2.19 所示,其中以球体作为比较的基准,RCS＝1 m²。入射波的方向如图 2.19 所示,对于平板为法线方向。由于平板的镜面反射作用和角面体的角反射作用,平板和直角两面体的 RCS 为球体的 1 万倍。圆柱体的 RCS 为球体的 100 倍。将球体变为椭圆体或尖头纺锤体,由于雷达反射波向四周的散射作用,RCS 减小。长短轴比为 2∶1,椭球的 RCS 约为球体的 1/10,顶角为 20° 纺锤体的 RCS 小于球体的 1％。而平板的 RCS 为纺锤体的 100 万倍以上,可见几何形状对 RCS 的重要影响。

几何形状			RCS/m²							备注
名称	侧面图	正面图	10^{-2}	10^{-1}	1	10	10^{2}	10^{3}	10^{4}	
平板										$a∶b=1∶1$
角反射器										$a∶b=1∶1$
圆柱										$a∶b=1∶1$
球										
椭球										$a∶b=1∶2$
纺锤体										$α=20°$

图 2.19 简单几何形状的 RCS 比较

将圆柱体机身改为截面为融合体的机身可以降低 RCS,图 2.20 所示是这两种柱体的 RCS

比较,以圆柱体作为比较的基准,其 RCS 为 1 m²。对于融合柱体,当入射波为水平时,其 RCS 为圆柱体的1%左右;当入射波为垂直时,其 RCS 在 0.1～1.0 m² 之间。由于融合体截面形状不同,融合柱体的 RCS 在一定范围内变化。当入射波的 θ 角在水平方向上下一定范围变化时,融合柱体的 RCS 变化不大,对于一般融合体,θ 在 30°～40° 之间。垂直方向的入射波在一定角度范围内变化时也同样如此,但变化的角度要小一些,具体取决于融合体的截面外形。融合体机身可以减小 RCS。

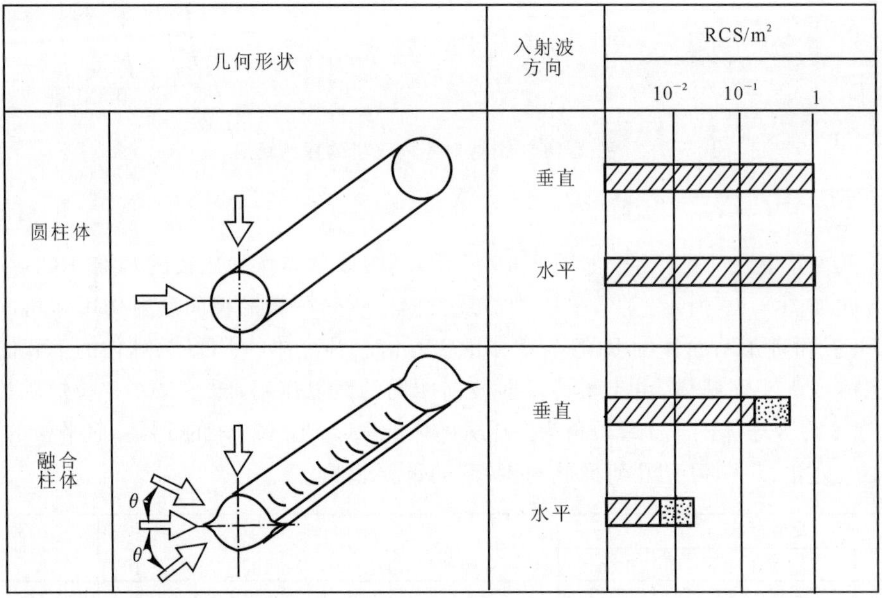

几何形状		入射波方向	RCS/m²		
			10^{-2}	10^{-1}	1
圆柱体		垂直			
		水平			
融合柱体		垂直			
		水平			

图 2.20　圆柱体和融合体的 RCS 比较

虽然入射波为法向时平面体的 RCS 很大,如入射波与平面有一斜角时,反射波向相反的方向折射,可降低雷达接收信号的强度。图 2.21 表示了入射波方位角对平板 RCS 的影响,当方位角为 10° 时 RCS 减小到 0.1%。如入射波对平板有两个方向的斜角(方位和俯仰),则 RCS 将进一步减小。

2. 空腔体

飞机的进气道、喷管和舱盖都是空腔体,在进气道和喷管的内端头有高速旋转的压气机和涡轮,对于雷达波来说相当一个平板。如空腔是直的管道,入射波从管口进入管道后形成镜面反射,再加上入射波在管道内的折射,形成很强的雷达回波。另外进气道的唇口对雷达波也有极强的散射,如唇口较钝,反射的信号更强。座舱内的座椅和仪表板等是由平板和角面体构成,对雷达波有强反射,而不经 RAM 处理的座舱盖可以透过雷达波。所以,进气道、喷管和座舱盖对飞机的 RCS 有重要的影响。

图 2.22 是战斗机各种部件对 RCS 贡献的示意图。进气道和喷管的空腔有较大的 RCS(进气道的 RCS 包括唇口影响)，而压气机和涡轮的 RCS 更高。采用 S 形进气管道使入射波不能"直达"压气机，可以显著降低进气道和压气机的 RCS。排气管只能是直的，但二维喷管对入射波和反射波都有一定的阻挡作用，可以明显降低喷管和涡轮的 RCS，特别是宽高比很大的喷口作用更为明显。

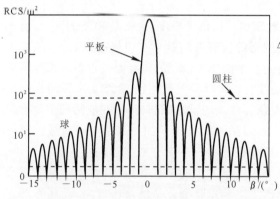

图 2.21　入射波方向对 RCS 的影响　　　图 2.22　战斗机各部件的 RCS 示意

3. 边缘和缝隙

机翼前缘对雷达入射波产生散射，其中一部分能量成为雷达的反射信号(见图 2.23)。当翼型为钝头和厚度很大时，这种反射信号也比较强。雷达波照射时，机翼和机身表面吸收的电磁波向后流动，当遇到不连续的部位，如操纵面或口盖的缝隙以及机翼的后缘时亦会产生散射波，当然这种散射波的强度相对较弱。

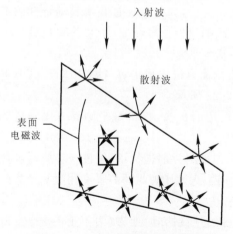

图 2.23　边缘和缝隙的雷达散射波

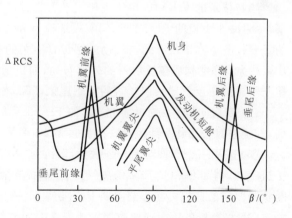

图 2.24　运输机各部件的 RCS 示意图

47

图 2.24 为运输机各种部件对 RCS 贡献的示意图。可见入射波在前缘和后缘的法线方向时,机翼和垂尾都会产生相当强的反射信号。但前、后缘反射信号的方向性很强,只在一个比较窄的方向角内起作用。还需要注意,当入射波垂直于机翼或平尾的尖弦时,翼尖也产生相当强度的反射信号。

由于超音速战斗机机翼的相对厚度小,前缘也较尖削,其前后缘的雷达反射信号比运输机弱得多(图 2.21 中未示出),但在隐身气动布局设计中也不容忽视。

从图 2.21,图 2.22 和图 2.24 可看出,飞机的雷达反射信号强度,也就是 RCS 的大小,有很大的方向性。即使最好的隐身设计也不可能在空间的任何方向都具有很好的隐身性,因为不同方位的隐身要求对飞机设计往往是互相矛盾的。平面部件(机翼、尾翼都可近似地视为平面部件)虽然在入射斜角大时 RCS 很小,可是在法线方向镜面反射就很强,RCS 的差别可能达到千倍或万倍。因此在隐身飞机的设计前,首先要研究可能的雷达威胁方向,在威胁的主要方向对隐身性要求应高,在次要威胁方向隐身性标准可以适当降低。例如对战略轰炸机或远程攻击机,主要威胁是前方和侧方的地面雷达波,由于飞机的飞行高度相对雷达的探测距离较小,所以重点要求在前方上下不太大的俯仰角和侧方上下不太大的滚转角范围内(上方是考虑敌预警机和战斗机的雷达)有良好的隐身性。现代空空导弹有全方位的攻击能力,而超音速巡航飞机的首次攻击一般是在前方或侧前方,因此对于战斗机同样要求前方和侧方有很好的隐身性。由于战斗机要机动作战,后向也要有较好的隐身性。另外,空中机动作战可能与敌机形成相当大的高度差,因此隐身的方向角有更高的要求。对于隐身性的方向角度要求在使用方提出的设计要求中会有明确的规定。

二、考虑隐身性能的气动布局原则和措施

1. 考虑隐身性能的气动布局原则

隐身技术的发展和应用使飞机气动力设计产生重大变化,如何在保证基本气动特性前提下,尽量减小飞机的 RCS(即如何有效地控制和减小飞机的目标信号特征)就成为飞机设计师的重要任务。本节仅介绍与气动外形设计有关的一些基本原则。

(1)消除能构成角反射器的外形布局,如机身垂直侧面与机翼采用翼身融合体设计,单垂尾与平尾的角反射器采用倾斜的双垂尾来消除,如图 2.25 所示。

(2)变后向散射为非后向散射,如 F—22 采用带棱边的机头,将机身平侧面改成倾斜侧面,在突防时将雷达天线倾斜一个角度等,如图 2.26 所示。

(3)采用一个部件对另一强散射部件的遮挡措施,如采用背部进气道,用机身和机翼遮挡了进气道,例如 F—117 飞机的进气道;但这样布置进气道,大迎角特性不好。利用机翼及边条对机身侧向的遮挡可减小侧向的 RCS 值。

(4)将全机各翼面的棱边都安排在少数几个非重要的照射方向上去(大于正前方 40° 以外),如 F—22,F—23 的机翼、平尾、垂尾的前缘和后缘都互相平行,如图 2.27 所示。

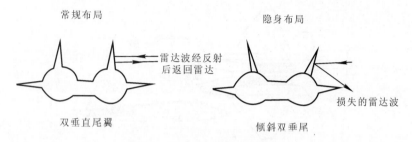

图 2.25　垂尾倾斜消除角反射

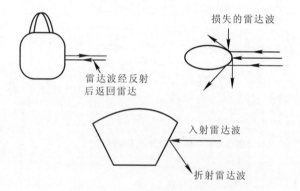

图 2.26　变后向散射为非后向散射

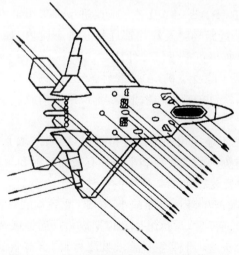

图 2.27　翼面前后缘平行可减小雷达反射

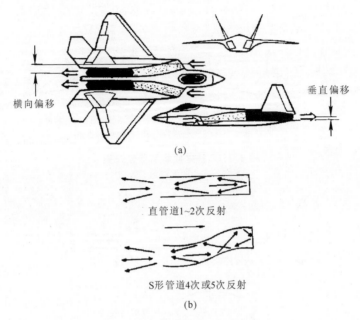

横向偏移

垂直偏移

(a)

直管道1~2次反射

S形管道4次或5次反射

(b)

图 2.28　斜切口及 S 形进气道

（5）消除强散射源的措施：

（i）对于进气道，采用进气口斜切以及将进气管道设计成 S 形，既可遮挡电磁波直射到压气机叶片上，又可使进入进气道内的电磁波经过 4～5 次反射，如图 2.28 所示，使回波减弱，从而有效地减小了进气道的 RCS。F—22 及 F—18 改进型都采用了斜切进口及 S 弯形进气道。

（ii）对于外挂物，将中、近距导弹及炸弹都埋挂在机身舱内，如 F—22，B—2 那样，但会增大机身截面积而使阻力增加；也可采用保形外挂，如 EF—2000 那样，将导弹贴在机身上。

（6）结构细节设计。对于隐身飞机，在强散射源已减弱后，弱散射将起主要作用，如机身的口盖、舵面的缝隙、台阶、铆钉等都是弱散射源，都应采取措施。一般是将口盖及缝隙设计成锯齿形，如 F—22 那样。

（7）当某些部件或部位不能使用外形隐身措施时，必须采取其他措施来弥补。例如雷达波能透过座舱盖玻璃，而座舱内的仪表板和坐椅等有镜面反射和角反射器效应，飞行员头盔也是一个强散射源，这些都是无法改变的。惟一的办法是在玻璃上蒸镀一层透明的薄金属膜，阻挡雷达波的射入和使电磁波产生漫反射而减小 RCS。雷达舱也是类似的情况，雷达罩是透波材料，雷达舱内的天线为镜面反射，雷达组件盒也形成角反射器或镜面反射。这也只能采取其他办法解决，如采用相控阵天线，组件盒上涂以吸波材料、智能雷达罩（只能透过自己的雷达波）等。

在关键部位（并非全部导电表面）使用吸波材料，例如在机翼、平尾等翼面前缘涂吸波材料,在进气口、S形进气道腔体使用吸波材料等均可以起到降低 RCS 的作用。

2.考虑隐身性能的气动布局措施

现结合现有的隐身飞机介绍隐身气动设计的主要措施。当前世界上现役的隐身飞机有 3
种:对地攻击机 F—117(见图 2.29),战略轰炸机 B—2(见图 2.30),第四代战斗机 F—22(见图
2.31)。它们都是美国研制的。除此之外,曾经和 F—22 共同参与美国 ATF(先进技术战斗
机)竞标的原型机 YF—23(见图 2.32)也是一种隐身飞机,在此一并介绍。

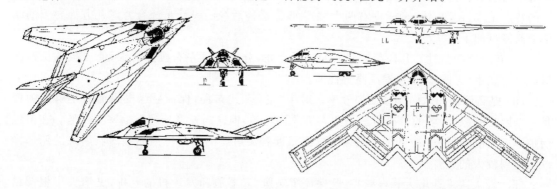

图 2.29　隐身对地攻击机 F—117　　　　　图 2.30　隐身轰炸机 B—2

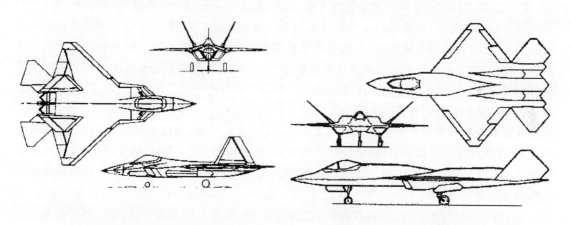

图 2.31　第四代战斗机 F—22　　　　　图 2.32　ATF 竞标的原型机 YF—23

(1) 机翼:从隐身的角度应选用后掠大、展弦比小和根梢比大的机翼。小展弦比机翼由于
展长的减小,有降低雷达信号的作用。大根梢比机翼的根弦长,对机身侧面的遮蔽效果明显,
而侧面是机身反射波最强的方向。最突出的例子是 F—117 攻击机,它的基本机翼参数为 $\Lambda_0 =
67.5°$,$A = 2.0$,F—117 是远程亚音速攻击机,从气动力观点最合理的选择应是小后掠、大展弦
比的机翼,而 F—117 为保证良好的隐身性而牺牲气动效率。为弥补大后掠、小展弦比机翼气

动效率低的缺点,在大约40％半翼展以内,机翼后缘改为前掠约50°(见图2.29),增大机翼面积,同时便于内翼后缘作为发动机喷口(后面将介绍)。内翼后缘前掠增大机翼根弦的长度,在侧向对整个机身起遮蔽作用。

B—2是远程轰炸机,由于技术的进展已经不需像F—117攻击机那样牺牲气动效率的设计。它的特点是去掉了平尾和垂尾,采用大展弦比的"飞翼"式布局,得到良好的隐身性和气动效率的结合。为保证机翼后缘的航向操纵面的效率,机翼前缘后掠角不大(33°)。B—2机翼的特点是多折线后缘,形成左右两个"M"形。这种后缘的设计是综合考虑几方面要求的结果。其特点如下:

(ⅰ)有利于隐身性。几段后缘只有两种后掠角,分别平行左右机翼前缘,使飞机的反射波形成4个波束(见图2.30),提高隐身性能。

(ⅱ)提高俯仰和航向操纵面的效率。对于"飞翼"式布局,保证后缘操纵面有足够的力臂是一个困难问题,一般的解决方法是增大机翼后掠角,但这与亚音速巡航效率有矛盾。在前缘后掠不太大的前提下,双"M"形后缘可以使靠近翼尖后缘的航向操纵面和内侧后缘的俯仰操纵面得到较大的力臂。

(ⅲ)最大限度地增大翼根弦长,既保证了座舱、武器舱和发动机的安排,又增大了根部结构高度,对结构受力和减轻重量有利。

F—22和YF—23是超音速巡航战斗机,从机翼设计来看,YF—23更富有特色。YF—23的机翼为标准的菱形,前缘后掠40°,后缘前掠40°,展弦比2.0,根梢比12.5。"燕形"尾翼俯视投影的前、后缘后掠角与机翼相同,构成典型的接近45°的四反射波束。而F—22基本为三角机翼,从隐身的角度YF—23的机翼更为优越。YF—23机翼的展弦比和尖削比均比F—22机翼($A=2.23, \lambda=8.3$)小,因此根弦相对较长,不但对机身的遮蔽长度较大,有利于隐身性能,而且机翼的结构特性也较好。

从隐身角度要求翼型不但相对厚度要小,而且前缘要尖削,前缘半径要小,最好是尖头。F—117攻击机就是采用平板前、后缘削尖的翼型,这种翼型虽然隐身特性好,但在小迎角时前缘即发生分离,诱导阻力大,对于亚音速远航程的飞机很不利。可以说F—117是为获得良好的隐身性而牺牲气动效率的一个典型。

B—2,F—22和YF—23的机翼前缘不完全是尖的,有不大的前缘半径,综合照顾隐身和气动效率的要求。

(2)机身:F—117攻击机的机身由多面体构成(见图2.29和图2.33),这是一种非常奇特的绝无仅有的设计,出发点还是从隐身考虑。机身的每块平面有空间倾角,垂直平面倾斜角和水平平面内的后掠角都较大,周围来的雷达波都向上折射,地面雷达和水平面上敌机的雷达都接收不到,对降低机身的雷达反射信号强度有明显的作用。但这种多棱边机身很容易产生气流分离,阻力的代价很大,结构受力也不利。

B—2轰炸机(见图2.30和图2.34)的机身在机翼上表面类似一个流线形的大鼓包,从前到后宽度基本保持不变。机身的两侧为发动机短舱。从侧面看,机身外形接近翼形。突出机翼下表面的机身在展向与机翼下表面和缓地过渡,没有明显的界限。总的来说,机身与机翼有很好的融合,外形过渡和缓光滑,将良好的隐身性与气动外形结合在一起。

　　F—22战斗机(图2.31和图2.35)为上单翼,机身上部与机翼融合在一起。机身侧面为向内倾斜约35°的平面,使反射波避开雷达威胁的主要方向(一般认为侧面在30°以内)。机身下部基本为平面,有武器舱门。在进气口以前的前机身截面类似菱形;下部也是向内倾斜约35°的平面。上部略带弧度,以便与座舱盖构成融合体。座舱盖的侧面与机身也形成倾斜约35°的曲面。F—22机身外形的隐身设计主要靠倾斜的平面和机身上部的融合体。F—117和F—22都是洛克希德公司为主设计的,F—22机身的隐身设计继承了F—117倾斜平面的思路,并且有所发展,隐身性和气动性能有更好的结合,F—22机头倾斜的平面在两侧形成棱边,大迎角时能保持左、右旋涡的对称,对防止失控和提高大迎角飞行品质有好处。

图 2.33　F—117 攻击机的多面体机身

图 2.34　B—2 轰炸机照片

图 2.35　F—22 战斗机照片

图 2.36　YF—23 战斗机照片

　　YF—23(见图 2.32 和图 2.35)的机身设计与 F—22 有明显不同。F—22 采用窄间距双喷管布局,两个发动机靠在一起,从前到后形成一个完整的机身。YF—23 采用宽间距双喷管布局,形成两个明显的发动机短舱。机身外形为一个两头尖的流线体,后端在机翼中部结束。机身和发动机短舱与机翼构成融合体外形,前机身也是一个理想的融合体外形,并且与座舱盖融合在一起。YF—23 主要利用融合体外形隐身,而且将一个机身分为三个较小的短舱也有助于提高隐身性。YF—23和B—2飞机都是以诺斯罗普公司为主设计的,YF—23的机身和发动机短舱的布局以及隐身设计的思路继承了B—2飞机的研究成果。

(3) 尾翼:按照隐身的要求最好是去掉尾翼(平尾和垂尾),B—2轰炸机就是这样做的。去掉尾翼有两个前提,一是有非常可靠的主动控制系统确保飞机的稳定性;二是飞机机动性要求不高。因此高机动性战斗机目前还不能完全去掉尾翼。

F—117飞机取消了平尾,由于是大后掠机翼,俯仰操纵利用机翼外侧的后缘操纵面。双垂尾向外倾斜40°,反射波避开了主要威胁的雷达方向。

YF—23是将平尾和垂尾合并,成为"燕尾"形尾翼,同时具备俯仰和航向操纵的能力。双尾翼在发动机舱后端的两侧,相距很远,外倾47°。尾翼前后缘俯视投影的后掠角和前掠角与机翼完全相同。从隐身性的角度看,YF—23尾翼的布局是一个比较好的设计,特点是:① 去掉了平尾;② 很大的外倾角,在侧向很大范围内避开威胁方向的雷达;③ 尾翼前后缘分别与机翼平行,使侧向反射波成为典型的4波束系;④ 对发动机短舱在侧面形成较好的遮蔽作用。

F—22为常规的尾翼布局,双垂尾外倾27°,能躲开大部分侧向雷达的探测(在水平面上、下30°范围内的雷达探测对飞机的威胁最大)。平尾与机翼在同一水平面上并与机翼后缘相邻,对机身侧面起遮蔽作用,降低RCS。平尾的前后缘与机翼的前后缘平行,垂尾前缘俯视投影的后掠角与机翼前缘相同(后缘不相同),这有助于将翼面前后缘的反射波集中在少数几个方向,对隐身有好处。但F—22机翼后缘前掠角17°,与前缘后掠角47°不一致,形成8个主要反射波束。而且垂尾后缘前掠角与其他翼面不一致,隐身性能不及YF—23的典型4波束系。

(4) 进气道:进气道隐身性的一个重要要求是要使入射波不能"直达"压气机,避免镜面反射。F—117采用在进气口加隔波栅板的办法,栅板由吸波材料制成。电磁波不能进入进气道。其他几种飞机都是采用S形的进气管道来解决这个问题,S形管道同时有削弱雷达反射波强度的作用。

唇口也是进气道的强反射源,有两种降低RCS措施:一是减小唇口半径,使唇口比较尖锐,这几种飞机都注意到了这点;二是使进气口边缘斜掠,这与加大机翼后掠减小回波强度的道理相同。F—117进气道唇口边缘在俯视平面的后掠角接近机翼前缘后掠角,侧视平面的后掠角与风挡前棱边平行。F—22比F—117有进一步的改进,俯视平面的唇口后掠与机翼完全相同,侧视平面唇口后掠角与垂尾后缘平行。YF—23的进气唇口在两个方向也都有后掠角。B—2轰炸机采取的是另一种方法,将上、下唇口做成锯齿形,锯齿边缘分别平行机翼前缘和后缘。这样不但可以减小唇口反射波的强度,而且将反射波集中在飞机的少数几个反射波束中去,在雷达探测的主方向起到减小RCS的作用。

在进气道的内部安装导流片(需要一定宽度)可阻挡电磁波在管道内部的反射而降低空腔的RCS,美国的B—2轰炸机就采取这种措施。

(5) 喷管:喷管是飞机后部雷达波的重要反射源,有两个原因:空腔反射和涡轮的镜面反射。F—117攻击机在喷口上采取了很独特的措施,将机翼内侧后缘变为二维喷口,喷口的高度15 cm,宽度183 cm,宽高比达到12.2。喷口的高度很小,而且在宽度方向还有许多隔板,喷管还呈 S 形弯曲。入射波不但不能直达涡轮,而且进出都受到阻挡,使喷管的 RCS 大幅度降低。喷流在喷出前有进气道多余的冷空气渗入,由于喷口的宽高比很大,喷流与外部空气有大面积的接触,喷流的温度据说只有 60℃,使红外信号大为减小,具有红外隐身性。采取这些措施后,F—117 的喷口有很好的雷达和红外隐身性;但推进效率显然有牺牲。

F—22 为提高过失速的操纵性,采用俯仰矢推的二维喷管,同时带来降低雷达和红外信号强度的好处。喷管的上、下缘做成锯齿形,进一步减小喷管的 RCS。

YF—23 喷管的隐身设计基本沿用了 B—2 的思路。YF—23 未采用矢推喷管,虽然发动机的喷管是圆形的,但在发动机喷口之后,飞机上有一段延伸的矩形外罩,可能有类似二维喷管减小雷达和红外信号的作用。为减小边缘的反射信号,YF—23 的喷管上、下缘也是锯齿形。

(6)部件的相互遮蔽:利用机翼对机身的侧向遮蔽用以减小 RCS,在前面已经提到。对于远距攻击机和轰炸机,防范地面雷达的探测是主要矛盾,因此最好是将机身和发动机短舱等突出物完全置于机翼之上,使整个飞机的下表面为平坦的平面。飞机的飞行高度相对雷达探测距离很小,需要考虑的雷达波入射角(相对于法线)一般不小于 45°。平坦的机翼下表面相对这么大角度的入射波会将大部分的电磁能量折射开,雷达接收到的反射信号很弱。当然,如入射波接近法线方向,机翼表面的镜面反射会使 RCS 增大很多,但这种机会和延续的时间都极小。

F—117 飞机是这方面的典型,机翼前缘延伸至对称线,将机身完全遮蔽。B—2 轰炸机也采取这种措施,虽其机身和发动机短舱有一部分突出于机翼下表面,但用非常和缓的整流过渡,与机翼下表面融合在一起。对于战斗机来说,主要是对空作战,对仰视和俯视的雷达都需要防范,因此一般不采用这种方法。

(7)口盖和舱门:口盖和舱门的边缘对缝,对表面的电磁波是不连续的介质,会引起散射波。当飞机的主要部件都采取了隐身设计,反射波信号强度大为减弱的时候,这些强度较弱的散射波的危害性增大。解决的措施有两种:一是在对缝中敷设导电填充剂;另一种是将垂直入射波方向的对缝作成锯齿形,相对于直边缘,锯齿边缘散射波的强度较弱。如将锯齿边平行于机翼的前后缘,则缝隙反射波进入飞机的主要反射波束,危害性大为降低。现在的隐身飞机普遍采用这种方法。

(8)外挂:前面已经谈到,外挂是飞机的强反射源,一是外挂物本身具有较大的 RCS,二是外挂与机体形成的角反射效应。最彻底的办法是将武器内挂,前面介绍的几种隐身飞机都采用这种措施。但这要付出相当大的代价,增大飞机的尺寸和重量,而且影响武器装载的灵活性。另外一种方法是保形外挂(贴合式、半埋式和整流罩式),适当降低隐身要求,换来武器装载(类型和数量)的灵活性。假如武器本身也采取隐身措施,效果会更好些。

第3章 飞机总体参数详细设计(部件设计)

3.1 设计的任务和步骤

一、飞机总体参数详细设计的最优化准则

本章介绍飞机各个部件,如机翼、机身、尾翼、动力装置、操纵系统和起落架装置的总体设计特点。设计的主要任务是保证飞机总体参数的最优化。由复杂系统的设计理论可知,在一般情况下,由局部最优的子系统组成的系统并不是最优的,然而局部的最优化还是有意义的。第一,如果各个部件的参数不是互为函数,那么,部件的最优化与整个系统的最优化是一致的;第二,在一些情况下,总体的最优化是不可能或者是很困难的,由于它的数学模型太复杂,或者是不确定的。那么,系统就只好按各部件最优化,希望结果距离总体最优不远;第三,如果对部件和对系统总体的最优化准则是统一的,或者部件的准则是总体最优化准则的一部分,而这一部分能很好地反应部件的独立参数的变化,则部件最优化也是有意义的。

例如,对于整个飞机的最优化准则是使飞机起飞总重量最小。对于飞机各部件,如机翼,最优化准则也可以是以下形式的准则:

$$W_{\text{wing}} = Am_{\text{wing}} - B(L/D)_{\text{wing}} + CS - Dm_{\text{T}}$$

式中　　m_{wing}—— 机翼重量;

　　　　$(L/D)_{\text{wing}}$—— 机翼升阻比;

　　　　S—— 机翼面积;

　　　　m_{T}—— 分布在机翼内的燃油重量。

A,B,C 和 D 是根据所设计飞机而异的系数,它们反映了飞机的战术技术要求和使用技术要求(航程、巡航速度、着陆时的下滑速度、有效载重和装备的多少等)。

这样评价单独飞机部件最优化的准则其形式简单,不要求有整个飞机的优化数学模型,也不要求采用考虑这个部件内部各参量更复杂的数学模型,只需考虑决定它的外部形状的参数变化。准则的内容应指明为完善这一部件,今后工作的合理方向,也允许对各部件之间的相互影响进行估算。

二、飞机总体参数详细设计(部件设计)的主要任务

在飞机部件的设计过程中,要解决以下问题:

（1）选择主要参数和几何尺寸的最优值；

（2）选择最优形状、最优外形；

（3）选择飞机部件的最优结构受力形式，满足强度、刚度等要求并使重量最轻；

（4）选择最优材料和工艺过程，使在成批生产中保证外形和表面质量的条件下使飞机部件生产成本最低；

（5）保证飞机部件使用维护方便，在飞机部件重要结构和设备的检查和修理时，有自由接近的和进行必需的测量调整工作的可能性。

在第二章中已经说明了飞机主要参数，如翼载荷 W/S、推重比 T/W、机翼面积 S 和发动机的总起飞推力 P_0 的确定方法和求飞机起飞重量 W_{TO} 的第一次近似值的方法。根据这些参数值和规定的战术（使用）技术性能来选择飞机部件的主要参数和几何尺寸并使它们最优化。

（1）机翼：展弦比 A、后掠角 Λ、根梢比 λ、机翼根部和尖部翼型的相对厚度 $\overline{t/c}$、上反角 Γ_w、几何扭转及气动扭转和增升装置选择；

（2）机身：最大横截面积 S_{Mf}、长细比 l/d、机身长度 l_f、机身头部和尾部的长细比；

（3）尾翼：尾翼的水平力臂和垂直力臂（L_{HT}，L_{VT}）、尾翼的面积 S_{HT} 和 S_{VT}、舵面面积 S_{HC} 和 S_{VC}、根梢比 λ_{HT} 和 λ_{VT}、展弦比 A_{HT} 和 A_{VT}；

（4）起落架和动力装置：起落架支柱和机轮尺寸、进气口和尾喷口的尺寸、发动机吊舱或起落架整流舱的最大截面积等。

选择了这些参数和尺寸后就可以详细地确定飞机起飞重量的第二次近似值，并且用来修正飞机的主要参数和机翼、机身、尾翼以及飞机的其他部件的主要参数和尺寸。

飞机部件（最优）形状的选择与以下参数的选择有关：

（1）机翼和尾翼的翼型及其沿翼展方向的布置规律；

（2）机翼和尾翼相对于机身的位置，水平尾翼（HT）和垂直尾翼（VT）的相对位置；

（3）机身的横截面和机身头部与尾部的外形；

（4）起落架的位置，起落架收入机翼或机身内的可能性（以及有没有设专门的整流罩的要求）；

（5）发动机进气口、短舱、安装这些短舱的吊挂，以及喷口装置的形状。

在进行形状选择时，有必要使各部件之间保持协调，以减小由于这些部件间的互相影响而引起对气流统一流线特性的干扰。这里指出的是出现不利干扰的可能性（使 C_{D0} 增加），当然反过来，也有产生有利干扰的可能性（例如，运用"面积律"或者在超音速飞行中进气口前产生附加的"激波"）。

选定了形状之后，飞机和它的部件的外形即可依据解析几何、计算几何或计算机辅助设计CAD中提供的数学方法得出。

选择飞机部件的（最优）结构受力形式，选择材料和可能的工艺过程需运用航空院校学生在机械设计、结构力学、飞机制造工艺学和材料力学等课程中学习的内容。

随着航空技术的发展,飞行速度和速压的增大,把飞机的使用期限增加到 30 000,40 000 乃至 60 000 飞行小时的必要性,都使得保证飞行中结构的静态和动态稳定性、结构的疲劳强度(包括在气动加热条件下和材料腐蚀条件下)、结构的声振强度(来自发动机和环绕飞机的紊流的噪声)等问题尖锐化了。所有这些问题不但对部件的形状,而且对结构受力形式都要提出相互矛盾的要求(例如为了提高疲劳强度,要降低许用拉伸应力水平)。这就决定了飞机各部件设计过程的迭代性:在用计算的方法审查,确认它们已经满足上述矛盾的要求之后,并检查它们和飞机其他部件的相互协调关系,通过上述的迭代,该部件的形状、外形、尺寸和结构受力形式才能明确地规定下来,而且这个过程要重复进行,直到得出(最优)结果为止。

三、飞机部件设计的步骤

下面给出对飞机各个部件的主要结构形式、尺寸、形状的选择步骤;这些部件的其他性能的选择(结构的、强度的和工艺的等)在专门的教材里进行研究。

(1) 总体布局的选择:

• 常规布局(指尾翼在机身后段)

• 无尾式布局(指没有水平尾翼和鸭翼)

• 鸭式布局

• 三翼面布局

(2) 机身方案的选择:

• 乘员、旅客、行李、燃油、货物和其他有效载重的安排

• 座舱或飞行仪表板的设计

• 机身内部设计

• 窗户、门和紧急出口的设计

• 燃油、行李和货物的容积检查

• 武器和储备的安排

• 加载和卸载的通道

• 维修和保养的通道

(3) 推进装置类型的选择:

• 增压式或非增压式活塞式发动机或者螺旋桨

• 涡轮螺旋桨

• 桨扇

• 涡轮喷气或涡轮风扇

• 冲压喷气或火箭

• 电机(太阳能、微波和电池等)

(4) 发动机或螺旋桨数目的选择。

(5) 推进装置的布置：

· 推进器:推进或拉进

· 发动机埋在机身内部或机翼里

· 发动机舱在机身上或机翼上

· 发动机和发动机舱的布置

(6) 机翼和尾翼(尾翼或鸭翼) 的设计参数选择：

· 机翼面积

· 展弦比

· 后掠角(固定翼或可变后掠翼)

· 相对厚度

· 翼型类型

· 根梢比

· 舵面的尺寸和布置

· 安装角(固定翼或可变后掠翼)

· 上反角

(7) 增升装置的类型、尺寸和布置的选择：

· 机械式襟翼

· 后缘或前缘增升装置

(8) 起落架类型和布置的选择：

· 固定式或可收放

· 后三点式、前三点式或自行车式

· 支柱和轮胎的数目

· 机轮收放位置

· 起落架收起的可行性

(9) 飞机上使用的各主要系统的选择：

· 飞控系统,主系统和备用系统

· 辅助动力装置

· 燃油系统

· 液压系统

· 冷气系统

· 电气系统

· 供氧系统

· 环境控制系统

· 防冰、除冰系统

- 喷洒系统（指农用飞机）
- 导航系统
- 电传控制系统

（10）结构布置、结构类型和生产细目的选择：

- 金属、复合材料
- 主要飞机部件的结构布置
- 起落架结构
- 生产和制造的流程

（11）确定研究、发展、制造和使用的费用：

- 潜在利润的估算（民用飞机）
- 任务效能的估算（军用飞机）
- 全寿命周期费用估算（包括民机和军机）

（1）～（11）项的排列次序与其重要性无关。而且布局设计是一个反复的过程，并不能一次完成；在布局设计的早期阶段，一架飞机全寿命周期费用的 90% 是不能变更的；有很多种不同的设计思路都可以得到一个令人满意的设计。完全有可能发现不止一种有时相差还很大的布局设计都能满足给定的使用要求。

3.2　机翼设计

本节讲述确定以下表征机翼平面特征参数的具体方法：

（1）机翼面积，S；

（2）展弦比，A；

（3）后掠角，Λ；

（4）相对厚度，t/c；

（5）翼型；

（6）根梢比，λ；

（7）安装角，i_w 和扭转角，ε_t；

（8）上反角，Γ_w；

（9）横向操纵面尺寸与布局。

机翼平面外形的第（1）条在初始参数设计过程中确定，而第（3）条至第（9）条尚待确定。

机翼平面设计和横向操纵面形状位置设计的具体步骤（各参数计算方法将在以后各节中介绍）如下：

第 1 步：考虑对机翼布局起主要影响的因素，确定布局。选择下列形式之一：

（1）常规布局（指尾翼后置）；

(2) 飞翼(指无平尾或鸭翼);

(3) 串列式机翼;

(4) 鸭翼;

(5) 三翼面;

(6) 连接式机翼。

第 2 步:确定机翼总的结构布局。结构布局在以下两者之间选择:

(1) 悬臂式机翼;

(2) 支撑式机翼。

参考各类已有飞机的参数,建立基本的选择思路。读者可能注意到支撑式主要用在低速飞机上。原因是:权衡干扰阻力增加和机翼重量,可认为支撑式布局适合于速度在 220 km/h 以下的飞机。

第 3 步:机翼 / 机身总体布置的确定。布置在以下三者之间选择:

(1) 上单翼;

(2) 中单翼;

(3) 下单翼。

表 3.1 所示机翼 / 机身布局的比较只有在其他条件均相同时才是正确的。数字 1 表示'首选',数字 3 表示'最不合适'。

表 3.1 机翼 / 机身选择

选择因素	上单翼	中单翼	下单翼
干扰阻力	2	1	3
横向稳定性	1	2	3
座舱视界 *	1	2	3
起落架重量	3 * *	2	1

* 表示在很大程度上取决于机翼通过机身的位置

* * 表示如果起落架收入机身内,那么起落架重量将不再是一个必需的因素。在这种情况下,起落架经常需要减震器外形整流,而这又会引起附加阻力。

第 4 步:选择机翼 1/4 弦线后掠角和机翼相对厚度。后掠角的类型有以下几种:

(1) 零度后掠或平直翼;

(2) 后掠(也叫正后掠);

(3) 前掠(也叫负后掠);

(4) 变后掠(对称变后掠);

（5）斜掠（不对称变后掠）。

类型（4）和（5）只有在兼顾超音速和亚音速巡航或高机动任务时才适用，如果还要求短距起降，变后掠和斜掠这两种类型的机翼就比较合适。但使用这两种机翼将付出很大的重量代价。

对大多数飞机来说后掠角的选择可参考各类已有飞机的选择思路，相对厚度的选择也同样。

在总体参数的详细设计中计算阻力极曲线时，读者将发现后掠角和相对厚度的选择对阻力增长特性有很大的影响。对一架有高亚音速巡航或超音速巡航要求的飞机来说，后掠角和相对厚度之间的权衡就成为机翼设计中的关键因素。

图 3.1 表明后掠角和相对厚度对临界马赫数的影响。记住：巡航升力系数 C_{Lxh} 是一个非常重要的系数。

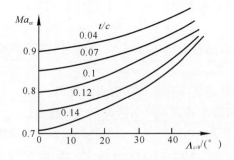

图 3.1 后掠角和相对厚度对临界马赫数的影响

这一系数可用下式估算：

$$C_{Lxh} = (W_{TO} - 0.4W_F)/\bar{q}S \tag{3.1}$$

在很多设计中，可以通过机翼前掠或后掠减小重心的移动范围。另外，后掠角轻微的变化（从零度开始）会对机翼／机身的焦点 a.c. 位置有很大影响。

第5步：选择翼型。参考已有飞机选取翼型的基本思路，尤其参考类似NACA标准化翼型的详细介绍。我们发现尽管翼型计算设计技术已能够为某一个特殊的任务设计出翼型，但大多数飞机仍使用系列化翼型。

在选择或设计翼型时，下列的重要因素必须考虑：

阻力系数，C_d

设计升力系数，C_L

临界马赫数，Ma_{cr}

俯仰力矩系数（相对 1/4 弦长），C_m

第6步：确定机翼尖削比 λ_W 并绘制机翼平面尺寸图。参考已有飞机选择机翼尖削比 λ_W。

应当注意,机翼尖削比选择的好坏将对机翼的失速与重量特性有重要的影响。

第 7 步:列出最大升力系数。

第 8 步:确定横向操纵面的形状、尺寸及位置。根据已有飞机提供一个初步的参考。另外一个主要的设计因素是,横向操纵面与所需的增升装置之间要配合得很好。

第 9 步:在第 6 步绘制的机翼平面图上标出前后翼梁轴线。

第 7 步和第 8 步所得数据是确定翼梁轴线位置所必需的。另外在翼梁轴线与增升装置和副翼外形线之间应保持大约 $0.005c$ 的间隙。任何扰流片转轴线必须紧靠后翼梁轴线后面。

第 10 步:机翼油箱容积的计算。这里首先假设燃油装在一个所谓的"湿翼"中(即不存在单独的油箱)。机翼的扭转盒段(机翼前后梁之间的结构)经密封构成油箱。

确定隔板梁的位置主要用在飞机坠毁时防止火势蔓延。注意不要将隔板梁计算在燃油容积之内。

假设翼展 85% 以外部分不能携带燃油。这主要是为了防止飞机飞行时遭雷击起火(这会给飞机造成致命的损伤)。

注:当翼尖蒙皮局部加强,能有效避免雷击时,燃油可装在翼尖油箱中。这虽然将付出增重的代价,但有时仍然得到应用。

比较一下机翼油箱的计算容积与任务所需的实际容积。

在初步设计时,可用下列推荐的方式来估算机翼油箱容积:

这个公式基于统计数据得出,并预先考虑了所需的隔板梁以及隔断问题。

$$V_{wf} = 0.54 (S^2/b)(t/c)_r \{(1 + \lambda_w \tau_w^{1/2} + \lambda_w^2 \tau_w)/(1 + \lambda_w)^2\} \tag{3.2}$$

式中,$(t/c)_t$ 为翼尖相对厚度;$(t/c)_r$ 为翼根相对厚度。

$$\tau_w = (t/c)_t / (t/c)_r \tag{3.3}$$

如果有足够的燃油空间,按第(11)步继续。否则就要考虑增加额外的燃油空间以满足要求。这些额外的油箱空间包括翼尖油箱、副油箱、机身油箱和尾翼油箱等。

需要指出的是公式(3.2)的误差是 ±10%。

在一些情况下若能提供的燃油容积与实际需求的相差太大(超过 20%),则需在初步确定的机翼尺寸基础上加大机翼面积。

第 11 步:确定机翼上反角 Γ_w。这个参数是由飞机的横侧稳定性和荷兰滚稳定性之间的权衡决定的。具体阐述可参考相关文献。

在飞机拉平以 5° 倾斜角下滑时飞机与地面之间的间隙(如翼尖、翼吊发动机舱及螺旋桨等)也是影响上反角选择的重要因素。

在初步设计阶段可参考已有飞机的统计结果作出初步选择。

第 12 步:确定机翼安装角 i_w 及机翼扭转角 ε_t。机翼安装角对以下一些方面有重要影响:

(1)巡航阻力;

(2)起飞距离(特别是对于串列式起落架飞机);

（3）机舱内的地板在巡航时的姿态及货物底盘装上或卸下的难易。

在初步设计阶段，可参考已有飞机选择初始的机翼安装角。

机翼的扭转角对机翼的失速特性有重要的影响。其存在下列可能性：

（1）外洗（可通过减小沿翼展外向的翼型安装角来实现反向扭转）：可防止翼尖失速。

（2）内洗（正向扭转）：可加速翼尖失速。

（3）气动扭转（可通过沿翼展方向改变翼型来实现）：这样做既可能抑制翼尖失速，也能加速翼尖失速。最终结果取决于沿翼展方向翼型的变化。

绝大多数的飞机机翼外洗，有时也采用气动扭转，不过制造成本要高一些。扭转角的初步选择可参考已有飞机参数。

第13步：将各步的决定和清晰的尺寸图归入一份简短的文档。

一、机翼的展弦比

机翼的几何展弦比是无量纲的几何参数，并由下式确定：

$$A = b^2/S \tag{3.4}$$

式中　　b——机翼的翼展，m；

　　　　S——机翼面积，m^2。

在确定机翼的气动力特性时，不用几何展弦比，而用有效展弦比。在小速度，即 $Ma < Ma_{cr}$ 时，气流被认为是不可以压缩的，

$$A_{有效不可压} = A_{几何}/(1+\delta_{不可压}) \tag{3.4'}$$

$$\delta_{不可压} = 0.02 \frac{A}{\Lambda_{1/4}}(3.1 - \frac{14}{\lambda} + \frac{20}{\lambda^2} - \frac{8}{\lambda^3}) \tag{3.5}$$

式中　　$\Lambda_{1/4}$——机翼 1/4 弦线处的后掠角；

　　　　$\lambda = c_r/c_t$——机翼根梢比，即机翼根弦 c_r 与尖弦 c_t 之比。

应该注意用 $A_{有效}$ 代替 $A_{几何}$ 后，在计算机翼气动特性时可能造成很大的误差。例如，对于 $\lambda = 4$ 和 $\Lambda_{1/4} = 35°(\cos\Lambda_{1/4} = 0.82)$ 的机翼，在几何展弦比 $A_{几何} = 8$ 时，有效展弦比 $A_{有效} = 7$，而 $A_{几何} = 10$ 时，$A_{有效} = 8.5$；误差可达 $12.5\% \sim 15\%$。

在超临界气流中，在跨音速飞行速度范围内，考虑到空气的压缩性时：

$$A_{有效可压} = \frac{A_{有效不可压}}{1+\delta_{可压}} \tag{3.5'}$$

$$\delta_{可压} \approx \begin{cases} 10A_{几何}\overline{(t/c)}^{1/3}(Ma - Ma''_{cr})^3 & 1 > Ma > Ma_{cr} \\ 0 & Ma \leqslant Ma_{cr} \end{cases}$$

式中　　$\overline{(t/c)}$——机翼的平均相对厚度。

在 $C_L > 0$ 时，

$$Ma''_{cr} = M'_{cr} - C_L^{2/3}\overline{(t/c)}^{1/2} \tag{3.6}$$

式中 Ma'_{cr} —— 在 $C_L = 0$ 时机翼的临界 Ma 数,

$$Ma'_{cr} = \frac{1}{\cos \Lambda_c} \left[1 + \frac{(k+1)^{4/3} \overline{(t/c)}^{4/3}}{2 \cos^{2/3} \Lambda} - \frac{(k+1)^{2/3} \overline{(t/c)}^{2/3}}{\cos^{1/3} \Lambda_c} \right] \tag{3.17}$$

式中 Λ_c —— 机翼最大厚度线后掠角;

$k = 1.4$ —— 空气绝热指数。

二、机翼的平均相对厚度

机翼的平均相对厚度由下式确定:

$$\overline{t/c} = S_{MW}/S = \overline{S_{MW}} \tag{3.8}$$

式中 S_{MW} —— 机翼最大截面积,m^2。

对于锥形的梯形机翼,有

$$\overline{t/c} = \frac{0.5(h_r + h_t)b}{0.5(c_r + c_t)b} = \frac{h_r + h_t}{c_r + c_t} = \frac{c_r \overline{(t/c)_r} + c_t \overline{(t/c)_t}}{c_r + c_t} = \frac{\overline{(t/c)_r} \lambda + \overline{(t/c)_t}}{\lambda + 1} \tag{3.9}$$

式中 $h_r = c_r (t/c)_r$ —— 根部截面的绝对厚度,m;

$h_t = c_t \overline{(t/c)_t}$ —— 尖部截面的绝对厚度,m。

不能认定机翼的平均相对厚度是 $\overline{(t/c)_r}$ 和 $\overline{(t/c)_t}$ 之间的算术平均值,因为对锥形机翼,翼型的相对厚度是非线性变化的。例如,对于根弦 $c_r = 10$ m,$\overline{(t/c)_r} = 15\%$ 和尖弦 $c_t = 4$ m,$\overline{(t/c)_t} = 5\%$ 的机翼,其平均相对厚度不是 10%,而是 $\overline{(t/c)} = \dfrac{10 \times 0.15 + 4 \times 0.05}{10 + 4} = \dfrac{1.7}{1.4} = 12.14\%$。

三、中弧面的形状

机翼中弧面的形状同样也是机翼的几何特性。它的定义是由翼型上、下轮廓构成机翼的上、下表面法向坐标之和的一半(机翼展向为 z 坐标):

$$y_c(x, z) = \frac{1}{2} [y_u(x, z) + y_l(x, z)]$$

对于某些机翼,中弧面的特性是相对于根部剖面($z = 0$)扭转了 $\varphi(z)$ 角度的凹下剖面的组合。按照这一点来区分气动扭转和几何扭转,气动扭转的特性由翼型凹度随翼展的分布 $f(x)$ 来确定,几何扭转是由剖面(弦)转角随机翼翼展的分布规律 $\varphi(z)$ 决定的。

可以用以下两个参数作为鉴定机翼的气动扭转和几何扭转的平均参数:

$$\overline{f_c} = \frac{1}{S} \left[\int_{-\frac{b}{2}}^{\frac{b}{2}} \overline{f}(z) b(z) dz \right]$$

$$\varphi_c = \frac{1}{S} \left[\int_{-\frac{b}{2}}^{\frac{b}{2}} \varphi(z) b(z) dz \right]$$

作为扭转的综合参数可以取:

$$\overline{\varphi}_c = \varphi_c + 4\overline{f}_c$$

在一般情况下，对于任意平面形状的机翼，表示中弧面翘曲度特性的综合扭转参数可以取：

$$\overline{\varphi}_c = \frac{1}{S}\left[\iint_S \varphi(x,z)\,\mathrm{d}x\mathrm{d}z\right]$$

式中　$\varphi(x,z) = \dfrac{\partial y_c(x,y)}{\partial x}$ —— 在 yOx 平面内机翼的中弧面的切线和坐标平面 xOz 之间的夹角。

四、机翼的容积

机翼的容积是机翼很重要的几何特性，它可以用于放置燃油。对于有直母线的机翼，在前后缘之间整个机翼的最大理论容积（m^3）可以按下式计算：

$$V_{\mathrm{Wmax}} = k_{\mathrm{Wmax}}\frac{(t/c)_c S^{3/2}}{A^{1/2}} \tag{3.10}$$

式中　$k_{\mathrm{Wmax}} = \dfrac{4}{9}\dfrac{2\lambda_c + \lambda + \lambda_c + 2}{(\lambda+1)(\lambda_c+1)}$； $\tag{3.11}$

$\lambda_c = \dfrac{c_r}{c_t}\dfrac{\overline{(t/c)_r}}{(t/c)_t} = \lambda\dfrac{\overline{(t/c)_r}}{(t/c)_t}$ —— 机翼迎面的根梢比。

通常不是用全部机翼放置燃油，只用大梁之间的部分，特别是当这部分是受力翼盒时。沿机翼翼展的盒段结构使用得也不充分，要除去只有很小厚度的翼尖部分和在机身内的根部，整个翼盒油箱可以分成独立的隔舱和独立的油箱。

装在机翼油箱内的燃油的重量：

$$W_{\mathrm{FW}} = \nu V'_{\mathrm{w}} g \approx 800 \times 9.8 \times V'_{\mathrm{w}} \tag{3.12}$$

这是因为通常用作为涡轮喷气发动机和涡轮螺旋桨发动机飞机燃料的煤油的重度 $\nu = 800$ $\mathrm{kg/m}^3$。

五、中等展弦比和大展弦比机翼的气动力特性

1. 机翼升力特性（C_{La} 值的确定）

中等展弦比和大展弦比机翼在低亚音速无紊流流动时的升力特性用升力系数和迎角的关系，以及升力系数对迎角的导数来评定。具体方法如下：

$$C_L = C_{La}(\alpha - \alpha_0) \tag{3.13}$$

式中，α_0 为 $C_L = 0$ 时的迎角。

$$C_{La} = \frac{\partial C_L}{\partial \alpha} = 2\pi\frac{A}{A\overline{p} + 2} \tag{3.14}$$

式中，$\overline{p}$ —— 机翼半周线与翼展的比值。

对于前、后缘为直线，尖弦平行于气流方向的机翼，

$$\bar{p} = \frac{1}{2}\left(\frac{1}{\cos\Lambda_L} + \frac{1}{\cos\Lambda_t}\right) + \frac{2}{A(\lambda+1)} \tag{3.15}$$

式中，Λ_L 和 Λ_t 分别为前缘和后缘的后掠角，它们之间的关系如下：

$$\tan\Lambda_L = \tan\Lambda_t - \frac{4}{A}\frac{\lambda-1}{\lambda+2} \tag{3.16}$$

如果在 $C_L(\alpha)$ 的公式中用 $C_L\sqrt{1-Ma^2}$，$A\sqrt{1-Ma^2}$ 和 $\tan\Lambda\sqrt{1-Ma^2}$ 分别代替 C_L，A 和 $\tan x$，则空气压缩性对亚音速飞行中机翼升力系数的影响可以用亚音速相似律来估算。在式(3.14)内压缩性可以通过无量纲参数 $\bar{p}$ 来估算。对于前后缘为直线的机翼，用 $\bar{p}'$ 代替 $\bar{p}$，即

$$\bar{p}' = \frac{1}{2}\left(\sqrt{1-Ma^2+\tan^2\Lambda_1} + \sqrt{1-Ma^2+\tan^2\Lambda_t}\right) + \frac{2}{A(\lambda+1)} \tag{3.17}$$

式(3.17)不适用于跨音速区($Ma \approx 0.85 \sim 1.15$)的计算。在这样的飞行速度下，机翼的绕流是混合的，也就是在机翼的表面有局部的亚音速区和局部的超音速区。在这个速度范围内(特别是在 $Ma \approx 1$ 时)还没有计算机翼升力的通用方法。在研究和综合试验数据的基础上，利用相似律，可以用如下的公式来确定在 $Ma = 1$ 时的机翼的 $C_{L\alpha}$ 值，其精度实际上是足够的，即

$$C_{L\alpha} = \frac{2\pi A}{\bar{p}A\,\overline{(t/c)}^{1/3}+2} \tag{3.18}$$

对于前后缘是直线，尖弦平行于气流的机翼(梯形后掠机翼)，有

$$\bar{p}A\,\overline{(t/c)}^{1/3} \approx A\,\overline{(t/c)}^{1/3}\sqrt{1+\tan^2\Lambda_L} +$$
$$\frac{2}{\lambda+1}\left[1-(\lambda-1)\frac{\tan\Lambda_L - \dfrac{2(\lambda-1)}{A\,\overline{(t/c)}^{1/3}(\lambda+1)}}{\sqrt{1+\tan^2\Lambda_L}}\right] \tag{3.19}$$

$C_{L\alpha}$ 值最大时的 Ma 数表达式为

$$Ma_{C_{L\alpha max}} = \sqrt{1-\overline{(t/c)}^{2/3}\left[2-\frac{1}{A\,\overline{(t/c)}^{1/2}}\right]} \tag{3.20}$$

而在 $Ma = 1$ 时，$C_{L\alpha max}$ 和 $C_{L\alpha}$ 的比值为

$$\frac{C_{L\alpha max}}{C_{L\alpha}} = 1 + \overline{(t/c)}^{2/3}\left[2-\frac{1}{A\,\overline{(t/c)}^{1/3}}\right]^2 \tag{3.21}$$

超音速飞行时，不同平面形状机翼的升力特性不能用一个单一的表达式来表示，因为机翼的边界决定了它的各个单独部分的相互影响特性。例如机翼边缘(前缘或后缘)是亚音速的 $(\tan\Lambda_i > \sqrt{Ma^2-1})$，还是超音速的 $(\tan\Lambda_i < \sqrt{Ma^2-1})$，就可以得到这样或那样的 $C_{L\alpha}(Ma)$ 的关系式。对于直机翼，在 $A\sqrt{Ma^2-1} > 1$ 时，有

$$C_{L\alpha} = \frac{4}{\sqrt{Ma^2-1}}\left(1-\frac{1}{2A\sqrt{Ma^2-1}}\right) \tag{3.22}$$

在 $A\sqrt{Ma^2-1}<1$ 时,将得到比较繁杂的关系式。对于有倾斜侧缘的直机翼,如果侧缘是亚音速的($|\tan A|>\sqrt{Ma^2-1}$),在 $A\sqrt{Ma^2-1}>1$ 时,

$$C_{L\alpha}=\frac{4}{\sqrt{Ma^2-1}}(1-\frac{\sqrt{Ma^2-1}-\tan\Lambda}{2A}) \tag{3.23}$$

当侧缘是超音速时,

$$C_{L\alpha}=\frac{4}{\sqrt{Ma^2-1}} \tag{3.24}$$

也就是与无限翼展的机翼或二元流中的薄板相同。

超音速时的后掠机翼特性从理论上确定它的升力特性是复杂的,用比较复杂的方法才能得到 $C_{L\alpha}(Ma)$ 的关系式。可以用以下算式给出这些关系的近似表达式:

对于亚音速前缘

$$C_{L\alpha}=\frac{4}{E(k)\tan\Lambda_L}\left\{\frac{1-\frac{1}{\lambda}}{1+\xi}\left[\xi+\frac{2\arccos(-\xi)}{(2-\xi)(1+\xi)^{1/2}}\right]+\frac{1+\pi\sqrt{2}}{2\lambda}\right\} \tag{3.25}$$

而对于超音速前缘

$$C_{L\alpha}=\frac{8}{\pi\tan\Lambda_L}\left\{\frac{1-\frac{1}{\lambda}}{1+\xi}\left[\frac{\arccos(-\frac{\xi}{m})}{\sqrt{m^2-\xi^2}}+\frac{\xi\arccos(1/m)}{\sqrt{m^2-1}}\right]+\frac{\arccos(1/m)}{\lambda\sqrt{m^2-1}}\right\} \tag{3.26}$$

式中 $E(k)$ 为模数 $k=\sqrt{1-m^2}$ 的第二类完全椭圆积分,

$$m=\frac{\sqrt{Ma^2-1}}{\tan\Lambda_L}, \qquad \xi=\frac{\tan\Lambda_t}{\tan\Lambda_L}$$

上面推导的 $C_{L\alpha}(Ma)$ 关系式适用于实际中广泛应用的各种平面形状的机翼。对于这些机翼,$C_{L\alpha}(Ma)$ 的表达式可以在从亚音速到超音速的整个飞行速度区域内绘出曲线图,其中也包括跨音速区。在跨音速区的 Ma 数下,$C_{L\alpha}(Ma)$ 曲线应经过 $C_{L\alpha}(Ma<1)$,$C_{L\alpha}=C_{L\alpha\max}(Ma\geqslant1)$ 和 $C_{L\alpha}=C_{L\alpha}(Ma=1)$ 点,从而使亚音速和超音速区的 $C_{L\alpha}(Ma)$ 曲线光滑地对接起来。

$C_{L\alpha}(Ma)$ 关系式在机翼设计中对决定垂直阵风情况下的最大使用过载和设计过载是必需的(如果这些过载大于机动过载,例如对于重型飞机和大多数旅客机)。

2. 机翼的最大升力特性

机翼的最大升力特性,以 $C_{L\max}$ 的大小来评定,它决定于翼型沿翼展的分布,机翼的扭转和平面形状,也就是决定于它的气动布局形式。机翼的气动布局应该考虑到机翼的流场特点。对于后掠机翼,这些特点是:

(1)机翼的尖部比根部要承受更大的载荷,如果机翼是平面的,没有气动扭转,在增大迎角时,这将导致翼尖气流分离;

(2)机翼上的附面层从根部流向翼尖,这将加剧后掠机翼翼尖的气流分离,原因是附面层

在上表面被滞止和在翼尖切面沿 Ox 轴具有大的正压力梯度;

(3)在后掠机翼上翼尖气流分离引起了纵向抬头力矩(减小纵向低头力矩的值),在 $C_m(\alpha)$ 和 $C_m(C_L)$ 关系中出现非线性,从而使飞机操纵困难。

图 3.2 表示出了由同类翼型组成的梯形后掠机翼的 $C_{L实际}$ 值沿展向的分布。机翼根部翼型一般有比较大的相对厚度。由于这个厚度的影响,组成机翼翼型的 C_{Lmax} 值从根部到尖部是减小的。迎角和整个机翼的 C_L 增大时,$C_{L实际}$ 的值达到 C_{Lmax} 的值(在 α_2 时),然后在 $\alpha > \alpha_2$ 时,由于发生和发展了分离现象,$C_{L实际}$ 不可能达到 C_{Lmax}。在图 3.2 上可以看出分离在机翼尖部出现。

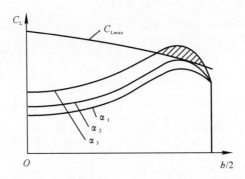

图 3.2 后掠机翼的 C_{Lmax} 和 $C_{L实际}$ 的关系曲线

图 3.3 表示了展向环量分布与机翼根梢比 λ、后掠角 Λ 的关系。

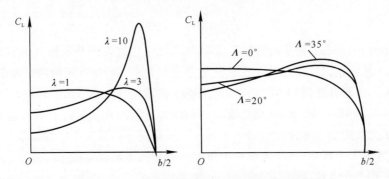

图 3.3 $C_{L实际}$ 和机翼根梢比 λ、后掠角 Λ 的关系

图 3.4 表示了后掠机翼纵向力矩随迎角 α 的变化。在迎角增加到 α_1 以前,$C_m(\alpha)$ 曲线的斜率是负的,这是飞机稳定品质的特征。在翼尖出现分离时($\alpha = \alpha_1$),迎角继续增加,翼尖部分产生升力的能力不再增加,而机翼根部产生升力的能力还要增加(那里没有分离),因此机翼的低头力矩开始减小,曲线 $C_m(\alpha)$ 的斜率变成正的(在曲线上叫"勺形"),飞机成为对迎角不稳定的了。迎角进一步增大时,分离气流扩展到大部分机翼,曲线的斜率能够恢复成负值。

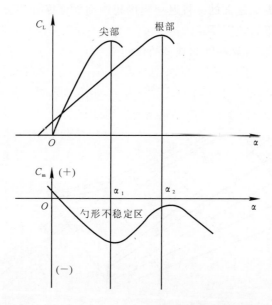

图 3.4 在 $C_m(\alpha) = f(C_L)$ 关系中"勺形区"的形成

直机翼上气流分离的出现使得在达到 C_{Lmax} 以后，C_L 急剧下降，而 $C_L(\alpha)$ 的线性变化维持到接近 C_{Lmax} 的 C_L 值处。在后掠机翼上，在翼尖出现分离以后，$C_L(\alpha)$ 开始偏离线性关系，但 C_L 还是继续增大，直到在 C_{Lmax} 以后，C_L 缓慢下降。后掠机翼的后掠角 Λ 越大，$C_L(\alpha)$ 关系离开线性关系就越早，在 C_{Lmax} 区 C_L 值的变化就越平缓。C_{max} 值本身就满足如下的条件：

$$C_{Lmax\Lambda=0} = C_{Lmax\Lambda=0}\cos\Lambda \tag{3.27}$$

空气压缩性对 C_{Lmax} 有较大的影响。目前适当厚度（$t/c=10\% \sim 15\%$）的翼型有紊流类型的分离，压缩性影响在 $Ma=0.2 \sim 0.3$ 时就已经发生了。在翼型尾部开始分离时的迎角（也就是说在 $C_L=0$ 时，在翼型上出现超音速区域随之形成激波）随 Ma 数的增大而同步减小，在 $Ma=Ma_{cr}$ 时减小到零。

3. 提高后掠机翼升力特性的措施

为了提高后掠机翼的 C_{Lmax} 值和对应于 $C_m(\alpha)$ 或 $C_L(\alpha)$ 的非线性关系开始时的 $C_{L容许}$ 值（为了减小"勺形"区范围并把它向较大 α 值移动），在机翼气动力布局上可以采用以下方法：

（1）在机翼根部布置具有 C_{Lmax} 值的凹形翼型，在翼尖布置上表面较扁平甚至带有负弯度的、产生升力较小的翼型来获得气动扭转。对于这样的机翼布局，即可使如图 3.2 中所示 $C_{L实际}(z)$ 的斜率改变：它的右边抬起，而左边降下。当整个机翼的 C_L 增加时，$C_{L实际}(z)$ 分布曲线向上抬起，并在半翼展中间的某一点和 $C_{L实际}(z)$ 曲线相切；在相当大的机翼 C_{Lmax} 值时，开始在机翼中部产生气流分离，$C_m(\alpha)$ 曲线上的"勺形"区减小并且（或者）向大迎角方向移动。

（2）使翼尖剖面对于翼根剖面偏转一个负的角度（翼型前缘向下）来形成机翼的几何扭

71

转。在机翼 C_L 增大时,翼尖剖面的 α 将迟一些达到该剖面可能开始分离的迎角范围,在这种情况下,总的机翼 C_L 比平直机翼要增大一些。

应当指出,飞行时后掠机翼在气动载荷的作用下产生弯曲时,将机翼部分沿飞行方向的剖面扭转,如图 3.5 所示。

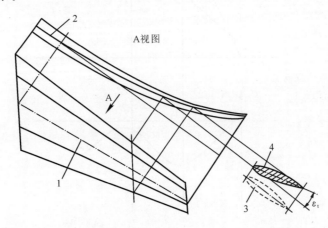

图 3.5　后掠机翼在弦平面内弯曲时其剖面迎角的变化

A— 在弯曲平面内机翼的视图;1— 机翼刚心和纯弯曲平面的轴线(无气动扭转);2— 弯曲的弦平面;3— 弯曲前剖面的位置;4— 弯曲后剖面的位置;ε_t— 弯曲时机翼剖面的扭转角

(3) 为了减小附面层流向翼尖部分的有害影响,在机翼上表面装置隔板,使气流形成涡流,从而阻止附面层过早地分离(见图 3.6)。

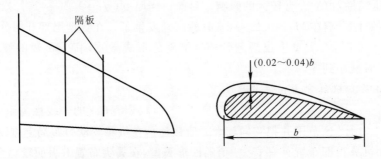

图 3.6　在后掠机翼上设置隔板的形式

可以用改变机翼翼型前端的方法来造成弦长的阶跃变化以代替机翼上的隔板。在阶跃区形成涡流,也能阻止附面层过早地分离;在这种情况下,因为没有隔板表面的摩擦,附加阻力减小了(与隔板相比)。

安装一排或两排涡流发生器，能够减小附面层分离的不利影响。它们是独立的垂直于机翼表面的翼型叶片，在它们的后面产生漩涡，把附面层和新的来流混合并且增加它们的动能，从而阻止气流过早地分离。

4. 机翼阻力

由飞机空气动力学可知，机翼总的迎面阻力可用飞机极曲线方程给出。其阻力系数的表达式为

$$C_D = C_{D0} + C_{Di} = C_{D0} + KC_L^2 \tag{3.28}$$

式中　　C_{D0}——零升阻力系数；

　　　　C_{Di}——诱导阻力系数；

　　　　K——极曲线弯度系数或诱导阻力因子。

零升阻力系数可以按以下形式给出：

$$C_{D0} = C_{DP} + C_{DB} \tag{3.29}$$

式中　　C_{DP}——翼型阻力系数；

　　　　C_{DB}——波阻系数，在飞行速度超过 Ma_{cr} 时产生。

翼型阻力系数的表达式为

$$C_{DP} = 2C_f(1 + 3\overline{t/c})[1 + \overline{t/c}(5Ma - 3)]\overline{S_{wa}} + 0.001 l_m \tag{3.30}$$

式中　　C_f——平板摩擦阻力系数，其表达式为

$$C_f = \frac{0.455}{(1 + 0.1Ma^2)^{2/3}(\lg Re)^{2.58}}(1 - \overline{x_s} + \frac{40}{Re^{3/8}}\overline{x_s}^{5/8})^{4/5} \tag{3.31}$$

$\overline{S_{wa}}$ 为空气流过的机翼部分的相对面积，$\overline{S_{wa}} = 1 - K_d\overline{S_{wf}}$；$\overline{S_{wf}}$ 为机身内机翼部分的相对面积，K_d 为干扰系数，数值如下：

结构形式	上单翼机	中单翼机	下单翼机
K_d	0.9	0.7	0.5

l_m——机翼上缝隙的总长度（沿展向）（在机翼和副翼之间，机翼和襟翼之间等处的缝隙）。

$\overline{x_s}$ 是指从层流附面层变为紊流附面层的转折点在翼型弦上的相对坐标，其表达式为

$$\overline{x_s} = \min\begin{cases} \dfrac{10^n}{Re} \\ \dfrac{\sqrt{\overline{x_c} + \overline{x_f}}}{\overline{b_1}} \end{cases} \quad 或 \quad \sqrt{\overline{x_c}\,\overline{x_f}}$$

式中　　$\overline{x_c}$ 和 $\overline{x_f}$——翼型的最大相对厚度和最大相对弯度；

$\overline{b_1}$——前缘缝翼的相对弦长;

$$n = 5 + \left[1.3 + 0.6Ma(1 - 0.25Ma^2)\right] \sqrt{1 - \left[\frac{\lg(\frac{h_f}{b_1}Re) - 1}{2.2 - \frac{0.08Ma^2}{1 + 0.312Ma}}\right]^2}$$

式中　h_f——机翼粗糙表面平均凸起高度;$h_f \approx (5 \sim 15) \times 10^{-6}$ m。

在跨音速时波阻可以按下式确定:

$$C_{DB} = \frac{2\pi A \overline{(t/c)}^2 \cos\Lambda_c}{2 + A \overline{(t/c)}^{1/3} \cos^{3/5}\Lambda_c} \left(\frac{Ma - Ma'}{MaC_{DBmax} - Ma'_{cr}}\right)^3 \left(4 - 3\frac{Ma - Ma'}{MaC_{DBmax} - M'_{cr}}\right) \qquad (3.32)$$

式中　Λ_c——最大厚度线的后掠角;

MaC_{DBmax}——对应于 C_{DBmax} 的 Ma 数;

Ma'_{cr}——在 $C_L = 0$ 时机翼的临界 Ma 数,

$$MaC_{DBmax} = \frac{1}{\cos\Lambda_c} \left\{1 + 0.4\frac{\overline{(t/c)}^{2/3}}{\cos^{2/3}\Lambda_c}\left[2 - A\overline{(t/c)}^{1/3}\cos^{1/3}\Lambda_c\right]\right\} \qquad (3.33)$$

超音速时的波阻系数($Ma > 1.2$):

$$C_{DB} = \frac{4\left[\overline{(t/c)} + 2\overline{f}^2\right]}{\sqrt{Ma^2 - 1}}\left[1 + (k_p - 1)\varphi\right] \qquad (3.34)$$

其中:对于菱形机翼,$k_p = 1$;对于圆弧形机翼,$k_p = 4/3$;对于亚音速机翼,$k_p = 1$;

$$\varphi = \begin{cases} \dfrac{0.16(A\sqrt{Ma^2 - 1} - A\tan\Lambda_c)^2}{1 + 0.16(A\sqrt{Ma^2 - 1} - A\tan\Lambda_c)^2}, & \sqrt{Ma^2 - 1} > \tan\Lambda_c \text{ 时} \\ 0, & \sqrt{Ma^2 - 1} \leqslant \tan\Lambda_c \text{ 时} \end{cases}$$

这样,利用式(3.30)和式(3.32)或式(3.34)的关系就可以按式(3.29)来确定全部飞行 Ma 数内总的零升阻力。尤其是在这些关系式中包含了机翼的几何参数($\overline{t/c}, A, \Lambda_{1/4}, f$ 等),因此可以用来确定飞机的最优参数。

机翼的诱导阻力同样可以认为是由两种阻力合成的:涡阻和波阻。第一种阻力在所有的飞行速度下都有,第二种阻力在跨音速和超音速时才有。

在小速度时,诱导阻力系数由下式确定:

$$C_{Di} = \frac{C_L^2}{\pi A_{有效 \cdot 不可压}} \qquad (3.35)$$

式中　$A_{有效 \cdot 不可压}$——在不可压流中机翼的有效展弦比(见式3.4')。

在跨音速区域超临界流的条件下(按 Ma 数),空气表现出压缩性(在 $Ma > Ma_{cr}$ 时),

$$C_{Di} = \frac{C_L^2}{\pi A_{有效 \cdot 可压}} \qquad (3.36)$$

式中,$A_{有效 \cdot 可压}$ 按(3.5')式确定。

对于有超音速前缘的机翼,诱导阻力系数为

$$C_{\mathrm{Di}} = \frac{C_{\mathrm{L}}^2}{C_{\mathrm{L}a}} \tag{3.37}$$

式中,对应的 $C_{\mathrm{L}a}$ 如前述确定。

在亚音速前缘的情况,对于后掠或其他平面形状的机翼,考虑到吸力,诱导阻力系数可以用下式确定:

$$C_{\mathrm{Di}} = \frac{C_{\mathrm{L}}^2}{C_{\mathrm{L}a}} - \xi_{\mathrm{T}} C_{\mathrm{T}} \tag{3.38}$$

式中 C_{T}——吸力系数;

ξ_{T}——吸力效率系数。对于尖的前缘,$\xi_{\mathrm{T}} = 0$;对于圆弧前缘,$\xi_{\mathrm{T}} = 0.8 \sim 1.15$。

吸力系数表达式为

$$C_{\mathrm{T}} = \frac{\pi A}{8 C_{\mathrm{L}a}} \frac{\sqrt{1 - m^2}}{E^2(k)} \frac{C_{\mathrm{L}}^2}{C_{\mathrm{L}a}}$$

式中,$E(k)$ 和 m 见式(3.25)。

椭圆积分 $E(k)$ 的倒数值可以近似表示为

$$E^{-1}(k) \approx \frac{2}{\pi} \left(\frac{2}{\pi} \arccos k + \arcsin k \right)$$

这样亚音速前缘的机翼在超音速飞行中的诱导阻力系数可用下式求得:

$$D_{\mathrm{Di}} = \frac{C_{\mathrm{L}}^2}{C_{\mathrm{L}a}} \left[1 - \xi_{\mathrm{T}} \frac{\pi A}{8 C_{\mathrm{L}a}} \frac{\sqrt{1 - m^2}}{E^2(k)} \right] \tag{3.39}$$

应该指出,如果翼型向下扭转角略微超过这个飞行状态下机翼的迎角,吸力也能在带尖前缘翼型局部产生。

为了提高最大升阻比,在后掠机翼和三角机翼上采用所谓机翼的"圆锥形"扭转(前缘扭转区域沿机翼展向呈锥形分布)。这样的扭转在跨音速时是有效的;在超音速时,它可能使最大升阻比有所降低。

为了使诱导阻力最小,必须采用有弧面,而不是平面的机翼。中弧面的变化规律 $y = y(x, z)$ 或者机翼的扭转规律依据最优条件而定,如给定的等周长或者是给定的升力(在 $C_{\mathrm{L}} = $ 常数时,C_{Di} 最小)或者按给定纵向静稳定度时的力和零纵向力矩来确定的关系(在 $C_{\mathrm{L}} = $ 常数和 $C_{\mathrm{m0}} = C_{\mathrm{m}C_{\mathrm{L}}} C_{\mathrm{L}} = $ 常数时 C_{Di} 最小)。

在图 3.7 中给出了非平面中弧面可能的扭转规律,它是由机翼的气动扭转和几何扭转组成的。

选择机翼的最优扭转不只是在设计超音速重型飞机或旅客机的机翼时,而且在设计带后掠机翼的亚音速和跨音速飞机时也是迫切的任务。

由最大升阻比的表达式 $K_{\max} = \frac{1}{2} \sqrt{\pi A_{\text{有效可压}} / C_{\mathrm{D0}}}$ 可知,要提高它必须选择机翼的展弦比、平面形状和扭转,同时也要仔细地挑选翼型和它沿机翼的分布,因为依靠这些能够大大地减小

C_{D0}；不这样，不能开拓跨音速区。

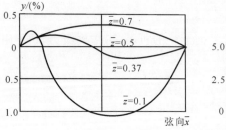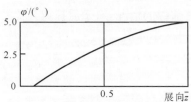

图 3.7　有气动扭转和几何扭转的机翼设计

飞机的纵向平衡对 K_{max} 值有影响，特别是超音速飞行时，更是如此。

5. 机翼的力矩特性

机翼的纵向力矩系数 C_m 取决于机翼的气动布局和飞行状态（C_L 和 Ma 数）。

在第一次近似中，$C_m = C_{m0} + C_{mC_L} C_L$，其中零力矩系数 C_{m0} 取决于机翼的气动扭转和几何扭转，也和飞行 Ma 数有关。机翼的纵向静稳定性 $C_{mC_L} = \bar{x}_{cg} - \bar{x}_{ac}$，除了 $\bar{x}_{cg}$ 以外还取决于机翼焦点位置 $\bar{x}_{ac}$，后者取决于机翼平面形状和 Ma 数。

对于亚音速，它可以近似地按以下公式确定：

$$\bar{x}_{ac} = \bar{x}_{acm} + 0.033\left(A\tan\Lambda_{1/2} + \frac{\lambda - 1}{\lambda + 1}\right)\frac{\lambda - 1.7}{\lambda} \tag{3.40}$$

式中　$\bar{x}_{acm} = \dfrac{1}{4}\left[1 - 2\overline{(t/c)^2}\right]$——中等厚度机翼翼型的焦点位置。

在 $Ma'_{cr} < Ma < 1.2$ 范围内，焦点随压缩性的变化可按下式近似地确定：

$$\Delta x_f = \Delta x_{fmax} k_f(Ma) \tag{3.41}$$

式中

$$\Delta x_{fmax} = \frac{3}{4}\left(0.12 + 0.03\frac{A\tan\Lambda_{1/2}}{\lambda}\right) \times \frac{(\lambda + 1)^2}{\lambda^2 + \lambda + 1} \tag{3.42}$$

$$k_f(Ma) = \begin{cases} 0, & \text{在 } Ma < Ma'_{cr} \text{时} \\ \left(\dfrac{Ma - Ma'_{cr}}{1.2 - Ma'_{cr}}\right)^2\left(3 - 2\dfrac{Ma - Ma'_{cr}}{1.2 - Ma'_{cr}}\right), & \text{在 } Ma'_{cr} \leqslant Ma < 1.2 \text{时} \\ 1, & \text{在 } Ma \geqslant 1.2 \text{时} \end{cases} \tag{3.43}$$

式（3.40）和式（3.43）能够用于各种机翼。

机翼对于飞机的横向静稳定性 $C_{l\beta}$ 的影响最大。机翼在单位侧滑角下的滚转力矩用 $C_{l\beta} = \dfrac{\partial C_l}{\partial \beta}$ 来评定。这个导数值可按下式估算：

$$C_{l\beta} = \frac{1}{6}\left[\left(1 + \frac{C_{L\alpha M}}{C_{L\alpha}}\right)C_L\Lambda_{c/2} + C_{L\alpha}\Gamma\right] \times \frac{\lambda + 2}{\lambda + 1} \tag{3.44}$$

式中　　$C_{L\alpha M} = \dfrac{\partial^2 C_l}{\partial \alpha \partial Ma}$ ；

$\varGamma$ —— 机翼的上反角（所有角度以弧度为单位）。

由式（3.44）可以看出，在超音速（$C_{L\alpha M} < 0$ 时）或者在超临界迎角下（$C_{L\alpha} < 0$），机翼可能有横侧方向的逆反应。

对于整个飞机的力矩特性 C_m 和 C_l，应该考虑机翼同机身或飞机其他部件之间的干扰以及尾翼的作用。飞机机翼和其他部件的弹性变形对 C_m 和 C_l 的特性也有影响。

6. 机翼设计开始阶段机翼参数的选择

机翼几何参数的选择是在实现给定的战术技术要求或使用技术要求的条件下，在飞机所有参数优化的过程中，折中气动、重量及容积等特性的基础上进行的。

本章前面几节推导出的关系式给出了实现这个优化过程的可能性，但是在机翼设计的开始阶段面临着初步选择机翼参数的任务。这些参数在以后的设计阶段内还要进一步改进。

首先要选择机翼的平面形状。选择亚音速飞机机翼形状时，保证在 $Ma \approx M'_{cr}$ 的巡航速度下的飞行是决定性的条件。式（3.6）和式（3.7）两式表明：Ma_{cr} 取决于机翼平均相对厚度 $\overline{t/c}$ 和机翼后掠角 $\varLambda$。因为 $\overline{t/c}$ 值只能在有限的范围内变化，并且还要由静强度和动强度，以及在它里面放置燃油的可能性决定。因此在选择机翼平面形状时，后掠角就成了有决定意义的了。

可以近似地认为

$$Ma_{cr\varLambda > 0} = Ma_{cr\varLambda = 0} / \cos\varLambda$$

或者

$$Ma_{cr\varLambda > 0} \cos\varLambda = Ma_{cr\varLambda = 0} \approx \mathrm{const}$$

这时对于直机翼（$\varLambda = 0$）选取一定数值的 Ma_{cr}，再根据巡航速度和它对应的 Ma_{cr} 值来选择初步的后掠角 $\varLambda$ 值。

在第一次近似中，可以认为 Ma_{cr} 和机翼翼型有关，取以下数值：

翼型	Ma_{cr}
正常的高升力性能翼型	0.65
高速翼型	0.7
超临界翼型	0.75 或更大

这时应该考虑到 $C_{Lmax\varLambda > 0} \approx C_{Lmax\varLambda = 0} \cos\varLambda$，并且随着 $\varLambda$ 角的增大 C_{Lmax} 值减小，升阻比也减小，这种情况将直接影响到飞机的起飞和着陆特性以及航程性能。

在飞机布局时，在机翼的根部经常采用整流罩和边条翼（后部和前部）。对于采用后掠机

翼的亚音速飞机应注意下列情况:

(1) 整流罩减小了机翼和机身之间的有害干扰,特别是对下单翼飞机;

(2) 边条翼由于减小了"中部效应"而减小了机翼阻力(后掠机翼在其中部有像直机翼那样的增大 C_D 的特性);

(3) 前缘和后缘边条在保持机翼相对厚度的情况下,增大其绝对厚度,以便放置处于收起位置的起落架。

对于超音速飞机,根部前缘边条有很大的意义。在亚音速飞行时,机翼焦点位置按主机翼的平均气动力弦计算,并认为边条对这个位置影响很小。在过渡到超音速飞行时,机翼的整个面积同样工作,而其焦点与没有边条时相比较向后移动较小。可以这样来选择前缘边条的面积和后掠角,即在亚音速不考虑边条时主机翼焦点位置和在超音速时带边条机翼的焦点位置差不多一致,$C_{mC_L} = \bar{x}_{cg} - \bar{x}_{ac}$ 的值实际上保持常数。

应该注意到,采用前缘边条增大了 $C_m(C_L)$ 曲线上的"勺形"区,并且使其向小迎角方向移动。

在选择 Λ, A, λ 和 $\overline{t/c}$ 时应该考虑到它们对机翼重量特性的影响。在一般情况下,机翼重量与其几何参数之间的关系,对于直机翼可以按下式计算:

$$W_{wing} = a\frac{A^{3/2}}{t/c}k_\lambda + bA^{1/2} + e\frac{1}{A^{1/2}} + d \tag{3.45}$$

式中 $k_\lambda = 45.5(1 + 1/\lambda) - (\lambda + 1)$ —— 考虑机翼根梢比影响的系数;

a, b, e, d 是与 $A, \overline{t/c}$ 和 λ 无关的系数。

式(3.45)可判断 $A, \overline{t/c}$ 和 λ 对机翼重量的影响,在式(3.45)中用 $A/\cos^2\Lambda$ 代替 A,就得到后掠机翼的重量公式为

$$W_{wing} = a\frac{A^{3/2}}{\cos^2\Lambda}\frac{k_\lambda}{t/c} + b\frac{A^{1/2}}{\cos\Lambda} + e\frac{\cos\Lambda}{A^{1/2}} + d \tag{3.46}$$

这个公式可判断后掠角对重量的影响。

从式(3.45)和式(3.46)可以得出如下结论:

(1) 增大 A 将使 W_{wing} 增大很多;

(2) 增大 $\overline{t/c}$ 将使 W_{wing} 减小;

(3) 增大根梢比 λ 将减小 W_{wing};

(4) 增大后掠角 Λ 将引起 W_{wing} 增大。

六、小展弦比($A \leqslant 3$) 机翼的气动力特性

1. 小展弦比机翼的流场特点和升力特性

不同平面形状的小展弦比机翼的流场,甚至在不大的迎角下,本质上都是三维的。其特点是从下表面通过侧边或前缘(大后掠角)向上表面形成激烈的空气溢流。在这些边缘上形成

的三维涡面（垂直或向机翼里面倾斜）在机翼上沿边缘顺气流方向形成强大的涡心。进而与顺流向机翼的主涡面形成的翼尖涡汇合。这样的立体涡流系统在机翼上表面沿弦向诱导出附加速度。按照流体力学规律在机翼上表面上增加了真空度，它可以产生附加升力，减缓了由于沿着侧边或后掠的前后缘的局部分离。

小展弦比机翼的这种空气动力效应随迎角的增大而加剧，它延缓了在实际中不是经常可以达到的大迎角以前的气流分离。考虑到小展弦比机翼立体流动时形成的附加升力，则升力系数为

$$C_L = 2\pi A \frac{\alpha - \alpha_0}{pA + 2}\left(1 + 2\frac{\alpha - \alpha_0}{pA + 2}\right) \tag{3.47}$$

式中 $\overline{p}$—— 机翼半周长和翼展之比，由式（3.18）和式（3.20）确定。

对于适度小的展弦比（$1 < A < 3$）机翼，可以使用这个关系式。对于展弦比很小的机翼（$A \leqslant 1$），在小迎角时 $C_L(\alpha)$ 关系式如下：

$$C_L = \left(\frac{\pi A}{2}\right)(\alpha - \alpha_0) \quad \text{和} \quad C_{L\alpha} = \frac{\pi A}{2}$$

对于这样的机翼，对 $C_L(\alpha)$ 的非线性能够借助于式（3.47）来考虑；如果在 $A \to 0$ 时，$\overline{p} \to \frac{2}{A}$，那么

$$\overline{C_L} = \frac{\pi A}{2}(\alpha - \alpha_0)[1 + 2(\alpha - \alpha_0)] \tag{3.48}$$

必须指出，气流分离对 $C_L(\alpha)$ 非线性增长减小的影响将在考虑到洗流的迎角相同的真正迎角时发生，也就是在大致相同的 $C_{L\max}$ 值时发生，而与机翼展弦比无关。对于同样翼型的机翼最大 $C_{L\max}$ 值在任何展弦比下大致都是相同的（见图3.8）。

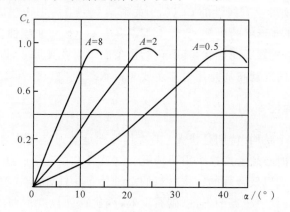

图3.8 对于各种展弦比机翼的 C_L-α 关系

在超音速飞行时，对于有超音速前缘的三角形机翼，$C_{L\alpha}$ 值按式（3.24）来计算，在亚音速

前缘时($\tan\Lambda_1 < \sqrt{Ma^2-1}$),对于三角形机翼有以下关系:

$$C_{L\alpha} = \frac{2\pi}{E(k)\tan\Lambda_1} \tag{3.49}$$

式中　$E(k)$—— 模数为 $k = \sqrt{1-Ma^2}$ 的第二类完全椭圆积分。

三角形机翼的 $C_{L\alpha}$ 可以采用简单的半经验公式:

$$C_{L\alpha} = \frac{4A}{\sqrt{Ma^2-1}+0.3} \tag{3.50}$$

应该指出,小展弦比机翼 $C_L(\alpha)$ 的非线性在超音速飞行时实际上是消失了。

2. 小展弦比机翼的阻力和力矩特性

小展弦比机翼的零升阻力按照中等和大展弦比机翼在亚音速的那些公式计算。小展弦比($A \leqslant 3$)机翼的漩涡诱导阻力系数可按下式决定:

$$C_{Di} = \frac{2}{\pi A}C_L^2 \tag{3.51}$$

在超音速飞行时,这些机翼的总诱导阻力系数(涡流的和激波的),在载荷沿展向和弦向为最佳(椭圆)分布时可用下式决定:

$$C_{Di} = \frac{C_L^2}{\pi A}(1 - 2\frac{Ma^2-1}{\tan\Lambda_1}) \tag{3.52}$$

为了减小小展弦比机翼的阻力,和大展弦比机翼一样,可以采用气动扭转和几何扭转。

小展弦比机翼 $C_m(C_L)$ 曲线的形状在亚音速时和机翼的平面形状有关,例如:

(1) 梯形机翼有"勺形"的非线性特性;

(2) 前掠机翼反过来能增大纵向静稳定度;

(3) 三角形机翼实际上有线性的 $C_m(C_L)$ 关系。

在超音速时,对任何形状的机翼,实际上都不存在 $C_m(C_L)$ 非线性。

对于无尾式飞机,机翼平面形状,其中包括边条的有无及其尺寸,以及机翼的扭转,都是特别重要的。这种飞机的气动布局是用对应主要飞行状态的 $C_{m0} = -C_{mC_L}C_L$ 关系式来确定的。

七、机翼的气动弹性

一般来讲飞机整个结构(特别是机翼)的工作特性是受到空气动力、弹性力和质量力的相互作用。在设计机翼时必须考虑这个重要情况。这就要求在选择机翼参数时要适当地考虑到选择它的结构受力形式以及合理的结构材料的重量分布。只研究气动力和弹性力之间的相互关系,属静气动弹性问题。机翼的发散、副翼反效、因机翼弹性变形而引起的静稳定性裕度损失等问题都属于这类问题。

把结构惯性力加到这些力上去就产生了动力气动弹性问题。

在解决这些问题时要研究颤震(结构动稳定性)、扰流抖振(在气流分离时结构的动态品质）、在外干扰（阵风、着陆等）作用下结构的动态反应现象。

1. 静气动弹性

现代飞机机翼的弯曲和扭转刚度经常决定着机翼主要参数的选择。对于悬臂式机翼，最大相对挠度的一般表示式为

$$\bar{f} = \frac{f}{b} = B_1 \frac{A}{t/c} - \frac{\lambda+1}{\lambda} \tag{3.53}$$

式中　B_1—— 与沿翼展方向的载荷分布和大梁剖面惯性矩的分布有关的系数。

由式（3.53）可知，当增大 A 时，翼尖的相对挠度增大；而增大机翼根部的相对厚度时，挠度减小；在增大 λ 时，相对挠度减小。同样，在增大展弦比 A 时，机翼相对扭转角增大，在增大机翼根部的相对厚度时，相对扭转角减小。

机翼的弯曲与扭转刚度不足在飞行中会产生很不利的影响。机翼的弯曲和扭转变形大将导致机翼的剖面迎角和上反角变化，从而改变气动特性。

当扭转刚度较小，扭转变形较大时，将导致副翼效应部分甚至全部丧失，这就是副翼反效。

为了简化，取机翼单元长度 $\mathrm{d}z$ 段来研究这个现象。在绝对刚性的机翼上，副翼偏转 δ_a 角时，机翼单元长度 $\mathrm{d}z$ 段的升力系数表示为

$$C'_{L} = \frac{\mathrm{d}C_{L}}{\mathrm{d}\alpha}(\alpha_0 + \alpha) + \Delta C_{L}(\delta_a)$$

在弹性机翼上，副翼偏转同样的 δ_a 角，机翼单元长度 $\mathrm{d}z$ 的升力系数表示为

$$C'_{L} = \frac{\mathrm{d}C_{L}}{\mathrm{d}\alpha}(\alpha_0 + \alpha) + \Delta C_{L}(\delta_a) - \frac{\mathrm{d}C_{L}}{\mathrm{d}\alpha}\varphi \tag{3.54}$$

式中　φ—— 由于副翼力矩的作用，机翼单元长度扭转的角度。

角度 φ 由副翼偏角 δ_a 产生的力矩和机翼弹性内力作用而产生的力矩相等的条件确定，并取决于速压 q。

如果在某一个被称为副翼反效速压的速压（$q = q_p$）下，扭转角 φ 的数值非常大，使得

$$\frac{\mathrm{d}C_{L}}{\mathrm{d}\alpha}\varphi = \Delta C_{L}(\delta_a)$$

那么，由于副翼偏转，在机翼单元长度上的升力单元上的升力增长将被由于单元长度机翼扭转 φ 角而减小的升力所抵消，因而在这种情况下副翼效率将为零。

机翼后掠对弯曲刚度与扭转刚度有很大的影响。在其他条件相同时，后掠角越大，变形就越大。因此，在设计机翼时必须考虑它的结构弹性变形。

对于远程飞行的飞机，为了保持高的升阻比（保证最小的诱导阻力或在巡航飞行状态下沿机翼翼展有椭圆形的环量分布），在设计时必须在最优机翼扭转角 $\varphi_a(\bar{z})$ 外，再附加上符号相反的因机翼弹性变形而产生的扭转，也就是 $\Delta\varphi^d(\bar{z}) = -\varphi_t^d(\bar{z})$。不加载机翼的总的设计扭转角为

$$\varphi_\Sigma^d = \varphi_a(\bar{z}) - \varphi_t^d(\bar{z})$$

它应该反映在机翼的结构设计上。

如果机翼变形大致等于设计值,即 $\varphi_t^a(\bar{z}) \approx \varphi_t^d(\bar{z})$,那么在飞行中机翼扭转可能等于给定的最优扭转,也就是

$$\varphi_\Sigma^a(\bar{z}) = \varphi_a(\bar{z}) - \varphi_t^d(\bar{z}) + \varphi_t^a(\bar{z}) \approx \varphi_a(\bar{z})$$

机动飞机机翼弹性的计算可以和保持它的气动效率($\Delta C_d \approx 0$)或者保持纵向稳定性和操纵性联系起来考虑。

2.动力气动弹性

机翼的振动特性以颤震临界速度 v_L 的大小为特征。关于主要结构参数对弯曲 — 扭转颤震 v_L 的影响以近似表达式为基础。它是相对于根梢比 $\lambda = 1$ 和 $\bar{r}, G, J_n, C_{L\alpha}$ 沿翼展均为常数的机翼的公式。近似表达式为

$$v_L = \frac{\pi}{S} \sqrt{\frac{2GJ_n}{\bar{r}C_{L\alpha}\cos\Lambda}} \tag{3.55}$$

式中　　S—— 两个悬臂段的面积;

　　　　$\bar{r} = \dfrac{r}{c\cos\Lambda}$—— 切面焦点和质心之间的相对距离($c$ 为顺流向的机翼弦长)。

式(3.55)给出了颤震速度 v_L 与机翼扭转刚度 GJ_n、焦点和质心之间的距离 $\bar{r}$ 和在飞行高度上的空气密度 ρ_H 之间的明显关系。

从式(3.55)可以看出,导数 $C_{L\alpha}$ 减小时,v_L 增大。前面已经推导过导数 $C_{L\alpha}$ 与机翼展弦比 A 和后掠角 Λ 的关系。当 A 增大时,$C_{L\alpha}$ 值增大,而当 Λ 增大时,$C_{L\alpha}$ 值减小。因而当减小 A 和增大 Λ 时 v_L 增大。

关于机翼根梢比 λ 对 v_L 的影响可由下式表示:

$$v_L = \frac{\lambda^2 + 0.8\lambda + 0.4}{c\lambda^2(x_T - 1)} \sqrt{\frac{GJ'_n}{0.6b\rho_H f(Ma)}} \tag{3.56}$$

式中　　$\overline{x_T}$—— 从前缘到质心轴的相对距离;

　　　　GJ'_n—— 机翼根部到 0.75 半翼展剖面之间翼段的平均扭转刚度;

当 $0 < Ma < 0.75$ 时,$f(Ma) = \sqrt{1 - Ma}$;当 $Ma > 0.75$ 时,$f(Ma) = 0.67$。

根梢比 λ 增大会引起扭转刚度 GJ'_n 的增大。

v_L 的值在很大程度上取决于焦点轴和质心轴在机翼上的相对位置,也取决于机翼结构的扭转刚度(v_L 与弯曲刚度的关系很小)。质心轴沿着弦长相对于焦点轴的偏移能够急剧地改变 v_L 值。焦点轴和质心轴重合将导致颤震临界速度 v_L 增大到 $v_L \to \infty$。但是实际上要在结构上实现两轴重合是不可能的。在设计实践中为了使切面质心轴往焦点轴方向移动(也就是向前移动),经常在机翼前缘(靠近翼尖)加配重。但是由于使用配重,会使整个机翼重量增大很多,大约为其结构重量的 10%,甚至更多。

从上述内容可以得到重要的结论:判断机翼设计参数对颤震临界速度 v_L 的影响,只是在

这样的条件下才是正确的，即随着参数变化，机翼扭转刚度以及剖面的焦点轴和质心轴的相对位置保持不变。因此，主要参数 $A, \lambda, \overline{t/c}$ 和 Λ 值的变化将引起机翼的气动力、质量、刚度和气动弹性等特性的变化。从而可以得到表 3.1 中所示的结论。

表 3.1　机翼的主要参数对它的重要特性的影响

参数变化性质	空气动力特性					重量特性	刚度	振动特性
	C_{DP}	C_{Di}	C_{DB}	C_{Lmax}	翼尖分离	机翼重量		颤震临界速度 v_L
展弦比增大	*	减小	* *			增大很多	减小很多	减小
相对厚度增大	增大	——	增大	增大		减小	增大	
根梢比 λ 增大	——	* * *	——	* * * *	恶化	减小	增大	增大
后掠角 Λ 增大	——	——	减小	减小	恶化	增大	减小	增大

* 大展弦比机翼，弦长和速度很小时（小雷诺数时）C_{DP} 增大；

* * 跨音速小展弦比（$A \leqslant 2.5$）机翼，C_{DB} 减小；

* * * 在 $\lambda = 2.0 \sim 2.5$ 时，C_{Di} 减小；

* * * * 在 $\lambda = 2.0 \sim 2.5$ 以前 C_{Lmax} 增大，然后减小。

八、机翼的增升装置和副翼

增升装置是每一个现代飞机的机翼上不可缺少的从属部件。借助于各种类型的增升装置可以解决以下的问题：

(1) 在起飞、着陆和在强扰流中飞行时增大机翼的 C_L 和 C_{Lmax}（应用襟翼，特别是前缘缝翼）。

(2) 预防侧向稳定性和操纵性的损失和改善大迎角时的副翼效率（应用襟翼，特别是前缘缝翼）。

(3) 为了增大飞机下降的坡度和着陆时机轮的刹车效率而暂时减小升力（应用扰流板）。

(4) 在难以防止副翼反效时保证飞机的横向操纵性（应用扰流板和内侧副翼）。

1. 机翼后缘的增升装置

为了解决第(1)项任务，采用各种类型的沿机翼后缘的增升装置（襟翼），其中最常用的增升装置如图 3.9 所示。

采用这些增升装置所产生的升力增量按它们的排列顺序增大（从(a)到(f)）。按此顺序也增加了结构复杂性和重量，减小了对应 C_{Lmax} 的 α 角（见图 3.10），以及增大了机翼的 C_D 和减小了升阻比。

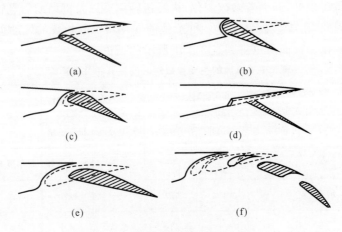

图 3.9　各种类型的机翼增升装置

(a) 开裂式襟翼；(b) 简单襟翼；(c) 开缝襟翼；

(d) 后退开裂式襟翼；(e) 单缝后退襟翼；(f) 多缝后退襟翼

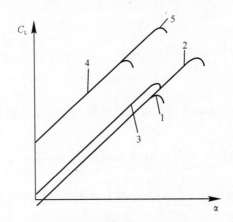

图 3.10　各种类型的机翼增升装置的 C_L – α 关系

1— 无襟翼；2— 带前缘缝翼；3— 带开裂式襟翼；

4— 带多缝后退襟翼；5— 带前后缘后退襟翼

　　第(4)项任务在设计双发动机旅客机时要特别着重考虑，以保证飞机在爬高初始阶段的安全性。这时，飞机推重比与升阻比的关系如下：

$$T/W = W_{TO}\frac{n}{n-1}\left(\frac{1}{L/D} + \tan\theta\right) \tag{3.57}$$

当出现两个相互矛盾的要求时，可以采用折中的办法。

　　(1) 为了增大 C_{Lmax} 以缩短滑跑长度和起飞距离，要采用增大效能的增升装置(但是升阻

比 L/D 减小了）；

（2）为保证最小的 T/W，从而减小飞机的起飞重量 W_{TO}，采用保证最大升阻比 L/D 的增升装置（但是 C_{Lmax} 减小了）。

为了解决这种折中问题，通常对三或四发动机的飞机采用多缝后退襟翼，而对双发动机的飞机则采用单缝后退襟翼。

其他形式的增升装置目前采用较少。

机翼增升装置的升力增量 ΔC_{Lmax} 决定于以下因素：

（1）增升装置的类型及其展长；

（2）机翼根梢比 λ；

（3）机翼展弦比 A；

（4）机翼后掠角 Λ；

（5）缝翼或襟翼弦长 c_f；

（6）机翼翼型的类型和相对厚度 $\overline{t/c}$；

（7）增升翼面的偏转角 δ_f；

（8）后退襟翼的后退量；

（9）襟翼和机翼之间的缝隙形式和襟翼前部的安装缺口。

A 和 λ 大，会增加增升装置的效率；t/c 小则 C_{Lmax} 的增量较小。应该注意，在偏转襟翼时会急剧地增大机翼的纵向低头力矩。为了平衡这个力矩，就要求相应地向下偏转水平安定面的前缘或向上偏转升降舵。在这种情况下，尾翼上产生负的升力 $-L$，它将大大地减小由于偏转襟翼在机翼上增加的升力（总和）。在后掠机翼上为了减小 $-C_m$ 的绝对值，襟翼只占机翼翼展的 $65\% \sim 70\%$，也就是 $b_j = (0.65 \sim 0.70)b$。

当增升装置不是按整个翼展布置时，带增升装置的机翼的 C_{Lmax} 可以按下式决定：

$$C'_{Lmax} = \frac{S_{WZ}}{S} C_{Lmax}$$

式中　　C'_{Lmax}——带不按全翼展布置增升装置的机翼的升力系数；

　　　　S_{WZ}——带增升装置部分的机翼面积；

　　　　C_{Lmax}——带按全翼展布置增升装置的机翼的升力系数。

通常按以下比值选择缝翼和襟翼的弦长：

（1）开裂式襟翼，$c_f/c \approx 0.25$；

（2）简单襟翼，$c_f/c \approx 0.30$；

（3）后退襟翼，$c_f/c \approx 0.30 \sim 0.40$。

最大偏转角范围如下：

（1）开裂式襟翼，$\delta_{fmax} = 55° \sim 60°$（顺流向）；

（2）简单襟翼，$\delta_{fmax} = 40° \sim 50°$（顺流向）；

（3）多缝后退襟翼，$\delta_{f\max} = 50° \sim 60°$（顺流向）。

更大的偏转角不会再增大 ΔC_L，而只会使襟翼结构复杂化。对于薄机翼，襟翼偏角取较小值。

后掠角会大大地降低增升装置的效率。机翼后掠角 Λ 越大，$C_{L\max}/C_{L\max\Lambda=0}$ 比值越小，其中：$C_{L\max}$ 为增升装置偏转时后掠机翼的升力系数；$C_{L\max\Lambda=0}$ 为增升装置偏转时直机翼的升力系数。对于开裂式襟翼和简单襟翼，后掠角使得 $C_{L\max}$ 的减小比后退襟翼更快。

后掠机翼增升装置的效率在很大程度上取决于机翼后缘的后掠角 Λ_T。Λ_T 越大，$C_{L\max}$ 值越小。

可用以下数据来说明后掠机翼上非后退的简单襟翼（或开裂式襟翼）与后退式襟翼相比较的缺点：

（1）在多缝后退式襟翼相对弦长为 $c_f/c = 0.30 \sim 0.35$ 和相对展长 $b_a/b = 0.6$ 时，对于 $\Lambda_{1/4} = 35°$ 的机翼可以得到 $\Delta C_{L\max} = 0.90 \sim 1.00$。

（2）对于同一个机翼，同样展长的简单襟翼，所得到 $\Delta C_{L\max}$ 的值很小：$\Delta C_{L\max} = 0.35 \sim 0.40$。

在初步计算时，对于直机翼可以采用以下的 $\Delta C_{L\max}$ 值和对应 $\Delta C_{L\max}$ 的 α 角值：

（1）普通的开缝式襟翼，$\Delta C_{L\max} = 0.8 \sim 1.0$，$\alpha = 13° \sim 14°$；

（2）单缝后退式襟翼，$\Delta C_{L\max} = 1.4 \sim 1.5$，$\alpha = 12°$；

（3）多缝后退式襟翼，$\Delta C_{L\max} = 1.6 \sim 1.8$，$\alpha = 12° \sim 13°$。

比襟翼更有效的增升装置是附面层控制或者从机翼后缘喷射空气流的喷气襟翼，不过这些增升装置的实现较困难。

2. 前缘增升装置

前缘增升装置的作用是消除或延缓大迎角时流经机翼的空气分离，从而增大 $C_{L\max}$ 值。在翼尖布置前缘缝翼，分离的延缓可保证提高侧向稳定性和操纵性，以及改善大迎角时的副翼效率。

机翼前缘增升装置的形式有：带特别形状缝翼的前缘缝翼、克鲁格襟翼和可偏转的机翼前缘。

带特别形状缝翼的前缘缝翼的结构最复杂，重量也最大。但是它可以保证一直到迎角很大时机翼上气流都不分离，保证了在 $\alpha = 25° \sim 30°$ 时最大的 $\Delta C_{L\max}$ 值（到 $1.0 \sim 1.2$）。前缘缝翼的主要缺点是在飞行中机翼和前缘缝翼按不同的方式变形（弯曲）。由于这个原因，前缘缝翼的后缘和机翼上表面之间（缝翼在收起位置时）形成缝隙台阶，会大大地增大飞机的 C_{D0}，降低升阻比。

克鲁格襟翼（见图 3.11）只能保证到一定的迎角前气流不分离，在这个迎角以后，从前缘和整个机翼开始更急剧的分离。这种特性可用以防止后掠机翼飞机超出危险的大临界迎角。在根部设置克鲁格襟翼而在中部设置有缝式前缘缝翼时，迎角增大，气流从根部开始分离，由于机翼的中部和尖部还是未分离气流，就产生了低头力矩，使飞机恢复到较小的迎角。

可偏转的前缘用于薄前缘和小相对厚度机翼的飞机。在这样的机翼上要设置前缘缝翼太复杂（没有空间安置一些机构）。可偏转的前缘和前缘缝翼与克鲁格襟翼相比，ΔC_{Lmax} 值较小，并且在开始分离后 $C_L(\alpha)$ 急剧地降低。

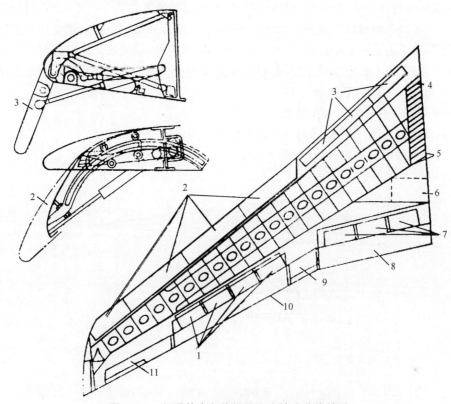

图 3.11 机翼的克鲁格襟翼和有缝式前缘缝翼

1— 飞行用扰流片；2— 前缘缝翼；3— 克鲁格襟翼；4— 前梁；5— 后梁；6— 起落架支柱舱；
7— 扰流减速板；8— 内双缝襟翼；9— 内侧副翼；10— 外双缝襟翼；11— 外侧副翼

3. 飞机横向操纵性的保证

最常使用的横向操纵的手段是设置在翼尖部分的副翼。副翼面积与机翼面积的比通常为 $S_a/S = 0.05 \sim 0.07$。

在初步设计时，副翼的面积可以按副翼静态力矩的近似式来选择：

$$M_a = \frac{S_{Wa}a}{Sb} = 0.05 \sim 0.07$$

式中 S_{Wa}—— 布置副翼处的机翼面积；

a—— 两侧面积 S_{Wa} 的质心之间的距离；

S—— 机翼面积。

当副翼相对弦长 $c_a/c > 0.25$ 时，副翼力矩系数 $C_{l\delta_a}$ 增大很慢。一般取 $c_f/c = 0.20 \sim 0.25$。

副翼相对翼展 b_a/b 增加到某一值（约 $b_a/b = 0.5$）之前，系数 $C_{l\delta_a}$ 增加迟缓，因为增升装置沿翼展的距离决定着 C_{Lmax} 的大小，所以通常取 $b_a/b = 0.30 \sim 0.40$。

副翼偏角接近 $\delta = 25°$ 时，$C_{l\delta_a}$ 的增大很慢，因此副翼偏角取 $\delta_a = 25° \sim 30°$ 是合理的。在这种情况下，考虑到副翼向下偏转会增大机翼的迎角，而且如果飞机已经在足够大的 α 角下飞行，那么副翼向下大偏转能够使这半个机翼达到超临界迎角（较大的 C_{Lmax}）。在这部分机翼上产生气流分离，飞机不仅不能矫正倾斜，反而使倾斜增大。为了预防这种现象采用差动式副翼偏转：向上 $\delta_a = -25°$，向下 $\delta_a = +15°$。

副翼可采用以下一些气动补偿形式：

（1）使用副翼还为了增大 C_{Lmax} 时，采用轴向补偿；

（2）带柔软隔膜的内腔补偿（见图 3.12）。

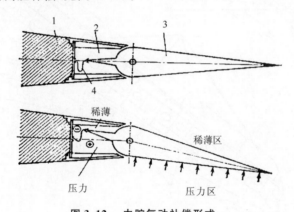

图 3.12　内腔气动补偿形式

1— 机翼；2— 前补偿室；3— 副翼；4— 密封隔膜

对轴向补偿，取

$$S_{OB}/S_a \leqslant 0.25 \sim 0.28$$

式中　　S_{OB}—— 轴向补偿面积（在转轴线前面的副翼面积）；

　　　　S_a—— 副翼面积。

对内腔补偿，取 $S_{OB}/S_a = 0.30 \sim 0.31$。

内腔补偿特别适用于高速飞机，但在薄翼型上采用是很困难的，因为副翼偏角受到限制（$\delta_{amax} = \pm 15° \sim 18°$）。

在前面已经介绍过机翼的气动弹性对飞机特性的影响。为了增大副翼的 v_L，应该有完全的重量补偿，也就是说其结构质心应该位于副翼的转轴上。在操纵系统中使用不可逆的助力器时（特别是当助力器位于副翼处时），重量补偿（或气动补偿）能够减小。

关于消除副翼反效的问题，对后掠机翼只增加机翼的弯曲和扭转刚度会导致机翼重量显著增大，为了消除或减小副翼反效，采用在机翼上装置两个副翼：在整个飞行中工作的内侧副翼（在机翼中部）和只在起飞、着陆，或者在飞行中打开后退襟翼时使用的外侧副翼。

扰流板的形式如图 3.13 所示。

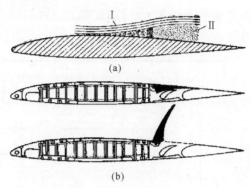

图 3.13 扰流板的形式

（a）理论图；（b）扰流板的结构图

Ⅰ— 减小机翼升力的增压区（压力增大）；Ⅱ— 减小机翼升力的气流分离区

扰流板一般布置在机翼的根部或中心部位（中部），但是在这种情况下它们有另外的用途。它们在飞机着陆接触地面时打开，以使机翼上产生分离气流，机翼升力立即急剧减小，使得机轮刹车产生很大的刹车力来制动飞机 —— 缩短飞机的着陆滑跑距离。在这种情况下的扰流板叫做扰流减速板。

3.3 机身设计

这一节的目的是为座舱和机身的方案设计提供具体的方法，以满足任务规范中有关乘员、旅客和装载的要求。

一、机身设计的要求与过程

按照用途和功能特征，机身是飞机最复杂的部件之一。它的用途是多种多样的，装载有效载重、乘员、设备、装备、动力装置和燃料，并把飞机的重要部件联成一个整体，包括机翼、尾翼、起落架和发动机。这种功能上的复杂性决定了在设计过程中不论是选择机身参数、尺寸和形状，还是确定作用在它上面的外载荷都有一定的难度。机身不仅承受其载重的重量，而且还承受从飞机各部件传到机身上的载荷。

机身主要参数的确定应该和飞机其他部件的参数计算同时进行。这些计算可以用迭代循环的方式进行，这种循环的简图示于图 3.14。原始数据为包含在技术任务书内的飞机设计航

程 R（或作战半径），有效（商务）装载重量 W_{PL}，飞行速度 v（最大的和巡航的）和飞行高度 H，设备条件（机场的级别、跑道的长度）。另外，已知装在机身内的物品（载重、设备、装备和发动机等）的形状和重量以及结构材料。

对机身的布置方案，应考虑到所有设计要求并正确地选择机身头部和尾部的外形、机身横截面的形状、实际的配合参数、结构受力形式等。

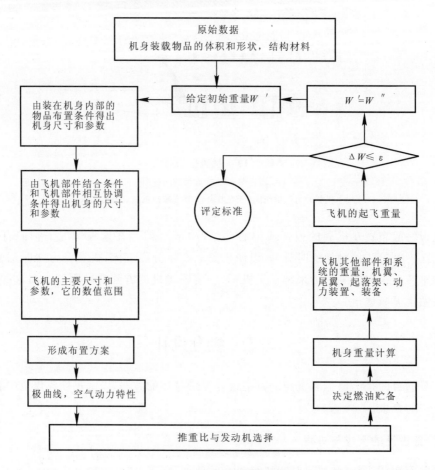

图 3.14　机身参数计算框图

二、机身参数的确定

机身的尺寸可以作为它的参数（见图 3.15）。它们是：长度 l_f、直径 d_f、最大横截面积 S_{Mf}，以及无量纲的长细比，包括 $k_f = l_f/d_f$（机身长细比），$k_{fh} = l_{fh}/d_f$（头部长细比），$k_{ft} = l_{ft}/d_f$（尾部长细比）。当截面不是圆形时，它的特征尺寸是最大宽度 B，最大高度 H，还经常按机身的最大截

面积来决定等效直径，即

$$d_{\text{fl}} = 2\sqrt{S_{\text{Mf}}/\pi}$$

应当注意，机身参数(k_f, l_f, d_f)不是自变量，应考虑到机身用途对它们的限制，当一个参数确定后，其他值就被确定了。

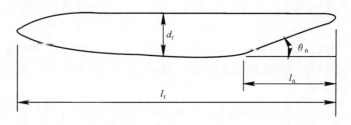

图 3.15　机身的几何参数

机身长细比k_f作为两个几何参数的比值，依其中的一个参数或两个参数同时变化而发生变化，以下两种改变k_f的方案是最典型的。在不改变机身最大截面积或机身直径，即(S_{Mf}, d_f)=常数时，用改变机身长度的方法来改变k_f。在这种情况下，机身的直径和最大截面积能够按机身内发动机（一台或几台）的布置条件而单值地确定。例如对某种型号战斗机，根据乘员座舱在机身内的布置条件，或者在轰炸机机身内根据一定轮廓尺寸的炸弹舱的布置条件，或者根据运输机货舱内一定剖面的货物等等。改变k_f的第二个方案的典型例子是多座位的旅客机，一定数目的旅客可以按不同的方式排列，可以是宽而短的短机身，也可以是窄而长的长机身。

亚临界Ma数时，机身型阻是由摩擦阻力和形状阻力叠加而成的，主要部分是摩擦阻力，其数值和机身表面面积S_f有关。第一种增大k_f的方案，即依靠增大长度l_f来增大k_f时，机身的表面积增大，因而机身的气动阻力将要增加。在这种情况下，阻力系数$C_{\text{Df}} = D_f/qS_{\text{Mf}}$也将增加，它是阻力对速压和最大截面积的比值。但是，在k_f减小到$k_f < 3.5$时，空气阻力又由于形状因子的增加，甚至由于气流分离而增大起来。

按第二种方案增大k_f即在给定的旅客机座位数或不变的货物地板面积时减小d_f，同时增大l_f，机身的气动阻力则按另一种形式变化。对于符合这些条件的不同机身的布置方案，在(d_f, l_f)=变量时，不仅座位数和货物地板面积是常数，而且机身表面积也是常数，S_f=常数，在这种情况下，随着k_f的增大，摩擦阻力可以认为不变，而形状阻力将减小，从而使整个阻力D_f减小。在增大k_f的这种方案里，阻力系数C_{Df}将由于机身横截面积急剧减小而增大，这样一来，在第二种改变k_f的方案里，按照空气动力特性选择最大的机身长细比是有益的（但是k_f的增大是受重量特性限制的）。

在增大k_f时，超音速飞行中产生的波阻可能降低，特别是提高机身头部长细比时更是如此。在第一次近似中，

$$Ma_{\text{cf}} \approx k_f(0.17 + 0.007\ 6k_f)$$

提高 Ma_{cf} 的问题并不像对机翼那样尖锐,因为对于旋转体或近似为旋转体的机身,其特点是空间的流动(与机翼相比)将导致比较大的 Ma_c 值。

机身的重量特性不但取决于机身本身的参数,而且取决于飞机其他部件的参数。在强度计算中,近似地把机身当做有两个支点的梁来研究,这两个支点就是中翼的前、后大梁。在机翼两根大梁处的机身剖面处的弯矩都达到最大值。机身的头部和尾部好像是支持在机翼前、后梁剖面处的悬臂梁,它承受机身和安装在它上面的部件(尾翼、发动机、起落架)以及在机身内部件的结构重量和所列举的部件传递给机身的力。因此在 $(S_{Mf}, d_f) =$ 常数时,机身长度 l_f 的增加将导致加长这些悬臂梁,这不仅增加机身的外形尺寸,并且也要增大根部弯矩值,最终增大了机身的结构重量。

如果研究一下在增大 l_f 的同时,减小 d_f 或 S_{Mf} 的情况,例如以载运旅客数目不变为条件,那么机身结构重量最小,相应的 d_f 和 l_f 为最优(根据最小重量原则),因而 k_f 值也最优。机身结构重量最小可以这样来解释:在从最优 d_f 和 l_f 过渡到窄而长的机身时,增重是由于力臂加大机身的弯矩而增大的。在短而宽的机身上,降低了机身结构的应力,从而增加了强度余量。除此之外,随着直径的增大,与密封舱内剩余压力有关的结构重量部分将迅速增加。

增大机翼后掠角会大大增加机身的重量,甚至在很大程度上比机翼本身的增重还要大。为了保持飞机相对于机翼平均气动弦的重心位置,在机翼后掠角增大时必须使中翼前移,因而机身的根部剖面(机翼的前后大梁处)都向机身头部移动。在中翼向前移动时使机身尾部的悬臂部分加长了(由于头部缩短)。但是机身尾部的悬臂部分加长使其承受更大的弯矩(弯矩图延长到新的根部剖面 —— 在第一次近似时,取二次抛物线),使机身的重量增大。应该注意,后掠机翼飞机机身上机翼后梁处剖面的弯矩 M_b 比前梁处剖面的弯矩 M_f 大大地增大了。对直机翼来说,这两个弯矩是相近的。

在机身尾部布置发动机会显著增大机身的重量,这是由于动力装置的重量产生的弯矩使尾部受载明显提高,使尾部重量增加。虽然由于随着机翼后移,飞机重心也向后移动而使尾部缩短(为配合焦点与重心的关系,移动量决定于发动机的后移量),但同时,机身头部的重量及其长细比也都增大了(由于机翼后移)。

在表 3.2 中给出了机身长细比的数据。

表 3.2　机身长细比数据

长细比	亚音速飞机 ($Ma \leqslant 0.7$)	跨音速飞机 ($Ma = 0.80 \sim 0.9$)	超音速飞机
k_f	$6 \sim 9$	$8 \sim 13$	$10 \sim 20$(到 23)
k_{fh}	$1.2 \sim 2.0$	$1.7 \sim 2.5$	$4 \sim 6$
k_{ft}	$2 \sim 3$	$3 \sim 4$	$5 \sim 7$

在统计的基础上导出了机身参数间关系的近似公式为

$$l_f = (0.25 \sim 0.30)k_f b/\sqrt{A}$$

式中　b 和 A——机翼的展长和展弦比；

$$l_f = \sqrt[3]{1.3V_f k_f^2/k}$$

式中形状系数 k，对于亚音速飞机 $k = 0.75 \sim 0.80$，对于超音速飞机 $k = 0.70 \sim 0.75$；机身容积 $V_f = 0.2\pi d_f^3 k_f$。

机身表面面积 $S_f = 2.85 l_f \sqrt{S_{Mf}}$。

三、机身横截面的形状

圆形的机身横截面是有利的，它能在截面积一定时保证最小的周长，或者在容积一定时表面积最小，因而摩擦阻力也最小。圆形截面对于承受密封载荷也是有利的，从而保证了最小的结构重量。如果布置条件不允许采用圆形截面，应该力图取近似于圆形的或用相接的圆弧来形成所要求的截面。在这种情况下，在两圆弧的交点处，用受力构件相互连接起来（例如用地板梁），以减小蒙皮壳体的弯曲，而受力构件本身则根据机身剖面的具体形状承受拉伸或压缩载荷（见图 3.16）。

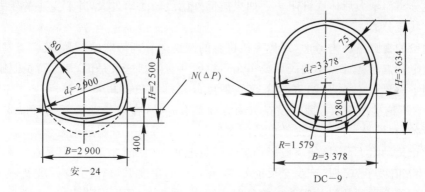

图 3.16　用地板梁连接的双圆弧形成的机身横截面，地板梁在气密压差 Δp
作用下承受拉伸（飞机 DC—9）或压缩（安—24）

增大机身下腹部的鼓包形剖面的方法常用来增大旅客机座舱下面的货舱容积。在 $d_f \leqslant$ 2.9 m 时，采用下面削去一部分的剖面（由于体积小，在地板下面不安排货舱），而且一般用于上单翼飞机。机身下剖面的减小可减小起落架支柱的长度和从地面到座舱地板之间的距离。但是，对于不密封的机身，按其所装载重的形状而采用与圆形有较大区别的形状的剖面是有好处的，尽可能减小最大截面积（关键是提高截面的利用率）。在机身内布置几台发动机或进气道的情况下，横截面有其特殊的形状（见图 3.17）。

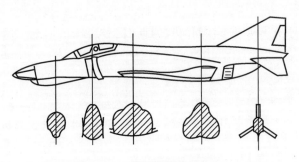

图 3.17　机身横截面的分布

四、机身头部和尾部外形的特点

和整个机身外形一样,机身头部和尾部的外形取决于空气动力(阻力最小)、用途(战术上的和使用维护方面的要求)、布局、制造工艺等条件。

如果只考虑空气动力要求,机身应该是具有平滑收缩的头部和尾部的轴对称旋转体(长细比取决于飞行速度)。亚音速飞机头部的特点是其外廓线的曲率大得多,这和头部的长细比较小和尖锐度较小有关(流线形形状是有利的)。机身尾部外廓线比较直,长细比较大,使其尽可能不因气流分离而增大后体底部阻力。如果尾部外廓线的曲率过大,并产生正的压力梯度,就有可能产生气流分离。

从驾驶舱的视野条件来考虑,现代飞机机身的侧视图有其特殊的轮廓,其特点是机头的下部前伸。这个特点是各种大小的民用或军用飞机所共有的。这就是说,从飞行员眼睛向前、向下通过风挡下边界引一条直线,在这条直线下可以安排加长的机身头部,而不妨碍视野(见图 3.18)。它不论是在气动方面还是在布局方面都有好处(在加长的头部内可以安置雷达天线或其他设备,在机身头部不放发动机的旅客机上,甚至可以安置附加的行李舱)。

为了减小气动阻力,应该使座舱风挡玻璃尽量地倾斜(见图 3.18)。但是这个倾斜度受视线的限制,当 β 值大于 $70°$ 时,产生全反射效应(在这样的角度下,光线不穿过玻璃,也就是说飞行员在风挡玻璃上看到的只是座舱内的反射光线)。因此,对于亚音速飞机,建议 β 值为 $50° \sim 55°$,而对于超音速飞机,它可以提高到 $60° \sim 65°$。

凸起的飞行员座舱盖的框架可以选择相当大的长宽比,即 $k_{kw} \geqslant 4 \sim 6$,以减小空气阻力($k_{kw}$——座舱盖的长度和宽度或高度之比)。为了使结构较好地承受密封座舱内的压力差,座舱盖的横截面由圆弧组成是有利的。

机身尾部应稍向上翘起,以使起飞和着陆(迎角最大)时能保证在主起落架支柱高度最小的条件下所要求的擦地角 φ(见图 3.19)。

很多货机和军用运输机在机身尾部有很大的舱口,带有可以下降到地板的货桥,能自动装卸货物和技术装备,而不需使用地面设备。这些飞机机身尾部的造型有两种发展趋向。原来的解决方法是使机身较平的底部急剧地向上倾斜,以便在开口长度最小的情况下保证货物所要求的开口尺寸,并且利用舱口盖作为装卸货桥。这种做法的缺点是增大了机身的阻力(约10％～15％)。军用运输机,例如美国洛克希德公司的 C—130 飞机的机身尾部的形状就属此类(见图 3.20)。大多数近代飞机(伊尔 —76,洛克希德公司的 C—141A 和 C—5A),为了减小气动阻力,加长了机身尾部并使其弯曲。结果下表面以最小角度向上倾斜,减小了阻力,加长了尾翼的力臂,但所需开口的长度增大了。

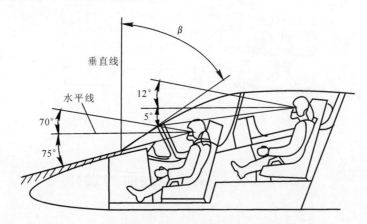

图 3.18　飞行员视野、头部形状与风挡玻璃的协调

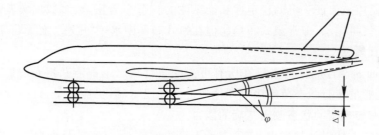

图 3.19　机身尾部上翘缩短起落架支柱的长度(Δh, φ 为常数)

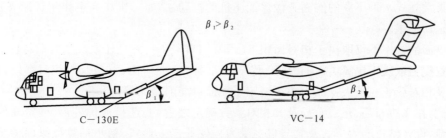

图 3.20　军用运输机机身尾部外形的比较

某些非常大的运输机(C—5A、波音—747F)在机身头部也有货物舱口。为此,驾驶舱下部向上倾斜(在某些设计中,它向侧向折转)。这样的解决方法影响到整个机身的头部结构。波音—747F为了保证货舱尺寸的要求,飞行员舱向上抬起,成了在机身上方的结构形式(见图3.21)。应该指出,在设计大的货舱时,只能采用这样的结构形式,使它们在装卸载重时不必拆开设备和操纵系统的管路导线。

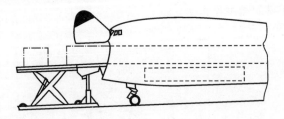

图3.21 波音—747F飞机机身的头部货舱

3.4 尾翼及其操纵面的设计

一、基本概念及尾翼设计的任务

飞机尾翼是用来保证飞机的稳定性和操纵性的。迄今为止,大多数尾翼其垂直尾翼和水平尾翼,均置于飞机尾部,即常规式布局。但在鸭式布局中水平"尾翼"翼面位于飞机前部,而在尾部仅有垂直尾翼。

尾翼操纵面的设计应保证飞机在所有可能的飞行状态下都能获得必需的稳定性和操纵性;使飞机在正常的飞行状态范围内意外地超过临界迎角时,仍能有足够的操纵效能;飞机进入尾旋后仍能有转入俯冲状态改出尾旋的能力。

所以,在飞机总体设计过程中,在确定了飞机的布局、部位安排及重心定位之后,就要对尾翼翼面的主要相对参数 S_h 和 S_v,以及舵面效率进行选择。

如果常规式水平尾翼的舵面不能保证飞机的机动性(如飞机在高空作超音速飞行)时,则应使用全动平尾。

操纵面的效率不仅取决于相对面积 $\overline{S}_T$ 及相对臂长 $\overline{L}_T$,并且还取决于气动特性,而它们又在很大程度上取决于尾翼翼面的外形、展弦比、后掠角、根梢比、翼型及其相对厚度,以及操纵面面积及相对弦长。最大操纵力矩还决定于舵面可能的最大偏角。

因此,在飞机布局、尾翼布局及其相对参数确定之后,要选择最优外形,确定几何尺寸,计算外载荷,设计结构受力形式及它与机身受力构件的连接形式,初步估算操纵面的重量,以及它对重心定位的影响。

二、尾翼初步设计

1. 初步确定尾翼及操纵面的位置和尺寸的步骤

第 1 步：作为一般原则，平尾不应直接放在推进器滑流中。读者可看到事实上许多飞机在滑流中没有平尾，其原因是：

（1）滑流通常会引起尾翼振动，从而引起座舱的噪声，振动也可导致早期结构疲劳；

（2）由飞行员引起的快速动力上升或下降会引起意外的大的配平变化。

这些要求同样适合用于鸭式布局。在机身尾部的垂尾在滑流里的情况也是很少见的。

注意：单发推进式飞机通常在滑流里有尾翼。这可以在起飞时提高升降舵和方向舵的效率，但它也可以在起飞时引起很大的尾翼振动。

第 2 步：确定尾翼的位置。

在第 1 步中已确定出尾翼的整体构形，所以现在应确定尾翼在飞机上的位置。设定尾翼到飞机重心力臂为 x_h, x_v, x_c，这些尾翼力臂可在机身总体布局图上给出。

为了保证飞机重量和阻力要求，应使尾翼面积尽可能得小。因此，可尽量在重心极限内使尾翼的力臂大（正常式在重心后，鸭式在重心前）。

第 3 步：确定尾翼尺寸。

（1）常规布局：通过 S_h 和 S_v 这两个参数来确定常规布局尾翼的尺寸。一般采用尾容量系数法：

$$K_h = x_h S_h / S \bar{c} \tag{3.58}$$

$$K_v = x_v S_v / S b \tag{3.59}$$

确定了满足设计要求的飞机类型后，就要选择合适的 K_h 和 K_v 的值。这可通过取同类型飞机的平均值或参照某一特定类型的原形机来取。注意：垂尾尺寸经常要由发动机尾流条件来决定。

选择了合适的尾容量系数，确定了力臂 x_h 和 x_v 后，就可用下式计算尾翼面积：

$$S_h = K_h S \bar{c} / x_h \tag{3.60}$$

$$S_v = K_v S b / x_v \tag{3.61}$$

读者可能注意到了超音速战斗机有采用双垂尾的布局。这是为了避免采用一个非常大的垂尾。如何安排双垂尾是一个很复杂的问题，因为要考虑到机身脱体涡流的影响，这种涡流可引起垂尾的结构疲劳及降低尾翼效率。

（2）鸭式布局：尾容量系数的概念可推广到鸭式布局，但实例仅提供了有限的可靠数据。因此建议读者采用"X-图"法来设计鸭翼尺寸。这种方法将在后面介绍。

（3）三翼面布局：应用"X-图"法确定飞机的前翼及平尾的外形尺寸。

（4）蝶式尾翼布局：对于蝶式布局，首先按正常式尾翼设计尺寸。

这里获得的表面积 S_h 和 S_v 可以认为在工程上等于装在模型机上的水平尾翼和垂直尾翼

的参考值,这里要求的"碟角 Γ_h"可用下式模拟:

$$\Gamma_h = \arctan(S_v/S_h) \tag{3.62}$$

第 4 步:确定尾翼的平面几何形状。应确定下列平尾参数:展弦比、后掠角、尖削比、相对厚度、翼型、下反角、安装角。参照已有飞机相应参数,其思路与确定机翼参数相同,尾翼布局要综合考虑后掠角和相对厚度,保证尾翼的临界马赫数高于机翼的值,这里马赫数增量 ΔMa =0.05 就足够了。

对大多数平尾和垂尾,选择 NACA 对称翼型(如 NACA0009/0018)就可以了。对鸭翼来说,翼型的选择尤其显得重要,在鸭翼的雷诺数下,要求的最大升力系数范围必须确定,因为鸭翼总是首先失速。如果鸭翼选择了层流翼型,必须证明当流动在突遭雨水变为紊流时鸭翼升力不会变化太大。

第 5 步:绘制尾翼平面形状尺寸图。

第 6 步:确定纵向和航向操纵面的尺寸和位置。

利用已有不同类型飞机提供的升降舵和方向舵的尺寸和位置数据,确定哪类飞机比较符合设计要求,关键的操纵面尺寸可直接从中得到。

在第 5 步中应在平面图中画出操纵面的尺寸草图,检查升降舵和方向舵偏转与周围可能的干涉,这些干涉经常在正常式布局中遇到并导致这些控制面的干涉部位被切掉。

第 7 步:简明地用报告说明第 1 到第 6 步,并给出标注有尺寸的图。

2. 纵向静稳定性估算(纵向 X-图法)

图 3.22 给出了一些例子的纵向站位图,注意图中的两个 $\overline{X}$ 分别代表:

(1) $\overline{X}_{c.g.}$ 代表当平尾(鸭翼)改变位置时,重心(c.g)相对机翼平均气动力弦前后移动的距离。

(2) $\overline{X}_{a.c.}$ 代表当平尾(鸭翼)改变位置时,焦点(a.c.)相对机翼平均气动力弦前后移动的距离。

根据飞机基本部件重量重心的分配,可以直接计算出 $\overline{X}_{c.g}$,而 $\overline{X}_{a.c.}$ 可由下式计算:

$$\overline{X}_{a.c.} = [\overline{X}_{acwf} + \{C_{L\alpha h}(1 - d\varepsilon_h/d\alpha)(S_h/S)\overline{X}_{a.c.h} - C_{L\alpha c}(1 + d\varepsilon_c/d\alpha)(S_c/S)\overline{X}_{a.c.c}\}/C_{L\alpha wf}]/F \tag{3.63}$$

其中

$$F = [1 + \{C_{L\alpha h}(1 - d\varepsilon_h/d\alpha)(S_h/S) - C_{L\alpha c}(1 + d\varepsilon_c/d\alpha)(S_c/S)\}/C_{L\alpha wf}] \tag{3.64}$$

式中 $C_{L\alpha h}$——平尾的升力线斜率;

        $C_{L\alpha c}$——鸭翼的升力线斜率。

注意:以上公式适用于以下三种类型的飞机:

(1) 尾翼在后面,$S_c = 0$,认为 S_h 是独立变化的。

(2) 鸭翼,$S_h = 0$,认为 S_c 是独立变化的。

(3) 三翼面,固定 S_h/S_c 的比值,认为 S_h 是独立变化的。

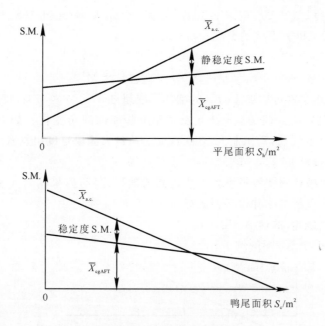

图 3.22 纵向站位图实例

对于三翼面飞机，X 向站位图应当按 S_h/S_c 的不同值来绘制。

$\overline{X}_{\text{c.g.}}$ 和 $\overline{X}_{\text{a.c.}}$ 都可作为随翼面积（平尾或鸭翼）的变化而变化的函数，这就完成了纵向站位图。

确定所设计的飞机是否要设计为"静稳定"或是"静不稳定"。静稳定性是所有那些没有反馈增益系统的飞机所需的。静不稳定性是所有那些靠反馈增益系统来实现稳定性的飞机所需要的。

确定所设计的飞机是否属于第二章所列的 12 种飞机中的某一种类型。

利用图 3.22 中所示重心后限力臂找出满足 10% 的最小静稳定度所需尾翼面积。

10% 的静稳定度为

$$\mathrm{d}C_{\mathrm{m}}/\mathrm{d}C_{\mathrm{L}} = \overline{X}_{\text{c.g.}} - \overline{X}_{\text{a.c.}} = -0.10 \tag{3.65}$$

利用图 3.22 中所示重心后限力臂找出满足 5% 的最小静稳定度所需尾翼面积。

5% 的静稳定度为

$$\mathrm{d}C_{\mathrm{m}}/\mathrm{d}C_{\mathrm{L}} = \overline{X}_{\text{c.g.}} - \overline{X}_{\text{a.c.}} = -0.05 \tag{3.66}$$

用图 3.22 中所示重心后限力臂找出当负静稳定度作用时的反馈增益。

这个反馈增益用下式估算：

$$K_{\mathrm{a}} = (\Delta \, \mathrm{S.M.})C_{L\alpha}/C_{m\delta e} \tag{3.67}$$

式中

$$C_{L\alpha} = C_{L\alpha wf} + C_{L\alpha h}(1 - d\varepsilon/d\alpha)(S_h/S) + C_{L\alpha c}(1 + d\varepsilon/d\alpha)(S_c/S)$$

导数 $d\varepsilon/d\alpha$ 为考虑机翼下洗的影响。

静稳定度增量:

$$\Delta S. M. = | \overline{X}_{c.g.} - \overline{X}_{a.c.} - S. M. | \tag{3.68}$$

这样计算,升降舵迎角每增加 $1°$,K_a 的增加不准超过 $5°$。

方程式(3.67)确定的反馈增益取决于反馈给升降舵的迎角变化。如果迎角反馈给安定面(在一些战斗机上)或鸭翼,需限制 K_a 在 $5°/\deg$。从最大静稳定度出发 K_a 应大于 $5°/\deg$,这时相应的尾翼面积是最小的。

将得到的尾翼面积和用尾容量系数方法得到的面积比较,如果相差大于 10% 时,飞机的重量和平衡计算就应重新考虑并做必要的修改。

3. 航向静稳定性估算(航向 X-图法)

图 3.23 给出了一个 X-图的例子。

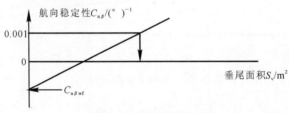

图 3.23   航向 X-图

X-图的 $C_{n\beta}$ 由下式确定:

$$C_{n\beta} = C_{n\beta wf} + C_{L\alpha v}(S_v/S)(X_v/b) \tag{3.69}$$

确定飞机是否需要具有"固有"或"反馈"航向稳定性,一般飞机的整体航向静稳定度取为 $C_{n\beta} = 0.001/(°)$。查阅图 3.23,找出得到此航向静稳定水平的 S_v 值。

计算出满足侧滑要求的方向舵反馈量:

$$K_\beta = \Delta C_{n\beta}/ C_{n\delta r} \tag{3.70}$$

参数 $\Delta C_{n\beta}$ 可由下式计算:

$$\Delta C_{n\beta} = 0.001 - C_{n\beta} \tag{3.71}$$

K_β 的值不能超过 $5°/\deg$。从式(3.69)中的固有最小 $C_{n\beta}$ 可得垂尾面积,这一面积是垂尾所允许的最小值。

将得到的垂尾面积和用尾容量系数方法得到的面积比较,如果相差大于 10%,就要修改飞机的重量和平衡计算。

三、尾翼外形的选择

尾翼及其舵面的效率不仅取决于面积 S_e 及压心至飞机重心的距离(称为尾翼臂长 L_e),并且还取决于其气动特性。这些特性中最重要的是水平尾翼升力系数对其迎角的导数 $a_h = C'_{L\alpha}$ 和垂直尾翼侧力系数对其侧滑角的导数 $a_v = C'_{z\beta}$。这些导数在很大程度上取决于尾翼的几何参数 $(A, \lambda, \Lambda, \overline{t/c})$。尾翼平面形状及其翼型的选择在一定程度上又取决于所选择的机翼外形及相对厚度。目前，常用的尾翼形式是矩形、后掠，有时也用三角形。

在按常规形式设计的高亚音速和超音速飞机上大都采用后掠尾翼。这种尾翼外形可以在阻力增长不大的情况下得到足够大的临界 Ma 数 Ma_{cr}，大的 $a_h = C_{L\alpha}$ 值（由于展弦比相对地要大些），以及由于翼尖部分后移使尾翼靠后而导致尾臂稍有增大。

在选择尾翼的后掠角、展弦比及其翼型的相对厚度时，必须力求保证尾翼在机翼所有可能的迎角下都能有足够的效率，还应保证跨音速时的 $Ma_{crt} > Ma_{crw}$。因此，对尾翼来讲，要选相对厚度比机翼相对厚度稍小一些的对称翼型、不大的展弦比和较大的后掠角。

对于低速平直翼飞机的尾翼，其翼型相对厚度取 $(\overline{t/c})_t = 10\% \sim 12\%$ 的范围。对高速飞机的后掠尾翼，其相对厚度要比机翼的相对厚度小 $1\% \sim 2\%$，一般取 $(\overline{t/c})_t = 5\% \sim 6\%$（按流向弦长计算）。超音速飞机如用平直机翼，则要用小展弦比$(A_t = 1 \sim 2)$及特别小的相对厚度 $((\overline{t/c})_t = 3\% \sim 4\%)$ 来保证大的 Ma_c。对三角形尾翼也用与此相近的相对厚度 $((\overline{t/c})_t = 4\% \sim 5\%)$。

尾翼翼型最大厚度的弦向位置对提高翼型临界 Ma 数 Ma_{cr} 有重大影响。最大厚度位置约处于当中 $(x_c = 40\% \sim 50\%)$ 时，翼型的 Ma_{cr} 最大。尾翼正是采用这种翼型。

为了提高尾翼和位于其后缘的操纵面的效率，特别是在跨音速及超音速飞行时，对翼型进行修正，减小后缘角有重要作用，为此常将尾翼翼型的后缘曲线修成直线。

在超音速及高超音速飞机上，为了提高尾翼的效率，其翼型有时候采用钝头的或楔形的后缘。

在选择跨音速飞机的后掠尾翼时，为了满足 $Ma_{crt} > Ma_{crw}$ 的条件，可用下列经验公式来确定尾翼的 Ma_{cr}：

$$Ma_{crt} \approx Ma_{crw} \frac{2}{1 + \cos\Lambda_t}$$

式中　　Λ_t——尾翼焦点线（可近似地认为在 $1/4$ 弦长处）的后掠角，而 Ma_{crw} 可由下式确定：

$$Ma_{crw} \approx 1 - 0.7\sqrt{(\overline{t/c})_t} - 3.2(\overline{t/c})_t C_{Lt}$$

C_{Lt} 可取用机翼在 Ma_{cr} 飞行状态下的值。

对超音速飞机，通常力求获得亚音速前缘尾翼，即尾翼的前缘处于扰动锥内。这个条件可由 $\Lambda \geqslant \arcsin \dfrac{1}{Ma_{max}}$ 来满足。实际上尾翼的后掠角通常要比机翼的后掠角大 $3° \sim 5°$。

选择平尾及垂尾的展弦比 A 和根梢比 λ 时，要考虑到它们对结构重量及尾翼效率的影响。

当展弦比增大时，无论是增大 $a_h = C'_{L\alpha h}$，还是减小在滞止气流中的尾翼面积，都使尾翼效率增大。由于增大了尾翼展弦比，为了产生一定的稳定力矩和操纵力矩所需的面积可以减小。因此,自然就可以减小尾翼的结构重量。但是当展弦比增大时,由于弯矩及扭矩的增大,也就使尾翼结构的重量和接头的重量增大(尾翼载荷不变)。此外,还严重地增大了尾翼弹性变形对稳定性和操纵性的不利影响,也会造成颤振临界速度下降。显然,存在一个最佳的 A_t 值,以使结构重量最小。

当尾翼根梢比增大时,由于减小了根部弯矩,结构重量减小了,但也减小了位于滞止气流中的尾翼部分的效率。这又迫使要增大尾翼面积,自然也就使重量增加。

由此可见,正确地选择尾翼参数要使其重量最小,与选择机翼参数时相似,只有用优化方法才能解决。

根据现代飞机统计数据所得的水平尾翼及垂直尾翼的展弦比和根梢比数值如下:

$A_h = 3.5 \sim 4.5$——大展弦比机翼($A > 4.5$)的飞机;

$A_h = 2 \sim 3$——小展弦比机翼的飞机;

$\lambda_h = 2.0 \sim 3.5$(三角形尾翼的飞机,$\lambda_h = \infty$);

$A_v = 0.8 \sim 1.2$;

$\lambda_v = 2.0 \sim 3.5$——水平尾翼位于机身上或在垂直安定面下部的飞机。

水平尾翼位于垂直尾翼上端时,$\lambda_v = 1$,即垂直尾翼实际上设计成不是梯形的。这是因为垂直安定面上端剖面要有足够的结构宽度,以保证可以安装平尾的连接接头和操纵机构。

四、操纵面外形及参数的选择

装在尾翼上(升降舵及方向舵)及机翼上(副翼及升降副翼)的操纵面的参数选择已经在设计的开始阶段进行了,因为它牵涉到许多其他后续设计阶段的工作。例如,升降舵效率就决定了重心前限和水平尾翼参数的选择。

早期设计阶段选择操纵面的参数时,还必须确定其铰链力矩和所需的偏转速率,这些都是设计操纵系统的最重要的原始数据。

选择操纵面的参数时,应考虑到舵面相对尺寸增大,其铰链力矩的增长比其效率的增长快。随着舵面相对面积的增长,由于作用于舵面的气动载荷及铰链力矩增大,使舵面传给尾翼固定部分的力急剧增大。为了承受这些增大的力,尾翼固定部分(水平安定面及垂直安定面)的结构必须加强。所以在选择尾翼参数及舵面的相对面积时,必须从重量的关系来考虑如何做才合适:是增大一些尾翼面积呢,还是增大舵面面积,必须寻找最佳值。

设计舵面时力求满足使舵面相对弦长沿尾翼翼展方向不变,不然的话,首先是铰链力矩系数明显地增大;其次是连接舵面的尾翼固定部分(水平安定面及垂直安定面)的后梁缘条外形须是曲线变化,使加工复杂。

对速度不高的飞机,最有利的舵面相对面积通常在 $\overline{S} = 0.3 \sim 0.45$ 的范围内。对超音速(跨音速)飞机,最有利的舵面相对面积稍小一些,在 $\overline{S} = 0.2 \sim 0.3$ 的范围内。

偏转升降舵使水平尾翼升力系数增大的程度和偏转方向舵使垂直尾翼侧力系数增大的程

度随着舵偏角的增大而逐渐变缓,随后当产生气流分离时升力系数下降,同时铰链力矩和阻力急剧增大。为此,对增大舵偏角要加以限制。这样,方向舵的偏角通常不超过 $\delta_{r\max} = \pm 20° \sim \pm 25°$。选择方向舵最大偏角的条件是要求飞机能侧风起降及在单发停车的情况下起飞,这同样也是选择垂直尾翼面积 S_v 的条件。

升降舵的上(即负值)下(即正值)偏角通常是不等的。负偏角(抬头)要比正偏角(低头)取得大。这是因为,为了保证大迎角下(在小速度飞行或在完成机动动作产生正过载时)飞机的平衡,升降舵产生的抬头力矩要比低头力矩明显地大。所以升降舵的最大上偏角通常取为 $\delta_{e\max} = -(25° \sim 30°)$,而下偏角取为 $\delta_{e\max} = +(15° \sim 20°)$。

后掠翼和三角翼超音速飞机的 $C_m = f(\alpha, Ma)$ 关系式有勺形特性。大约在迎角为 $12° \sim 15°$ 时,由于机翼翼尖产生气流分离和水平尾翼区洗流的不利变化产生纵向过载静不稳定区。这一气流分离及与之有关的纵向静不稳定性,一般在小于临界迎角 α_{cr} 时便已产生。但是增大迎角,进入纵向静不稳定区,由于使飞机抬头的力矩增大,其结果是使飞机不由自主地再增大迎角(上飘),此时如驾驶员(或自动迎角限制系统)不及时加以干预,飞机将超过临界迎角并随之进入尾旋。

因此对超音速飞机,为了保证在正常使用条件下具有给定的纵向静稳定性,要引用容许迎角 α_p 来限制。由于 $\alpha_p < \alpha_{cr}$,所以超音速飞机机翼的升力特性未能得到充分利用。

另外,当飞机进入强烈的大气紊流中或由于驾驶员的操纵失误而超过 α_p 时,升降舵的效率应保证有可能产生使飞机进入安全迎角 $\alpha < \alpha_p$ 所必需的低头力矩。这一状态对选择升降舵最大下偏角有决定性意义。

升降舵最大上偏角(对全动平尾是前缘下偏)的选择,对于非机动飞机是根据重心在前限时的起飞、着陆条件来确定;对于机动飞机则是根据在最大高度以超音速飞行的条件来决定。

为了保证在垂直平面内所必需的机动性,要确定合理的 C_L 值,以求既能获得足够大的机翼升力,又能保证为了产生大的平衡力矩而使纵向操纵面有足够的效率。当过渡到超音速飞行时,飞机的纵向静稳定性一般是增大的,而纵向操纵机构的效率(特别是升降舵)显著下降,这就使在这种飞行状态下作机动飞行时机翼的升力特性不一定能得到充分利用。如果不能保证升降舵的纵向操纵效率,则应采用全动水平尾翼。这是由于它能有很高的操纵效率,既保证了更充分地利用机翼的升力特性,又可提高飞机的机动性。

在按起飞着陆时的飞机纵向力矩平衡来确定升降舵最大需用偏角 $\delta_{e\max}$ 时,不要忘记保证舵偏角的机动储备。这个必需的储备量是用来保证飞机在修正航迹及克服大气扰动时能有起码的机动性。在选择方向舵及副翼的最大偏角时,类似的偏角机动储备也应加以保证。

为了保证重型亚音速飞机在大迎角(起飞、着陆)时的平衡,这种飞机的水平安定面通常设计成在操纵升降舵时是可动的,即可变安装角。变更水平安定面的安装角扩大了重心使用范围,同时也增大了 S_h 的值。水平安定面安装角的变化范围在 $+3° \sim -12°$。

3.5 推进系统的选择与设计

一、推进系统概述

所有飞机推进装置形式都是依靠向后推动空气(或燃气)而产生推力的。飞机的推进装置包括:① 发动机及其附件;② 进气系统;③ 排气系统。

为了进行动力装置的设计,首先需要有以下的基本数据:飞机的用途,所要求的飞机性能和飞机的起飞重量。

对动力装置的主要要求是:保证燃油消耗率最低(尤其是远程飞机)、重度最小(尤其是大推重比的飞机),以及具有足够的可靠性和低成本。

要成功地设计出高性能的现代飞机,在很大程度上是依靠机体和动力装置恰当地组合。只设计出具有高气动性能和完善的重量特性的机体是不够的,还需要配以单位耗油率低、重度小的发动机。机体和动力装置的特性必须匹配,也就是说要采用一种能使飞机和发动机同时处于最佳飞行状态的设计准则。换言之,在优选飞机机体特性的同时,还要优选发动机的形式及其主要参数(决定发动机高度-速度特性的参数),如 B —— 涵道比,T_3 —— 涡轮前的燃气温度,k_y —— 压气机增压比等。

图 3.24 给出了现代飞机动力装置设计的大致工作顺序。

须考虑以下两种情况:

(1) 开始设计时,发动机已制出(即在已经有了现成发动机的情况下进行飞机设计);

(2) 需研制所设计飞机专用的新的发动机。

如果是在已经有了现成发动机的情况下进行飞机设计,当然,选择发动机的形式及其参数问题就不存在了。在这种情况下,要确定飞机的推重比和所需发动机的数目。

如果为了设计飞机须研制新的发动机,则在飞机初步设计过程中,就要明确将要研制的发动机所必须具有的全部特性(以满足机体和发动机特性匹配的要求),飞机设计师与发动机设计师共同拟订对所设计发动机(和喷管)的战术技术要求。

对于发动机的推力、重量和几何特性以及用于各类发动机相互比较的性能指标有:发动机单位重量 γ_e($\gamma_e = G/F_0$)、单位耗油率 C_e、单位推力 F_s、涵道比 B 和发动机高度-速度特性。$G = mg$ 为发动机重量,F_0 为发动机起飞推力。

这些特性主要取决于发动机的一些主要参数,如涡轮前燃气温度 T_3、压气机增压比 k_y 和涵道比 B 等。

发动机的单位推力(每千克空气流量每秒钟所产生的推力),不仅是衡量动力装置的一个尺度,同时也是确定发动机噪声的重要参数之一,也是比较动力装置气动阻力和重量的一个好的准则(见图 3.25)。

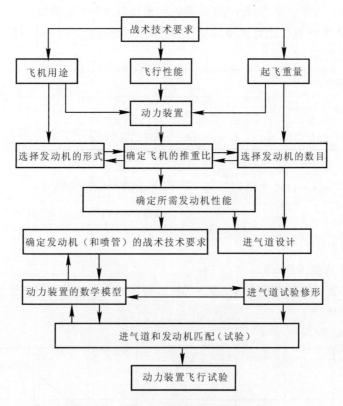

图 3.24 飞机动力装置设计的工作框图

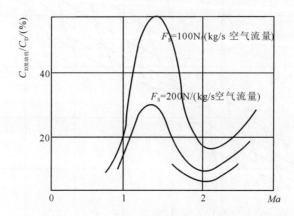

图 3.25 发动机单位推力对动力装置迎面阻力的影响随飞机 Ma 数的变化

由于亚音速飞行时，发动机单位推力的变化对动力装置迎面阻力的影响较小，因此对亚音速飞机而言,可以采用单位推力较小的(或者说涵道比较大的)发动机。

用于亚音速飞机的现代涡轮风扇发动机,对不同的涵道比,起飞时的耗油率 C_{e0} 和巡航时的耗油率 C_{ec} 的值如下:

涵道比 B	大	小
$C_{e0}/[\text{kg} \cdot (10\text{N} \cdot \text{h})^{-1}]$	$0.3 \sim 0.4$	$0.5 \sim 0.6$
$C_{ec}/[\text{kg} \cdot (10\text{N} \cdot \text{h})^{-1}]$	$0.6 \sim 0.7$	$0.7 \sim 0.8$

在初步设计阶段,亚音速飞机的耗油率可用下面的近似公式确定:

$$C_{ec} = 0.95 \left[\frac{0.82}{1 + 0.525 \sqrt[3]{B}} + Ma(0.494 - 0.014\ 5H) \right] \tag{3.72}$$

式中　　B—— 涵道比;

　　　　H—— 飞行高度(km)。

除涵道比外,发动机的其他参数,如压气机的增压比和涡轮前的燃气温度等也对耗油率有重要的影响(见图 3.26)。

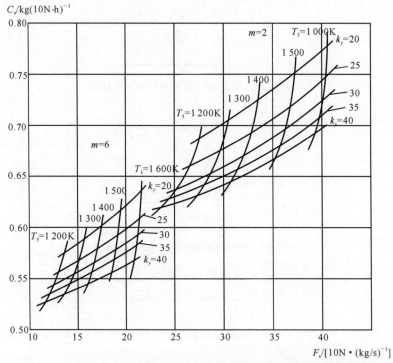

图 3.26　当 $Ma = 0.85, H = 11$ km 时,涡轮风扇发动机的巡航特性

对于超音速的加力涡轮喷气发动机和加力涡轮风扇发动机，在各种飞行状态下的耗油率（kg/(N·h)）的初步近似值可以按下式确定：

$$C_e = \frac{C_{e0}k_\varphi}{10}\left[0.3 + (\frac{T_3}{1\,000} + 0.2)\frac{0.9}{\sqrt{k_y}+1.85} + \right.$$
$$\left. \frac{0.7}{1.5+0.03B^2} + (0.27+0.01Ma^2)\sqrt{Ma} - 0.02H\right] \qquad (3.73)$$

式中　　C_{e0}——起飞耗油率；

k_φ——系数，不加力时 $k_\varphi = 1$，全加力时 $k_\varphi = 1 + 0.008H + 0.017Ma^2 - 0.17Ma$；

T_3——涡轮前温度，(K)；

H——飞行高度(km)。

应该指出，以 $Ma = 2.0 \sim 2.5$ 的飞行速度进行超音速巡航飞行时，单涵道的涡轮喷气发动机和涵道比较小的双涵道涡轮风扇发动机的经济性大致相同。并且这两种发动机的压气机增压比与亚音速发动机相比都不高。

发动机的最大直径主要决定于涵道比和起飞推力，在初步近似时，涡轮风扇发动机的直径（m）可以按下式确定：

$$D_e \approx (0.4 + 0.04B^{0.75})\sqrt{10^{-2}F_0} \qquad (3.74)$$

$\gamma_e = 0.10 \sim 0.18$，涡轮风扇发动机更小；$F_0$ 达到 $250 \sim 300$ kN 或更大；$C_e = 0.03 \sim 0.06$ kg/(N·h)（高涵道比的涡轮风扇发动机则取小值）。涵道比与起飞推力决定了发动机的直径。对超音速飞机 B 值通常不大于 1，而客、货机则为 $2 \sim 4$ 或更大。发动机单位推力 F_s 可作为动力装置经济性的表现，它对气动阻力及发动机重量有影响。F_s 可达 $400 \sim 600$ N/(kg/s^{-1}) 或更大。在获得飞机极曲线的情况下，发动机的高度-速度特性 $F = f_1(H, v)$ 和 $C_e = f_2(H, v)$ 是确定飞机飞行性能的主要依据（见图 3.27）。发动机的性能，连同它的外廓尺寸，主要取决于涡轮前的燃气温度 T_3^* 和压气机的增压比 k_y。对于现代发动机这些参数可达到：

$$T_3^* = 1\,500 \sim 1\,600 \text{ K}$$
$$k_y \geqslant 20 \sim 28$$

二、飞机的进气道设计

1. 进气道的工作情况

现代飞机动力装置系统中进气道的功能如下：

(1) 保证发动机在各种工作状态下都能稳定地工作；

(2) 对进入进气道的空气进行压缩，使气流的动能变成压力势能。

在亚音速飞行时，发动机管道中空气的增压主要是在压气机中进行（比在进气道中的增压约大 5 倍）。随飞行速度的增大，压气机的增压作用逐渐转移到进气道；当 $Ma = 1.2 \sim 1.4$ 时进气道和压气机对气流的增压作用相同。以高超音速（$Ma > 3$）飞行时，压气机的作用就无关紧要了,而空气在进气装置中的增压比已达到 40∶1,也就是说使用不带压气机的空气喷气发动机(冲压发动机)更合适了。

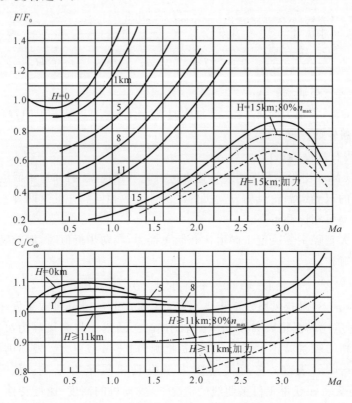

图 3.27   涡轮发动机的高度-速度特性

涡轮喷气发动机的增压比,通常是指经过压气机压缩以后的空气压力,即压气机后的压力与大气压之比:

$$k_e = \frac{p_e}{p_\infty} = \frac{p_e}{p_f} = \frac{p_f}{p_\infty} = k_y k_j$$

式中 p_e—— 压气机后(燃烧室前)的总压;

$\quad\quad\quad p_\infty$—— 大气压;

$\quad\quad\quad p_f$—— 气机进口总压;

$\quad\quad\quad k_j$—— 进气道的增压比;

$\quad\quad\quad k_y$—— 压气机的增压比。

气流受到滞止后,总要产生压力损失,这种损失是因摩擦,速度场不均匀,气流分离时形成的漩涡和热交换引起的,而当超音速气流受到滞止时,还有因产生激波而引起的压力损失。因为有损失,所以在进气道中实际能达到的 k_j 值小于理论上可能达到的值。例如,当 $Ma=3$ 时,可能达到的 $k_j \approx 30$,而不是无损失理想情况下的 $k_j' \approx 38$。

在进气装置中对空气进行压缩时,所产生的压力损失通常是用总压恢复系数值来衡量(在发动机理论中,为了计算方便,经常不使用静压而是使用总压)。总压恢复系数:

$$\sigma_{BX} = \frac{k_j}{k_j'} = \frac{p_f}{p_t}$$

式中 p_t —— 气流的总压。

现代飞机的进气道,为了充分地发挥作用,应该保证:

(1) 有尽可能高的总压恢复系数;

(2) 压气机进口处的速度场要足够均匀;

(3) 在各种使用工作状态下都能稳定地工作(没有严重的气流分离和压力脉动);

(4) 外部阻力尽可能小。

2. 亚音速进气道

设计和使用亚音速进气道所积累的经验使这类进气装置已可以达到很高的总压恢复系数值: $\sigma_{BX} = 0.97 \sim 0.98$。

在进行亚音速进气道设计时,按基本飞行状态选择进气道的各项参数。

扩展段进口的尺寸按流经进口截面的空气流量来确定。根据质量守恒定律,在 H—H 和 BX—BX 截面处(见图 3.28)的每秒空气流量应该相等,即

$$m_B = F_H v \rho_H = F_{BX} v_{BX} \rho_{BX}$$

式中 v —— 在 H 高度上的设计飞行速度。

进口面积即可表示为

$$F_{BX} = \frac{m_B}{v_{BX} \rho_{BX}} \tag{3.75}$$

式中 m_B —— 发动机的每秒空气流量(是在发动机特性中给定的),按它设计进气道;

v_{BX} —— 进气道进口处的空气速度;

ρ_{BX} —— 进气道进口处的空气密度。

在初步近似时,可以将 v_{BX} 值写成以下的乘积: $v_{BX} = v \bar{v}_{BX}$,其中: $\bar{v}_{BX} = 0.3 \sim 0.7$,是进气道进口处的相对速度。较小的 $\bar{v}_{BX}$ 值对应于长的弯曲的进气道管路(为了有较小的流体损失),而较大的 $\bar{v}_{BX}$ 值对应于吊舱式进气道和在压气机进口处速度较大的燃气涡轮发动机。

当速度从 v 滞止到 v_{BX} 时,空气密度 ρ_{BX} 的增量用专门的气体动力函数表来确定。

在初步设计阶段,可以通过进气口的相对直径定出进气口的尺寸,即

$$\bar{D}_{BX} = 1.1 \sqrt{\frac{1}{(1 - \bar{v}_{BX}^2)/(1 - Ma^2) + 1}} \tag{3.76}$$

式中 $\bar{D}_{BX} = D_{BX}/D_{max}$, D_{BX} —— 进气道进口直径, D_{max} —— 发动机短舱的最大直径。而且

$D_{\max} \approx (1.2 \sim 1.3) D_{BH}$，其中：$D_{BH}$——发动机短舱的最大内径。可以认为 $D_{BH} \approx D_{e}$（D_{e}——发动机压气机处的直径）。

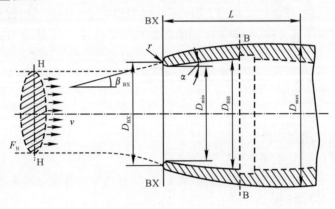

图 3.28　亚音速进气道

进气口前缘的剖面形状应该能够与短舱外形平滑过渡，避免气流分离。

进气道最外层的流线与进气道轴线之间的夹角 β_{BX}（°），在初步近似时，可根据进口处的相对速度来确定，即

$$\beta_{BX} = 22 \sqrt{\frac{1}{v_{BX}} - 1} \tag{3.77}$$

为了保证气流平滑地流动，进气道进口前缘的曲率半径（唇口的外壁面）可以采用：

$$r_{\min} = (0.04 \sim 0.05) \sqrt{F_{BX}} \tag{3.78}$$

进气管道的剖面形状应根据管道中的气流不分离，从而使 σ_{BX} 值最大和保证在压气机进口 B—B 截面处的速度场均匀的要求来确定。这就要求管道的半扩展角 $\alpha \leqslant 4° \sim 5°$。

假如管道要转弯和弯曲，则管道横截面面积的变化应是平滑的，并且在最后一段（发动机前面）的管道轴线应与压气机轴线重合。这一段圆柱形的管道的长度不能小于 $(0.5 \sim 1.0) D_{BH}$。

进气道外部的剖面形状，应保证外部阻力最小。因此，进气道的外廓形状并不取决于其内部的形状。

发动机短舱前半部外形的相对长度，从使迎面阻力最小的条件出发，可以用飞行 Ma 数的函数表示：

$$\overline{L} = L/D_{\max} \approx 1.5 Ma^2 \tag{3.79}$$

式中　L——从短舱头部至其圆柱部分的距离。

应该指出，上面所引用的确定进气道基本参数的关系式都是近似的，而考虑实际气流全部特性的理论相当复杂，因此最终进气道外形的确定还要靠试验。

3. 超音速进气道

众所周知，当超音速气流流经一个物体时，要产生激波。当气流穿过激波时，其各项参数（速度、压力、密度、温度）要产生突变。其变化的程度决定于激波角的大小，超音速进气道就是利用这一现象设计的。

在进气道进口处的激波系中提高进气的压力和温度是超音速飞机压缩循环的组成部分。在对空气进行压缩的过程中所产生的损失由激波损失（在激波系中产生的）、涡轮损失和摩擦损失组成，但主要是激波损失，此时的总压恢复系数为

$$\sigma_{BX} = (0.9 \sim 0.95)\sigma_{CK}$$

式中 $\sigma_{CK} = \sigma_1\sigma_2\cdots\sigma_n \prod\limits_{i=1}^{n}\sigma_i$ —— 在激波系中的总压恢复系数；

       σ_i —— 在一个激波中的总压恢复系数。

按进口的截面形状，超音速进气道可分为两类：二元的（平面的）和三元的（圆的、半圆的等）。按波系位置的不同，进气道分为外压式、内压式和混合式三种。这三种形式都可能是二元的或三元的（见图3.29）。

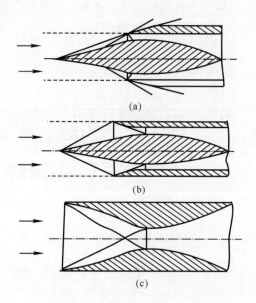

(a)

(b)

(c)

图 3.29 形成激波的不同方式

(a) 外压式进气道；(b) 混合式进气道；(c) 内压式进气道

外压式进气道与内压式进气道相比，其气动阻力稍大一些，效率稍低一些，例如，当飞行速度相当于 $Ma = 2.2$ 时，可以得到：

增压形式	外压	内压	混合
σ_{BX}	0.91	0.95	0.93

但是,外压式进气道调节起来很简单,不需要很复杂的调节系统,重量较轻,因此它在超音速飞机上已得到广泛应用。

内压式进气道需要很复杂的调节系统,难起动(进入设计状态)。因此,虽然其 σ_{BX} 值可能较高,但暂时仍未得到实际的应用。

混合式进气道对工作状态的变化和各种干扰也很敏感。当飞机作机动飞行时,迎角的变化很大或是打开(关闭)发动机的加力燃烧室等情况都会对进气道的工作产生影响。这种形式的进气道只适用于单一工作状态的超音速飞机。

超音速进气道的参数和尺寸的选择要能保证发动机在所设计飞机的全部飞行速度范围内都能正常工作。

进口面积。进气道的工作特性用流量系数 φ 来衡量。流量系数是实际进入进气道的空气流量与其可能的最大流量之比,即

$$\varphi = m_B / m_{Bmax}$$

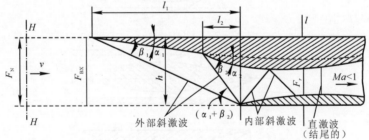

图 3.30 混合式超音速进气道(设计工作状态)

流量系数在数值上等于自由流管截面积(见图 3.30 中 H—H 截面)与进气道进口面积之比:

$$\varphi = F_H / F_{BX}$$

并且认为,超音速进气道的进口面积就是 BX—BX 截面的总面积。直接进气的管口面积:

$$F_m = F_{BX} - F_T$$

式中 F_T—— 形成激波系的锥体的横截面积。

为了形成激波系,对于二元进气道可以采用平面(斜板);对于三元进气道则可以采用与进气道形状相对应的圆形锥体(圆锥、半圆锥、1/4 圆锥)。但是所有的进气道的几何参数都是相类似的,所以,例如半圆形的三元进气道和二元进气道的纵向剖面实际上是一样的(见

图 3.30)，而圆形进气道纵向剖面不同之处也只是上部和下部是对称的。

在设计状态，进气道外面的斜激波聚焦于进气道的前缘，也就是

$$\varphi = \frac{m_B}{m_{Bmax}} = \frac{F_H v \rho_H}{F_{BX} v \rho_H} = 1$$

由此得出

$$F_{BX} = \frac{m_B}{v \rho_H} \qquad (3.80)$$

式中　　m_B——每秒空气流量；

　　　　v——飞机的飞行速度；

　　　　ρ_H——在飞行高度上的空气密度。

经过进气道的总的空气流量为

$$m_{B\Sigma} = m_B + m_{BC} + m_{Be}$$

式中　　m_B——进入发动机的空气流量；

　　　　m_{BC}——从压缩表面（调节斜板、调节锥等）排出的附面层的空气质量；

　　　　m_{Be} 经过放气门（防喘振）从扩压段排放到大气中的空气质量。

但是对于初步设计来说，令 $m_{B\Sigma} = m_B$，其精度是足够的。

通过发动机的空气流量为

$$m_B = m_{BP} \frac{P'_B}{P_0} \sqrt{\frac{T_0}{T_\infty}} \qquad (3.81)$$

式中　　m_{BP}——换算空气流量；

　　　　$P'_B = P'_\infty \sigma_{BX}$；

　　　　P_0, T_0——分别为当 $H = 0, v = 0$ 时的大气压力和温度。

将压力和温度表示成对飞行 Ma 数完全滞止后的值：

$$P'_\infty = P_\infty (1 + 0.2Ma^2)^3$$

$$T'_\infty = T_\infty (1 + 0.2Ma^2)$$

式中　　P'_∞, T'_∞——分别对应于在飞行高度上气流完全滞止后的压力和温度；

　　　　P_∞, T_∞——分别为飞行高度上大气的压力（静压）和温度。

从而可得

$$m_B = m_{BP} \frac{\sigma_{BX} P_\infty (1 + 0.2Ma^2)^3}{1.033} \sqrt{\frac{288}{T_\infty}} \qquad (3.82)$$

确定超音速进气道进口面积的最终表达式将成为以下的形式：

$$F_{BX} = m_{BP} \frac{\sigma_{BX} P_\infty (1 + 0.2Ma^2)^3}{10.14 v \rho_H} \sqrt{\frac{288}{T_\infty}} \qquad (3.83)$$

式中　F_{BX} 单位为 m^2；m_{BP} 单位为 kg/s；P_∞ 单位为 $10N/cm^2$；v 单位为 m/s；T_∞ 单位为 K。

调节斜板（调节锥）上压缩面的数目，即进气道中斜激波的数目，应能保证通过波系的总

压恢复系数最大（斜激波的数目越多则 σ_{CK} 的值越大）。

调节板（调节锥）的折角 $\alpha_1,\alpha_2,\alpha_3$ 等（见图 3.30）的选择，应能使进气道在设计状态下工作时，外面的斜激波汇交于进气口的前缘。只有当各激波的强度相同时才能获得最大的 σ_{CK} 值，此激波强度取决于波前和波后的气流速度之比。因此，$\alpha_1,\alpha_2,\alpha_3$ 等角度的大小应保证下列的等式成立：

$$v/v_1 = v_1/v_2 = v_2/v_3 = \cdots$$

式中　　v—— 未扰动的气流速度（飞行速度）；

v_i—— 第 i 个斜激波后面的气流速度。

为了使波系中的总压恢复系数的值较大，正激波（结尾激波）前的气流速度不应超过对应于 $Ma = 1.2 \sim 1.25$ 时的速度。

第 i 个斜激波后面的气流速度 v_i 与波前气流速度之间的关系如下：

$$v_i = v_{i-1}\frac{\cos\beta}{\cos(\beta_i - \alpha_i)} \tag{3.84}$$

式中　　v_{i-1}—— 第 i 个斜激波前面的气流速度。

因而，对于第一个斜激波，将是

$$v_1 = v\frac{\cos\beta_1}{\cos(\beta_1 - \alpha_1)} \tag{3.85}$$

式中　　v—— 飞行速度。

第 i 个斜激波后面的气流的 Ma 数由下式确定：

$$Ma_i^2 = \frac{5 + Ma_{i-1}^2}{7Ma_{i-1}^2\sin^2\beta_i - 1} + \frac{5Ma_{i-1}^2\cos^2\beta_i}{5 + Ma_{i-1}^2\sin^2\beta_i} \tag{3.86}$$

式中　　Ma_{i-1}—— 第 i 个斜激波前面的气流 Ma 数（对于第一个斜激波是飞行 Ma 数）。

气流的偏转角（调节板或调节锥的折角）与激波的斜角之间的关系用下式求出：

$$\tan\alpha_i = \cot\beta_i\frac{Ma_{i-1}^2\sin^2\beta_i - 1}{1 + Ma_{i-1}^2(1.2 - \sin^2\beta_i)} \tag{3.87}$$

已知斜激波的数目，从式（3.84）～ 式（3.87）可以定出，能保证激波强度相同的调节板（锥）折角的大小。

应该特别注意第一个压缩面偏斜的角度 α_1，因为它实际上决定了调节板（锥）的前置量，即调节板顶端至进口平面的距离。

对于现代的超音速进气道（根据其设计飞行 Ma 数）α_1 取以下的值：

Ma	< 2.5	$2.5 \sim 3.5$
斜板	$\sim 9°$	$\sim 7°$
调节锥	$\sim 15°$	$\sim 11°$

如果知道了 α 和 β 角以及 h 的大小，则调节锥（板）各阶之间的长度是容易确定的。

从调节锥（板）顶端至进口平面沿轴线的长度为

$$l_1 = h/\tan\beta_1 \tag{3.88}$$

从激波的聚焦点引出与气流成$(\alpha_1 + \beta_2)$角的第二条斜激波线，即可以求出从进口平面至第二个阶梯起点的距离（在图 3.30 中是 l_2）。用类似的办法也可定出 l_3，l_4 等尺寸。

进气道的喉道面积 F_T，当飞行速度增大时应减小。从物理意义上看，这一点是很明显的，随着飞行 Ma 数的增大，在波系中空气的增压比将要提高，随之在喉道处的空气压力和密度也将提高，这就需要减小喉道的面积（在相反的条件下，空气在喉道处将膨胀，σ_{DX} 将减小）。

通常是计算所需喉道的相对面积：

$$\bar{F}_T = F_T/F_{BX}$$

$\bar{F}_T$ 的值取决于飞行 Ma 数，初步近似时可以取：

Ma	1.5	2.0	2.5	3.0	3.5
$\bar{F}_T$	0.5	0.42	0.35	0.32	0.30

超音速进气道的参数，作为初步设计的成果，必须通过设计试验的检验和修正。

4. 进气道和发动机的相容性

保证进气道和发动机的相容性，是使飞机机体和动力装置特性匹配的最重要的任务。如果在出现各种可能的不稳定因素时发动机仍能保持稳定的特性，以稳定和过渡状态工作，就叫做与进气道具有相容性。

发动机的转速、飞机迎角以及侧滑角的改变、接通（断开）加力燃烧室等，都会引起发动机进气道工作特性的变化，也会使发动机进口处的气流速度场的均匀性受到破坏。显然，这将破坏发动机的稳定工作。气流速度场严重的不均匀则可能引起压气机叶片的松动和损坏。当进气道和发动机工作特性的匹配关系受到破坏时，会出现动力装置工作不稳定和脉动现象（进气道翁鸣、喘振）。因此，总压恢复系数 σ_{BX} 将大大降低，使发动机的推力减小和耗油率增加。

亚音速进气道工作的特点是能自动协调流经发动机和进气装置的空气流量。因此，亚音速进气道不需要专门的空气流量调节系统。有时，为了改善在最大推力状态时速度场的均匀性，在进气道的外面，周围装设辅助进气门。对进气门的工作情况，下面将详细说明。

对于按超音速飞行速度设计的进气道，为了避免上述不稳定因素对动力装置工作产生有害的影响和能在较大的速度范围内保持较高的 σ_{BX} 值，应该有专门的调节系统，但进气道的复杂性、质量和成本都会增加。

调节系统的任务，根据保证进气道和发动机工作匹配的要求归结为：在超音速时，保证波系（尤其是喉道后面的正激波）处于给定的位置。为了做到这一点，可以改变喉道的面积和将多余的空气排入周围大气。向大气排放空气要打开安置在进气道管道表面上（在喉道后面）专门的活门。这种活门叫做防喘活门或放气活门。当进行超音速巡航飞行时，放气活门总要打开一些,使一部分空气排入大气,从而防止进气道产生喘振。

在起飞和以亚音速速度飞行时,所需的喉道面积比调节机构可能达到的最大喉道面积 F_{Tmax} 还要大(这时因为在喉道处空气密度相对地要减小)。因此,即使喉道全部张开,为了保持发动机的正常工作,空气量仍然不足。为了不破坏发动机的工作状态,当起飞和以亚音速速度飞行时,要打开辅助的(起飞的)进气门,向发动机补充供气,而不经过喉道。为了改变喉道的面积,在机构上可以使调节锥前移或后移(圆形进气道)或者改变调节板的位置(二元平面进气道)。为了补充吸入或排放空气,要打开在喉道后面管臂上的补气活门(在超音速进气道上的辅助排气门)。调节进气道的工作靠自动调节系统自动进行。

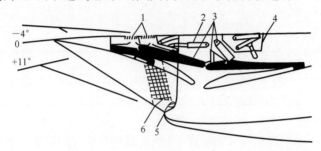

图 3.31　F—15 飞机的进气道调节系统

1— 吸除附面层的孔;2— 偏转进气道前段的作动筒;3— 用液压传动调节的铰接活门;

4— 进气活门;5— 进气道前段的转轴;6— 进气道管道侧面的抽气孔

对于超音速的高机动性飞机(其特点是迎角的变化很大),进气道的前部作为一个整体可以转动 $13° \sim 15°$(见图 3.31)。这种进气道可以有效地改变截获气流的截面面积。

5.进气道在飞机上的布置

选择进气道在飞机上的安装位置,最重要的是要解决进气道与发动机协调的问题,即机体与动力装置特性的匹配。因为将单独设计的进气装置安装到飞机上以后,其特性可能产生本质的变化。

进气道的布局,在很大程度上取决于飞机的气动布局和对飞机飞行性能的要求(机动的或非机动的飞机、飞行速度和高度的范围、极限迎角和侧滑角、使用土跑道和水泥跑道等)。如果进气道的布置使其与机翼和机身之间产生不利的相互影响,则很可能成为使气流流场不均匀的一个主要原因,尤其是当改变迎角和侧滑角时更是如此。

使进气道速度场不均匀的另一个原因是摩擦(由于空气有黏性)。因为有摩擦,显然在气流流经的表面上将出现附面层,附面层内气流的速度将从未被扰动的速度急剧下降到零。

在超音速流动时,附面层与激波相互作用,附面层的清晰程度遭到破坏:壁面上产生局部突起的地方将产生新的弱斜波(λ 波)等。

空气黏性引起气流偏离设计状态,最终使速度场变得不均匀和降低 σ_{BX}。因此,所有现代飞机的进气道都应该有附面层吸除装置。不仅吸除在机身（或机翼）表面上形成的附面层，也要吸除在调节锥（板）的压缩面和进气道内表面形成的附面层（见图 3.32）。

附面层的厚度决定于气流的速度、空气的黏性系数和气流流经物体表面的长度。在进行进气道布置时，需要设置若干缝隙以吸除附面层，其高度（$h_1, h_2, \cdots$），在初步近似时可采用 $h \approx 0.01l$，其中 l 为形成附面层的物体表面的长度。假如进气道紧紧贴在机身的表面（即 $h_1 = 0$），大约当 $Ma = 2$ 时，总压恢复系数会降低 $25\% \sim 30\%$，最终将使发动机的推力大约减小 45%，耗油率增加 15%。

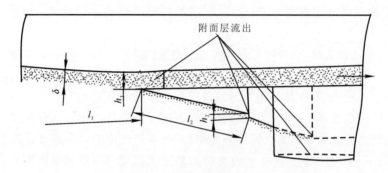

图 3.32　附面层的吸除

当选择进气道在飞机上的安装位置时，也必须考虑飞机表面对进气装置工作可能产生的有利影响。在某些飞行状态下，机翼和机身可以使气流平缓和减小进气道前缘气流速度场不均匀度的重要作用。当进气道距离处于气流中的前缘足够远时，由于机翼（机身的影响），进入进气道的气流的角度远小于飞机的迎角，即可使进气道的气流平缓。这种作用对于迎角可能超过 $40°$ 的高机动性飞机有很大意义。

超音速时，机翼（机身）将滞止气流，实际上就是对超音速气流进行的第一次压缩。这种预压缩的结果，可以提高进气道的总压恢复系数 σ_{BX}。当 $Ma > 1.2$ 时，这种效果尤为显著。因此，一直到 $Ma = 1.5 \sim 1.7$ 时仍然可以成功地采用不可调的亚音速进气道。

根据在飞机上的位置，进气道可以分为以下的基本形式：正面的（主要是圆形的）、侧面的和翼下的（或在机身下面的）。

正面进气道。对于轻型飞机安排在机身的头部，而对于重型飞机则安装在机翼下面吊舱的头部。

正面进气道的主要优点是，其迎面气流是未受扰动的气流，能保证进口速度场有较高的均匀度，此外当在设计状态以超音速巡航飞行时，能较准确地保持激波系的给定位置。

但是正面进气道也有一系列缺点。如果是重型的非机动性飞机，巡航飞行期间其迎角实际上是不改变的，在进气道进口处的波系能保持给定的位置；但对于轻型飞机，当以大的过载进行机动飞行时，迎角增大很大，激波的焦点被破坏，这将导致速度场的不均匀和降低总压恢复系数。因此,正面进气道在大迎角下工作时不够有效。正面进气道的第二个缺点是,如果将进气道布置在机身头部,其管路占去了很大一部分机身内部的空间(实际上整个机身从头到尾都贯穿着进气道和发动机的通道),显然这会使飞机的布局变得比较复杂了。此外,正面进气道使得飞机不能在机身头部安装大直径的雷达天线(天线的尺寸受到进气道调节锥尺寸的限制)。

侧面进气道。按进口的形状可分为:圆形的、半圆形的、矩形的等。圆形的进气道主要用在亚音速飞机上。

前面已经指出,在机身表面有附面层产生,在机身上安排进气道时,需要安排附面层隔缝;当把发动机安置在机身尾部时,整个发动机吊舱应离开机身一段距离,通过支架固定在机身上。

应该指出,在这种情况下,支架只是为了形成附面层隔缝,而不是保证正面进气道的工作条件。

对于超音速飞机,基本上是采用矩形的或近似矩形的侧面进气道。

把进气道安排在机身的侧面,不仅显著缩短了进气道管路的长度,而且可以腾出机身头部供安装雷达天线之用。如果附面层隔缝布置得好,侧面进气道的工作是很有效的。

翼下(机身下)的进气道。在现有的飞机上是采用二元平面形的或椭圆形的进气口。对于重型超音速飞机,通常是安装在机翼下面的发动机短舱的前面部分即为进气道。翼下进气道的缺点是在大的负迎角时工作条件不好。

三、排气系统

1. 降低底阻

机身(或发动机短舱)尾部的修形,可以使其在跨音速时的阻力最小和满足超音速飞行的要求。

如果尾喷管与机身尾部配合得不好(尤其是当并排安装几台发动机时),底部面积大,气流分离会使底阻显著增大。在某些飞行状态下(如当最大限度地缩小喷口时),底阻可能达到飞机总阻力的30%,这会使飞机的性能急剧变坏。

底阻主要取决于飞机尾部的外形。尾部表面外形越平滑,则其周围的压力场越均匀,外部气流越靠近其外表面,则底阻将不大。

图3.33示出了机身(或发动机短舱)尾部长细比对压力系数分布的影响,压力系数可用下式表示:

$$C_P = \frac{p - p_\infty}{\frac{1}{2}\rho_H v^2} \tag{3.89}$$

式中　　p——尾部表面的压力;

　　　　p_∞——飞行高度上的静压;

$\dfrac{1}{2}\rho_H v^2$ —— 飞行高度上的动压。

良好的流线形尾部外形线的坐标可按下式确定：

$$r = 0.5\left[D_{Tmax} - (D_{Tmax} - D_{cp})x^2/l_{XB}^2\right] \qquad (3.90)$$

式中　　r—— 尾部各截面的直径；

　　　　D_{Tmax}—— 尾部最大截面的直径；

　　　　D_{cp}—— 尾部末端的直径；

　　　　x—— 各截面至前端的距离（见图3.33）；

　　　　l_{XB}—— 尾段的长度。

当飞行速度对应于 $Ma < 0.7$ 时，从喷气发动机喷管内喷出的气流实际上对机身（或发动机短舱）外表面的压强分布没有什么影响，当 $Ma \approx 0.8$ 和尾段长度较短时，将产生气流分离，出现低压区。在这种情况下底阻将显著增大。

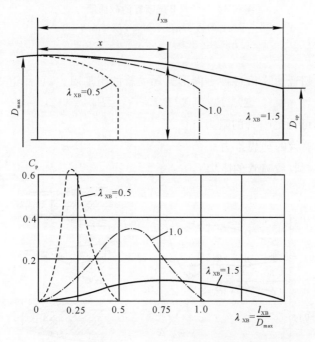

图3.33　飞行速度 $Ma = 0.9$ 时压力系数沿旋转体表面的分布

对于亚音速飞机发动机不可调的尾喷管，在降低底阻时不会产生大的问题。但是现代的超音速飞机需要更有效的排气系统。在这种飞机上要安装几何形状可调的排气管，以适应加速起飞滑跑和大 Ma 数飞行时发动机加力和高增压比的工作状态。

为了使喷气发动机尾喷管在不加力状态下具有不大的底阻，应该设置尽可能长的第二个喷管(见图3.34)。因为第二个喷管的偏角不大(10°～15°),所以流过机身(短舱)尾部表面周围的外部气流仍可以继续沿第二个喷管流动,这就可以降低底阻。实际上,所有各种形式的可调超音速尾喷管在亚音速飞行中的阻力,与只按亚音速飞行情况设计的可调喷管相比,总是比较大的。

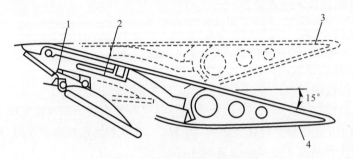

图 3.34　可调节尾喷管的截面图

1— 第一个喷管的调节环;2— 第二个喷管的调节环;

3— 加力状态的位置;4— 不加力状态的位置

图3.35所示现代超音速飞机各种不同形式尾喷管的附加阻力,可用下式表示:

$$\Delta X/P_{理} = X/P_{理} - X_{bw}/P_{理}$$

式中　　X—— 超音速可调尾喷管的阻力;

　　　　$P_{理}$ —— 等熵喷管的理想推力;

　　　　X_{bw} —— 不可调收敛喷管的阻力。

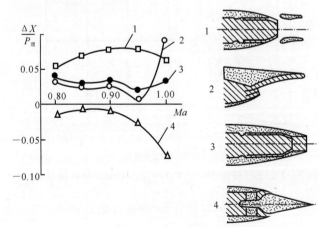

图 3.35　各种超音速尾喷管的附加阻力

1— 气动引射式;2— 等熵斜板式;

3— 带长调节鱼鳞板收敛扩张形喷管;4— 中心锥式

几台发动机在飞机上相互间的位置也对底阻有较大的影响，当发动机之间的相对距离增大时，各喷管的阻力减小。

　　2.空气喷气发动机的反推力

　　许多现代飞机的排气系统中设有发动机反推力装置（见图 3.36），随着现代喷气飞机着陆滑跑距离的增长，产生了对反推力的要求（对装涡轮螺旋桨发动机的飞机，靠螺旋桨反距得到反向的拉力；军用喷气式飞机通常采用减速伞）。当在湿的或结冰的跑道上着陆时，摩擦系数小，滑跑距离显著增大，反推力特别有效。

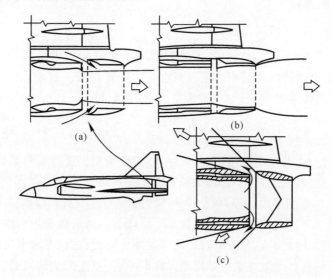

图 3.36　多用途战斗机上发动机的气动引射器和反推力装置
（a）进气活门打开；（b）进气活门关闭；（c）反推力装置打开

　　根据涡轮风扇发动机的涵道比和反推力装置构造的不同，可以用发动机全部或部分的喷气流形成反推力（对于大涵道比的涡轮风扇发动机，可以只用其外部风扇气流产生反推力）。

　　采用反推力的有效性不仅取决于发动机反向推力的大小，而且也与其他一些因素有关。如 t_H —— 最大反向推力开始作用的时间，T/W —— 飞机的推重比，v_L —— 飞机的着陆速度，f_{hp} —— 滑跑时机轮与跑道表面的摩擦系数。

　　反推力装置结构的有效性可用相对的反推力值 $\overline{P}_{peb} = P_{peb}/P_0$ 进行评价，其中 P_0 为发动机的最大起飞推力（不加力）。对于现代的涡轮风扇发动机，$\overline{P}_{peb} = 0.3 \sim 0.6$。最大反向推力开始作用的时间取决于如下一些因素，例如：打开反推力装置的时间（驾驶员的反应）、反推力装置机构开始工作所消耗的时间和发动机从小速度状态过渡到最大推力状态所需的时间（发动机的加速性）。在理想情况下 $t_H = 0$，即飞机着陆时在机轮接地的瞬间，发动机就产生了增大的反向推力。实际上 $t_H = 5 \sim 10$ s（例如，装在图—154 飞机上的发动机，达到最大反向推力的时间为 6 s)。当 t_H 值较小时,反推力对滑跑距离的影响特别有效。当 t_H 值增大时,$\bar{P}_{peb}$ 值对滑跑距离的影响将减小。换言之,提高反推力装置的有效性,主要的办法是缩短 t_H 值(缩短发动机的加速时间,它对 t_H 值有决定性的影响)。

3.6   起落架设计

一、起落架形式的选择

起落架是一种起飞着陆装置,它保证飞机滑跑、起飞、着陆、着陆后滑跑以及在机场上机动滑行。这时,起落架承受作用于飞机上的各种载荷,并在着陆滑跑中将其大部分动能散逸掉。

起落架形式是指支点数目及其相对于飞机重心的位置特征。目前,飞机上采用的起落架有 4 种形式:后三点式起落架、前三点式起落架、机翼下带支点的自行车式起落架及多支点式起落架(见图 3.37)。

1. 后三点式起落架

后三点式起落架一直被广泛应用到 20 世纪 40 年代中期。这种起落架的主支点安排在飞机重心之前,后支点放在重心后面。这种布局有以下缺点:

(1) 必须限制飞机着陆速度。旅客机 80 ~ 120 km/h;歼击机和轰炸机 130 ~ 150 km/h;农业飞机 60 ~ 90 km/h。这些速度不能再提高了。随着飞机着陆速度的增大,飞行员保持飞机着陆运动轨迹就更加困难了。着陆瞬时飘飞高度增大,而且在拉平和平飞阶段,当飞机速度超过着陆速度时,主支点有可能过早碰触跑道。此时,在支点上产生的迎面力相对飞机重心形成上仰力矩,飞机便绕主支点向后翻转(倒立)。若迎面力的力矩未达到使飞机倒立的程度,则飞机在重量力矩的作用下,尾部开始下沉并转为大迎角状态。由于飞机速度大于着陆速度,机翼上的升力也就大于飞机重量,飞机即飘飞到某一高度,此后由于失速而从这一高度飘落下来。这样一种飞机动作被称为"跳跃"。如果"跳跃"现象出现在飞机速度显著大于着陆速度的情况下,则飘飞高度可能很大。在这种情况下,飞机由此高度飘落便会造成事故。

因此,后三点式起落架的飞机不允许在速度超过着陆速度时使主轮碰触跑道。这种飞机只有在飞行速度等于着陆速度、三个支点同时接触跑道的前提下,才能保证正常着陆。为了保证正常着陆条件,故将着陆速度限制在上述不太大的数值范围内。

(2) 后三点式起落架的飞机,起飞滑跑和着陆滑跑不稳定。在起飞滑跑中,飞机重量与机翼和平尾的升力之差由主支点承受,飞机相对于该支点保持平衡。在这一运动过程中,各种形式的扰动(侧风、地形凸凹不平等)会使飞机绕轴线转动 β 角。这时在支点上形成的摩擦力相对飞机重心产生的力矩会使飞机偏转更大的角度(见图 3.38)。

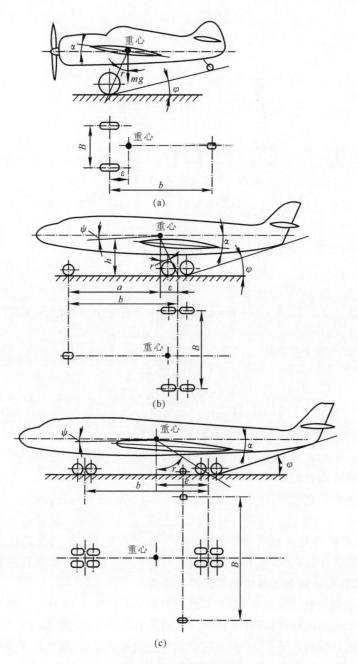

图 3.37　起落架形式

（a）后三点式起落架；（b）前三点式起落架；（c）自行车式起落架

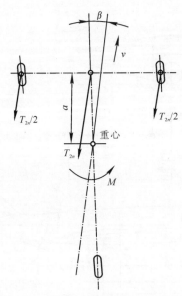

图 3.38　飞机在跑道上滑跑时不稳定力矩的形成(后支点不接触跑道)

不稳定力矩的值按下式确定:

$$M = Ta\sin\beta \tag{3.91}$$

$$T = (mg - Y_W - Y_T)\mu \tag{3.92}$$

$$M = (mg - Y_W - Y_T)\mu a\sin\beta \tag{3.93}$$

式中　μ——滑动摩擦系数;

　　　Y_W, Y_T——机翼,尾翼升力。

飞行员通过对方向舵的操纵,使来自螺旋桨的气流吹动舵面,以防止飞机在扰动和不稳定力矩作用下发生偏转。此外,摩擦力又产生下俯力矩,破坏飞机的俯仰平衡,使飞机驾驶技术更加复杂。

在大扰动作用下,飞行员利用刹车力产生附加操纵力矩。在起飞滑跑中对其中一个支点上的机轮进行单轮或多轮刹车,或者在着陆滑跑时松刹车。机轮刹车力乃是防止扰动的有效手段,并且利用刹车会缩短起飞滑跑和着陆滑跑距离。

这种飞机如果机轮有一定偏斜角,则在跑道上运动时的方向稳定性会得到某种程度上的改善。偏斜角等于 $3° \sim 4°$ 的结构改进措施使飞机具有稳定性,因为其中一个支点上产生的摩擦力阻碍扰动引起的偏转。可是,机轮偏斜会加速轮胎表面磨损,而且由于机轮上存在着与飞机运动方向相反的恒定摩擦力,缩短了起飞滑跑距离。

为了减小着陆滑跑时不稳定力矩的作用,后支点须锁定在飞机对称平面内。当飞机开始偏转时,这种结构措施保证产生一个防止扰动的力矩。在着陆滑跑初始阶段,平尾产生的力将尾轮支柱压向跑道,这就进一步提高了运动稳定性。在着陆滑跑最终阶段,平尾对尾轮支柱的压力消失,因此这个阶段最危险。如果在着陆滑跑终了时发生偏转,飞行员就来不及用刹车使主轮支柱产生必要的操纵力矩,也就无法纠正已经开始的偏转现象。

后三点式起落架的飞机稳定性差,这是导致飞机着陆速度低和这种起落架的应用受到限制的原因之一。

装后三点式起落架的飞机在滑行转弯时,后支柱必须松开锁,使它能自由偏转,否则飞机转弯时,后支柱上会产生转弯阻力,导致机轮损坏,从轮箍上剥落下来。

(3) 在后三点式起落架的飞机上不能采用喷气发动机(起飞滑跑受阻)。因为,在速度未得到平尾起作用之前,驾驶员无法控制飞机的俯仰,使它相对于主支柱保持平衡状态,于是,飞机便有向前倾覆的可能性。

因此,后三点式起落架只能用于装螺旋桨发动机或涡轮螺旋桨发动机的飞机。在这种飞机上,螺旋桨形成的气流吹过水平尾翼,从而产生平衡和操纵飞机所需的力矩。

2. 前三点式起落架

对于装前三点式起落架的飞机,主支点先接触跑道并不会引起不良后果。这时主支点上产生迎面力,在该力作用下,机头下沉,飞机各支点全部受力。在这一运动过程中,迎角和机翼上的升力减小。如果支柱上的减震器能有效地吸收飞机能量,则飞机就不会脱离跑道。

因此,前三点式起落架的飞机可以大大提高着陆速度,不只是军用飞机,就连在混凝土跑道上使用的旅客机,其着陆速度也能达到 $240 \sim 280$ km/h,甚至更大。

驾驶这种飞机在着陆滑跑时,由于着陆速度的增大,可能出现驾驶错误,但并无危险。

大的着陆速度导致起落架上的载荷增大,起落架的重量也就随之增大。但这是合算的,因为这样可以显著提高机翼的单位面积载荷,减小机翼面积并相应增大飞行速度。

前三点式起落架的飞机具有起飞滑跑和着陆滑跑稳定性,前支柱可自由偏转,机轮或支柱上的滑橇能绕飞机对称平面内的垂直轴转动。因此,在扰动作用下,当飞机偏转 β 角时,由于前支柱可以顺着运动方向自由偏转,在它上面也就不产生滑动摩擦力。这时在支柱上出现的摩擦力 T 相对于飞机重心产生稳定力矩(见图3.39)。力矩大小由下式确定:

$$M = Te\sin\beta \tag{3.94}$$

或

$$M = mg(a - \mu_c h)(e/b)\mu_t\sin\beta \tag{3.95}$$

式中　　μ_c——飞机支点摩擦系数;

　　　　μ_t——主支点摩擦系数;参数 a,b,e 和 h 示于图3.39中。

由于前支柱装在飞机重心之前,在这种飞机上就可以采用喷气发动机。此外,前三点式起落架的飞机还具有以下一系列优点:

(1) 在起飞滑跑、着陆和着陆滑跑时驾驶技术比较简单;

(2) 由于机身处于水平位置或接近水平位置,飞行员座舱视界较好;

（3）着陆滑跑时为了缩短滑跑距离，可较强烈地刹车，并且能在机轮刹车的情况下完成着陆。但后三点式起落架的飞机在着陆滑跑的起始阶段因有向前倾覆的可能，故限制用刹车，从而延长了着陆滑跑距离；

（4）可直接从下滑进入着陆，无须拉平和平飞阶段。这种着陆航迹多用于舰载飞机和短距起落飞机，可以缩短跑道长度，因为用刹车减速比在拉平和平飞阶段利用空气阻力减速效果更佳。

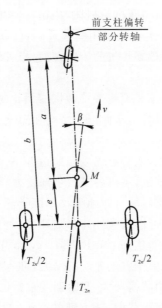

图 3.39　飞机在跑道上运动时稳定力矩的形成

前三点式起落架的缺点是自由偏转的前支柱可能出现振幅越来越大的自激振荡现象。这种现象称为"摆振"，可利用专设的液压减摆器加以消除。当飞机上设有前轮转弯操纵机构时，减摆器同时还起液压传动装置的作用。向前轮提供转弯能量的液压系统补偿了减摆器可能的漏油，这样就大大提高了减摆器的工作可靠性。

3.机翼下带支点的自行车式起落架

在装自行车式起落架的飞机上，前支点布置在飞机重心之前，因此与装前三点式起落架相仿，可以大速度着陆，在起飞滑跑和着陆滑跑时具有方向稳定性。

是否采用机翼下带辅助支点的自行车式起落架主要取决于飞机总体布局。由于在飞机重心区需要安排一个大容积的机舱，这就大大地加长了主支点离重心的距离。这时主支点上承受的载荷达到飞机重量的55%。采用自行车式起落架会出现以下几个缺点：

（1）在起飞滑跑时，要求较高的驾驶技术。在飞机达到起飞速度时，由于这时水平尾翼尚未达到必要的效率，在主支柱距离重心较远的情况下，无法保证飞机对重心的俯仰平衡，因此只好利用专门机构以"伸长"前支柱(增加其高度)或"缩短"后支柱(减小其高度)的办法来保证飞机的起飞迎角。

(2)偏航时由于前轮摩擦力对重心构成不稳定力矩,前支柱上的机轮刹车力被限制在主轮刹车力的60%～70%,因而加长了飞机着陆滑跑距离。

(3)由于在中央舱区域和起落架固定处需要装设加强框和加强梁等,机身重量增加了15%～20%。

(4)自行车式起落架虽然不高,但由于安装了大功率转弯操纵机构和在机翼下面安装了支柱,其重量要比前三点式起落架大。

(5)在收上位置,翼下支柱通常凸出在机翼外面,需要安装整流罩,因此增加了飞机迎面阻力。

由于上述缺点,自行车式起落架未获得广泛应用。

4.多支点式起落架

由于大起飞重量飞机的出现,导致了采用多支点式起落架。这种起落架形式可以减轻每个支点上承受的载荷,从而保证使用时不损坏混凝土路面。多支点式起落架用于起飞重量206 t的前苏联伊尔—86飞机以及起飞重量350 t的美国波音—747F和C—5A飞机上。

5.飞机在机场上运动时的机动性

装前三点式起落架、自行车式起落架和多支点式起落架的飞机具有相对良好的机动性。这种机动性由前轮转弯操纵机构保证。前轮偏离中心位置60°～80°就形成了飞机小的转弯半径。同时,这种操纵机构能克服跑道上的扰动,无须用刹车产生操纵力矩,这样就能缩短起飞滑跑和着陆滑跑的距离。还必须指出,由于采用了这一机构,只利用发动机提供的较小推力,便能进行机动转弯,从而节约了燃料。

二、起落架主要几何参数的选择

下文讨论前三点式起落架参数的选择,因为这种形式起落架在绝大多数现代飞机上已获得广泛应用。

在考虑其他形式起落架时,可以借鉴在确定前三点式起落架参数时用到的许多论据。

起落架的几何参数决定支点相对飞机重心的位置,因此在确定几何参数之前,必须先进行重量计算以确定飞机重心位置,并给出飞机三面图,图上标明机翼平均气动力弦位置及其安装角 α(见图3.37)。选择起落架几何参数的条件是保证飞机着陆时必需的位置,最短起飞滑跑和着陆滑跑距离,在跑道上运动的稳定性和机动性。

前三点式起落架的主要几何参数有:

(1)纵向轮距 b(在侧视图中前轮与主轮轴线之间的距离);

(2)主轮距 B(在前视图中两主轮接地点之间的距离);

(3)主轮伸出量 e(在侧视图中通过飞机重心的垂线与主轮轴线之间的距离);

(4) 前轮伸出量 a(在侧视图中通过飞机重心的垂线与前轮轴线之间的距离);

(5) 主轮伸出角 γ;

(6) 防倒立角 φ(机身尾部或尾橇与跑道平面的接触角);

(7) 停机角 ψ(机身水平基准线与跑道平面之间的夹角)。

起落架参数都是在机轮和减震器未压缩情况下确定的,飞机重心位置在飞机起飞或者着陆时应尽可能靠后。当支柱上安装多轮小车时,尺寸按小车转轴确定。为了使飞机着陆时保持必需的位置,应按下列关系式确定起落架参数:

$$\alpha = \alpha_{cmax} - \Delta\alpha \tag{3.96}$$

$$\alpha = \psi + \varphi + \alpha_D \tag{3.97}$$

式中 $\Delta\alpha$ 为保证飞机不进入临界迎角的保险角度。在临界迎角时,机翼上气流开始分离。

停机角 ψ 通常取 $0° \sim 4°$,其最佳值应使飞机起飞滑跑时迎面阻力最小,以缩短起飞滑跑距离。在着陆滑跑时,刹车力使前支柱加载,主支柱卸载,停机角减小。这时,若停机角为负值,则着陆滑跑距离缩短。

知道机翼安装角 α(通常等于主要飞行状态时的迎角),即可按式(3.97) 式求出飞机防倒立角。按飞机的不同用途,$\varphi = 10° \sim 18°$。

主轮伸出角能防止飞机着陆时向后倾覆,因此取此值等于:

$$\gamma = \varphi + (1° \sim 2°) \tag{3.98}$$

利用式(3.96)和式(3.97)中的参数求出全机侧视图中的主支柱伸出量 e 和高度 H 的第一次近似值(见图 3.37)。

伸出量 e 的范围通常为

$$e = (0.15 \sim 0.20)c_A \tag{3.99}$$

此时,必须注意,伸出量太大,飞机在进入起飞迎角时,前轮很难离地。这时,前轮缩短量大才能离地,从而加长了起飞滑跑距离。减小 e 值可保证前轮容易离地,但是伸出量太小,飞机又会前后倾覆,因为着陆时若 $\varphi = 0$,飞机重心有可能移到支点之后。

e 还应当根据停机时飞机的使用情况进行选择。重心的后极限位置不得移到主轮或主支柱上机轮小车的轴线之后。对于旅客机来说,在尾部装载量达到 500 kg 时,即机务人员携带工具在尾翼区作业,或者当飞机上设有后舱门,进入空机后集中坐在尾部的旅客达到总旅客数的 30% 时,都会出现重心移到后极限位置的现象。如果此时重心落到主支柱轴线之后,则必须安装专门的尾撑,其形式与伊尔—62 飞机上的相同。

选择前轮伸出量 a 的条件是保证停机时前轮上承受的载荷为飞机重量的 $6\% \sim 12\%$,由此得出

$$a = (0.94 \sim 0.88)b \tag{3.100}$$

$$e = (0.06 \sim 0.12)b \tag{3.101}$$

式中,b 为纵向轮距。

前轮载荷太小，会降低飞机滑行时的操纵性能。载荷增大时，支柱和前机身重量就随之增大。

选择轮距 b 的条件之一是保证飞机在机场滑行转弯时具有良好的使用性能，因此轮距取决于机身长度 L_f。由各种形式和不同用途的现代飞机资料统计得出

$$b = (0.3 \sim 0.4)L_f \tag{3.102}$$

若轮距偏小（$\leqslant 0.25L_f$），飞机在滑行时将在垂直平面内强烈颠簸，使飞行员和旅客感到不适。

确定起落架高度的条件是在前后支柱上的轮胎和减震器单独压缩和同时压缩的情况下，保持地面与飞机结构（机身、机翼、发动机、螺旋桨、腹鳍等）之间的最小距离为 $200 \sim 250$ mm。

这距离还须在飞机带倾斜坡度着陆时予以确定。此时，飞机俯仰迎角等于着陆角，倾斜坡度定为 $4°$。对于下反后掠下单翼飞机，起落架高度通常也取决于这些条件。

当坡度为 $4°$，在考虑全部作用力的情况下对飞机运动的计算及使用实践证明，当其中一个支柱先触地时，其上产生的力会使倾斜坡度减小，因此保证翼尖与跑道之间的规定间距无须考虑机轮和减震器的压缩，这大大地降低了起落架高度。腹鳍和跑道之间的间距应在机轮和减震器不压缩的情况下予以确定，因为产生在主支柱上的力压缩轮胎和减震器，减小了飞机的俯仰角。

起落架高度还取决于飞机形式（上单翼、中单翼、下单翼）、起落架固定部位及其收起位置的布局。

主轮距 B 的选择条件是保证飞机在跑道上起飞滑跑和着陆滑跑时，以及滑行中机动转弯时运动稳定。轮距 B 主要取决于飞机重心高度 h。若轮距与重心高度不相适应，则飞机在跑道上运动时可能侧向倾覆。因此，前三点式起落架应在保证飞机不致绕前轮与主轮连线侧向倾覆的前提下选择最小主轮距，主轮距的第一次近似值可取 $B \geqslant 2h$。

对于飞行重量大的飞机，轮距应尽量大于机场单块混凝土板的宽度（7 m），因为这样一块板上只承担一个支点，就减轻了板上的作用载荷。但轮距 B 的最大值应限为 12 m，以保证飞机在宽 15 m 的机场滑行道上安全滑行。

必须指出，在某些飞机上，前起落架并不安置在飞机对称平面 XOY 内，而是布置在离它不远的平行平面内。英国的"三叉戟"旅客机、美国的 A—10A 歼击机和其他一些飞机采用了这种布置方式。前起落架偏离对称平面（但与它平行），在一定条件下使总体布局更加合理。在"三叉戟"飞机上，偏置 610 mm，可使前起落架舱后地板底下的行李舱容积减小损失，而在 A—10A 飞机上可在机头舱内安设一门大口径多管速射炮。在飞机上装有前轮转弯操纵机构时，前起落架的这种布置方式实际上并不影响飞机在跑道上的运动和转弯操纵性能。

在选择纵向轮距 b 和主轮距 B 时，应确定飞机是否能在其使用的一定等级跑道上进行 $180°$ 转弯。

从飞机完成转弯动作的几何示意图（见图 3.40）中得出，在一定跑道宽度下飞机完成 $180°$

转弯必须具备下列条件：

$$跑道宽度 \geqslant B + R_{BH} + R_{HOC} + 2\Delta \tag{3.103}$$

式中　　R_{BH} —— 内侧主起落架圆周运动半径；

　　　　R_{HOC} —— 前起落架圆周运动半径；

　　　　Δ —— 机轮离跑道边缘的距离，$\Delta = 1.5 \sim 2.0$ m。

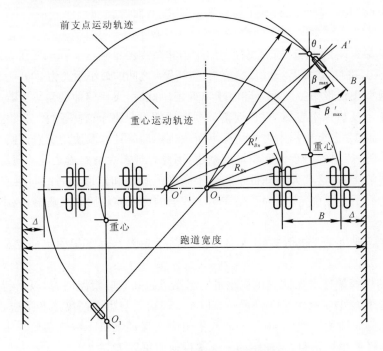

图 3.40　飞机在跑道上转弯示意图

　　前起落架偏转角 β_{HOC} 对于转弯所需的跑道宽度有很大影响。根据图 3.40 所示情况得出，当角度 β_{HOC} 的最大值减小到 β'_{HOC} 时，由于式（3.103）右边的 R_{BH} 和 R_{HOC} 增大，跑道就需要加宽。因此，在设计前轮转弯操纵机构时，β_{HOC} 角应尽量取得大些。可是在使用中发现，飞机的转弯动作跟规定的图形有些不同，这时由于在转弯过程中轮胎受力之后发生了变形。在轮胎变形的同时产生机轮"偏移"现象。安装在前起落架上的机轮发生偏移后，就已经不在 β_{HOC} 角平面内滚动了，而在比它小 δ 角的平面中滚动。δ 角即称之为偏移角，它使 β_{HOC} 最大值减小，而主轮偏移则使 R_{BH} 增大。对机轮偏移角度影响较大的因素是飞机转弯时的运动速度和轮胎与跑道的摩擦系数。速度与摩擦系数提高时，偏移角加大。因此，图 3.40 上给出的飞机重心转弯半径应加大 $20\% \sim 30\%$ 左右。

　　为了保证大型飞机能在一定等级机场上使用，增加了一条垂直辅助轴，转弯时主支柱上多轮小车的机轮可以绕此轴转向，这乃是减小转弯时跑道宽度的结构措施。与此同时，上述结构措施还可减小飞机转弯时作用于支柱上的设计扭矩。

在选择起落架几何参数时，应始终注意到，尽管必须满足的条件很多，但其中最重要的是保证飞机着陆角，因为着陆角减小会增大飞机着陆速度。

3.7　飞机初步设计实例

为了加深对本章内容的了解，下文以设计150座喷气式客机为例。

一、设计任务书要求

（1）主要设计目标：最低的直接使用成本，使乘客有最大的舒适性，使用寿命长，可靠性高以及充分的易维修性。对空、地勤人员训练的要求较低，备件要求较低并可最大限度地利用现有地面设备。应采用先进的气动、系统技术及材料，降低耗油及直接使用成本。设计应适合中国机场及航线的自然地理环境条件以及中国承运人的使用方式和世界市场的需要。

（2）目的和用途：主要用于国内干线和地区国际航线的150座双发中程客机，易于改装成客货两用机，可加长机身。

（3）动力装置：两台涡轮风扇发动机。

（4）商载与航程：设计商载15 000 kg，地板下货舱容积10 m^3 并使用标准腹部集装箱。空间限制商载最小航程为2 000 km，全客带行李（每人按90 kg）。以设计商载、高速巡航航程为3 000 km。最大航程（减少商载使最大载油量并使用远程巡航技术时）为3 500 km。

（5）使用特性：希望设计与其同期机种所建立的地面、空中与航线环境完全相容，机动速度和速度限制不影响任何模式的标准营运。

（6）飞行速度：最大设计巡航 Ma 数0.82，设计限制 Ma 数0.9，最小油耗、最小成本 Ma 数0.78～0.80，进场速度限制在240 km/h 以内。

（7）飞行高度：在以最大重量起飞、最小初始巡航高度9 449 m 之后最大巡航高度11 800 m。在2 200 km 的全客飞行的中途点具有批准性能的单发飞行的航线高度应达到4 800 m 以上（国际标准大气＋10℃）。

（8）起飞场长：在最大起飞总重时，起飞场长限制2 200 m。

（9）侧风起飞及着陆能力：在侧风的垂直分速为15 m/s 时能正常起飞及着陆。

（10）寿命：机体设计使用寿命5万飞行小时或至少5万次起降；机体使用寿命达到20年。

依据任务书要求和第二章的方法初步确定了如下飞机基本设计参数：

（1）起飞总重量 $W_{TO} = 576\ 000$ N。

（2）空重 $W_E = 310\ 500$ N。

（3）任务油重 $W_F = 117\ 300$ N。

（4）最大起飞需要推力 $T_{TO} = 216\ 000$ N。

(5) 机翼面积 $S=120$ m^2 和机翼展弦比 $A=10$。

(6) 最大许用升力系数(干净)$C_{Lmax}=1.4$。

(7) 起飞最大升力系数 $C_{LmaxTO}=2.8$。

(8) 着陆最大许用升力系数 $C_{LmaxL}=3.2$。

二、初始布局设计

第1步:仔细考察设计任务书,着重考虑那些对设计有重大影响的条款。

第2步:对具有相似任务性能的飞机进行比较研究。

参考已有相近飞机的基本参数,如表3.3所示。

表 3.3 相近飞机基本参数比较

飞机类型	$\dfrac{W_{PL}}{kg}$	$\dfrac{W_{TO}}{kg}$	$\dfrac{V_{CRMAX}}{km/h}$	$\dfrac{航程}{km}$
波音 —737—200	15 880	61 200	850	2 600
MD Dc9—80	17 240	63 500	$Ma=0.8$	3 220
空中客车 —A320	19 050	65 800	830	4 350
本机	13 950	57 600	870	2 400

第3步:选择飞机的布局类型。

飞机可选的布局类型有常规型、鸭翼或串列式、三翼面等。出于保守的观点,选择常规式布局。另外,放宽静稳定性并采用数字电传飞行控制系统,这样可以减小浸湿面积和重量。

第4步:机身和座舱的初步方案。

4.1步:任务书中规定机身上应装载的条目如下:

(1)150 名乘客。

(2)2 040 kg 重的行李。

(3) 两个飞行员和三个机舱服务员。

(4)70 kg 的乘务员行李。

对货物集装箱没有特殊要求。可以假定在机舱地板下面的集装箱里装有 21 000 N 重的行李。行李的典型密度是 200 kg/m^3。这就需要 10 m^3 的行李空间。因为大部分航空公司大量使用 727 和 737 飞机,对货物集装箱的互换性要求很高。典型的 727 货物集装箱的容积是 2 m^3。因此本机一共需要 5 个这样的货物集装箱。

4.2步:参考同类的飞机并排 5 至 6 个坐位。使用圆形机身横截面以减小充压外壳的重

132

量。考虑到 5 个坐位并排可能带来将来的改进型会因为机身太长而无法实现,所以本机采用 6 个坐位并排。具体布置如下:

(1) 容量:共 150 个坐位,全旅行级布置,客舱最大宽度及高度至少为 4 m×2.5 m。

(2) 坐位:间距 860 mm(经济舱),坐椅至少宽 445 mm,扶手宽 51 mm,椅盆离地高度 38 cm,椅坐深度 43 cm,椅背高度 96 cm。

(3) 过道宽:双通道宽度 460 mm,在厨房与衣帽间处有足够空间以便通行与服务。

(4) 服务员坐椅:具安装 3 个坐椅;驾驶舱:2 名驾驶员操作。

(5) 厨房:能容纳供应 150 名乘客一顿热餐加上放饮料车的空间。

(6) 衣帽间:其容积应保障每位乘客在挂衣杆上至少拥有 12.7 mm^3 的空间。

(7) 随身携带行李:坐位上方行李箱尺寸长度至少 1 524 mm,应保证每位乘客至少有 0.057 m^3 容积。行李箱强度应能承受可能载荷。打开的行李箱门应不碰到乘客的头。

(8) 厕所:4 个厕所。

(9) 乘客空气:每位乘客应有独立的空气管道,良好增压。

机舱内部尺寸与同类的飞机比较如表 3.4 所示。

表 3.4　四架飞机机舱内部基本尺寸对比

飞机类型	机舱内部尺寸 /m			并排坐位数
	长度	最大高度	最大宽度	
波音 —737 - 300	20.8	2.2	3.5	6
MD Dc9—80	30.8	2.1	3.1	5
空或客车 —320	NA	2.2	3.7	6
本机	23.4	2.3	3.8	6

4.3 步:机身断面的外轮廓线设计加上 12 cm 的结构厚度。

4.4 步:绘制机舱的外形轮廓线。

4.5 步:完成驾驶舱的初步内部布置并检查座舱的前视性是否合适。

4.6 步:后机身锥的长细比取 3.5,全机身的长细比取 10。这些数据与表 3.4 是吻合的。

第 5 步:决定采用的推进装置类型及其布置。

根据设计任务书要求需选用两台发动机,每台发动机最大推力为 10 800 kg。在已有的成品发动机中选出满足要求的涡轮风扇发动机,其 T_{max} =10 886 kg,净重量为 187 kg。

用挂架把发动机吊舱安装于机翼上:

（1）从安全观点考虑当吊舱中有火灾时，火向整体油箱蔓延可能性减小。

（2）短进排气管道，发动机工作于最佳状态。

（3）发动机和挂架的质量使内翼弯距减小，减轻了部分机翼结构重量；若使之位于柔性轴之前还可起防颤振的配重作用。

（4）可达性，非受力结构。

（5）消除后掠翼"上仰"作用，类似"干净"机翼上的翼刀。

第6步：确定机翼平面和横向操纵面的设计参数。

已经知道机翼面积 $S=120\ \mathrm{m}^2$，展弦比 $A=10$，因此翼展 $b=34.7\ \mathrm{m}$。

6.1步：本机不是一架飞翼。

6.2步：该机的巡航速度要求达到 $Ma=0.82$，位于 11 000 m 高空。悬臂式机翼可满足这种速度要求。

6.3步：对这种飞机来说，下单翼最合适。

6.4步：机翼的后掠角选择要基于临界马赫数，Ma_{cr} 至少为 0.82。巡航升力系数利用公式估算 $C_{Lcr}=0.38$；若使用超临翼型，取 $Ma_{cr}=0.82$，后掠角为 35°，厚度比为 0.13。因此，$\lambda_{c/4}=35°$，$(t/c)r=0.13$，$(t/c)t=0.11$。

6.5步：选用超临界翼型 NACA64A413/411，翼型的几何参数可用跨音速翼型的参数。

6.6步：参照同类型飞机选取机翼的尖削比 $\lambda_w=0.32$ 比较合适。最终机翼平面尺寸由下面参数定义：$S=120.4\ \mathrm{m}^2$，$A=10$，$b=34.7\ \mathrm{m}$，$\lambda_{c/4}=35°$，$\lambda_w=0.32$，$C_r=5.3\ \mathrm{m}$，$C_t=1.7\ \mathrm{m}$。

6.7步：参考同类喷气式运输机的典型襟翼、副翼。内副翼可取翼展的 0.236 12 到 0.346 12，这考虑了由于布置发动机而切出的襟翼面积。内襟翼的弦长比可取 0.30，它被用在滑跑或自动驾驶时。

6.8步：当副襟翼和襟翼弦长比为 0.30 时后梁可放在 $0.695c$ 处。前梁可安置在 $0.2c$ 处。

6.9步：利用公式估算出 $V_{wf}=23\ \mathrm{m}^3$，而需要燃油为 11 725 kg，所以这一飞机机翼有足够的储油空间。

6.10步：参考同类型飞机，取机翼上反角为 3° 比较合适。

6.11步：参考同类型飞机可得机翼安装角 $i_w=1.5°$。取扭转角 $\varepsilon_t=-2°$，从翼根到翼尖呈线性分布。

第7步：确定增升装置的类型、尺寸和布置。

7.1步：列出最大升力系数：

（1）最大许用升力系数（干净）$C_{Lmax}=1.4$；

（2）起飞最大升力系数 $C_{LmaxTO}=2.8$；

（3）着陆最大许用升力系数 $C_{LmaxL}=3.2$。

7.2步：计算出翼根和翼尖的雷诺数，取所需最大升力系数 1.4。当根部相对厚度 $t/c=$

0.13时可产生值为1.9的部件最大升力系数,而当梢部相对厚度$t/c=0.11$时,相应值为1.7。

因此由公式估算:$C_{Lmaxw}=0.95\times(1.9+1.7)/2=1.71$

因此由公式估算:$C_{Lmaxw}=1.71\times\cos35=1.4$

考虑到该飞机是一中等的近距耦合飞机,由公式得:$C_{Lmax}=1.4/1.06=1.32$,这和假设值已非常接近了,后者将用于襟翼尺寸的计算。

7.3步:通过7.1步,可得

$$\Delta C_{LmaxTO}=1.05\times(2.8-1.4)=1.47$$

$$\Delta C_{LmaxL}=1.05\times(3.2-1.4)=1.89$$

可发现需要通过襟翼增加的升力是很大的,因此可推出必须用富勒襟翼才能达到所需的升力增量,这与现役同类型的波音运输机所采用的襟翼类型是一致的。

7.4步:确定襟翼尺寸参数S_{wf}/S,该参数现在还是未知的,所以可以先用二到三个任取值来进行计算,如可选0.6或0.8。

	起飞时襟翼参数		着陆时襟翼参数	
$S_{wf}/S=$	0.6	0.8	0.6	0.8
$\Delta C_{Lmax}=$	2.0	1.51	2.58	1.9

7.5步:由上述可知,可能采用富勒襟翼,于是可估计出其大概几何外形参数:

$$C_f/C=0.30 \qquad \delta_{fTO}=20° \qquad \delta_{fL}=40°$$

所需ΔC_l的值可从公式得出

	起飞襟翼参数		着陆襟翼参数	
$S_{wf}/S=$	0.6	0.8	0.6	0.8
$\Delta C_l=$	2.13	1.61	2.74	2.06

起飞时:$C_{laf}=2\pi\times1.3=8.17$

所需增升:$\Delta C_l=8.17\times0.53\times(20/57.3)=1.51$

可以看出,必须采用前缘增升设备来产生所需的升力增量或襟翼必须从翼根延伸至翼梢。假设襟翼从机身处($\eta_i=0.11$)至翼端($\eta_0=1.0$),取$S_{wf}/S=0.84$,对照假设的S_{wf}/S值可判断$\Delta C_l=1.1$,所以当ΔC_l取1.51时是足够的,但全翼展襟翼是超出设计要求的。另外,在上述计算过程中,忽略了副翼隔断了襟翼的情况,这种隔断可能带来一些升力的损失,但不像按线性推断所预期的那样多。出于初步设计的目的,需假定富勒式襟翼的展弦比为0.3。这里用外侧扰流板代替外侧副翼。

7.6步:以下是襟翼的几何参数:

$$S_{wf}/S = 0.86$$
$$C_f/C = 0.30$$

拉起时：$\qquad\qquad\qquad\qquad\qquad\delta_f = 10°$

放下时：$\qquad\qquad\qquad\qquad\qquad\delta_f = 40°$

起飞时襟翼偏角为 10°，在此是粗略的选择。因为决定将起落架收进机身内，所以襟翼几何外形对起落架无影响。

第 8 步：确定尾翼的方案：尺寸、平面几何图及其布置。

8.1 步：在第 3 步中决定用常规式布局，这意味着采用后置尾翼。

8.2 步：在初步总体布置中，可取尾翼臂：

$$X_h = 15.5 \text{ m}, X_v = 16.5 \text{ m}$$

8.3 步：参照同类型飞机的尾容量系数和操纵面尺寸数据，取：$K_h = 0.80$，$K_v = 0.06$。这里选择低的尾容量系数是因为决定采用电传操纵放宽静稳定度飞机。

可得下列尾翼尺寸：

$$S_h = 23.6 \text{ m}^2, \qquad S_v = 15.2 \text{ m}^2$$

8.4 步：参照同类型飞机的平尾和垂尾的几何参数，并保证给出尾翼的临界马赫数高于对应机翼的。

8.5 步：选用的控制面面积比 $S_e/S_h = 0.30$，$S_r/S_v = 0.35$。

第 9 步：起落架的初步布局设计。

9.1 步：由于需要很高的巡航速度所以选择可收放式起落架。

9.2 步：选择正常的前三点式起落架。

9.3 步：对这一类型飞机来说，主起落架只有一种方案，在后梁下面，收向机身。这种方案与波音 B737 很相似。前起落架向后收入机头。

给出起落架布置，应检查是否符合防止滚翻准则和地面缝隙准则。

9.4 步：从总体布置中可以得到下列数据：

$$L_m = 1.52 \text{ m}, \qquad L_n = 13.2 \text{ m}, \qquad n_s = 2$$

利用这些数据可以得出

$$P_n = 5\ 980 \text{ N}, \qquad P_m = 258\ 230 \text{ N}$$

可以得出下列起落架载荷比：

$$P_n/W_{TO} = 0.10, \qquad 2P_m/W_{TO} = 0.90$$

9.5 步：对于这类飞机，适用两个前轮及两个主轮。

9.6 步：可以选用下列轮胎型号：

前轮轮胎：60 cm × 20 cm 与 0.9 MPa

主轮轮胎：110 cm × 35 cm 与 0.9 MPa

9.7 步：明确起落架的收放不要与主要结构发生矛盾。

9.8步：在第10步考虑这种起落架布局对于重量和平衡来说是否满足要求。另外，也要考虑飞机起飞时，收放起落架对稳定性与操纵性的影响。

第10步：依据初步布置图，并对重量和配平作初步分析。

依据给出飞机的部件重量分配，包括初步重心 x,y,z 坐标，可得出重心范围为

重心最前发生在 $W = 453\ 600$ N   C.G. $= 21.87$ m   且 $-0.04\overline{C}_w$

重心最后发生在 $W = 453\ 600$ N   C.G. $= 22.45$ m   且 $0.12\overline{C}_w$

这样重心范围在 58.4 cm 或 $0.16\overline{C}_w$ 之间。重心最后位置在主起落架连接点的前面，满足了起落架整体布局和重心范围的关系。从纵向和航向静稳定观点来看重心后限能力将在下面讨论。

第11步：对所提出的布局进行操纵性和稳定性的初步分析。

11.1步：绘制出飞机的纵向 X 站位图。可看出没有平尾时飞机就具有纵向稳定性。这是因为机翼的安装位置太靠机身前端，通过移动机翼并使主起落架向后移 500 cm，可得到一更合理的结果。注意，该飞机的正常尾翼面积为 23.6 m² 时具有 $0.085\overline{C}_w$ 的不稳定余度，这是因为飞机在布局时设计成放宽静稳定度飞机。另外，也要考虑起落架运动对重心在机翼几何气动弦 $\overline{C}_w$ 上的位置影响。

11.2步：这里的静不稳定度 $0.085\overline{C}_w$ 是任意选定的，在飞机的详细设计中可进一步研究。

11.3步：用重心后限力臂为 500 cm，可得出纵向稳定增益系统必须产生静增益：

$$\Delta SM = 0.085 + 0.05 = 0.135$$

飞机整体升力曲线斜率可计算出：$C_{La} = 0.081/(°)$。 升降舵力矩导数 $C_{m\delta e} = -0.0251/(°)$。应用这些数据可得：$K_a = 0.44$ 是可接受的反馈量。从这一观点来看，平尾可做得小一点。

11.4步：确定平尾面积为 23.6 m²。

11.5步：绘制出飞机的航向 X 站位图。

11.6步：确定飞机为'放宽'静稳定度飞机。

11.7步：从航向 X 站位图中选定对应的垂尾航向不稳定度为 $C_{n\beta} = -0.001\ 6$，希望"实际"余度为 0.001，增加的 $0.002\ 6$ 必须由横侧反馈系统提供。

取方向舵操纵导数 $C_{n\delta r} = -0.0012/(°)$，可得反馈量为

$$K_\beta = 0.0026/0.0012 = 2.2(°)$$

这是可接受的，即飞机的垂尾不是临界的。

11.8步：从总体布局图中取 $Y_t = 5.1$ m。最大起飞推力为每台发动机 $108\ 800$ n。

临界发动机停车偏航力矩为

$$M_{tcrit} = 10\ 880 \times 5.1 = 554\ 880 \text{ N} \cdot \text{m}$$

11.9步：确定发动机失效后偏航运动的诱导阻力矩：

$$M_D = 0.25 \times 554\ 880 = 138\ 720 \text{ N} \cdot \text{m}$$

11.10 步:着陆失速速度是飞机的最低失速速度。在着陆重量下其值为 $v_s = 160$ km/h,而 $v_{mc} = 190$ km/h。

11.11 步:因方向舵力矩导数 $C_{n\delta r} = -0.0012/(°)$,可得方向舵偏角为 61°,显然太大了,因此飞机的垂尾太小。

如果垂尾面积增加到 18.6 m²,同时方向舵面积比从 0.35 增加到 0.45。方向舵设计成双绞链(变弯度),方向舵偏角可达 40°。这样就得到了比较满意的结果。

11.12 步:已在前面步骤中确定出垂尾面积从 15.2 m² 增加到 18.6 m²。

第 12 步:进行阻力极曲线的初步分析。

12.1 步:列出飞机所有的浸湿区条目,对照同类型飞机可知,对于起飞净重为 576 000 N 的飞机,其浸湿面积可取为 687 m²。这个值与所期望的相差大约 10%。需要估计 L/D 发生变化时的影响。

12.2 步:对于先进的喷气运输机 C_f 值为 0.003,其浸湿面积为 769 m²,这说明 $f = 2.3$ m²。

12.3 步:对于低亚音速飞机来说其零升阻力系数 $C_{D0} = 2.3/120 = 0.193$。

12.4 步:飞机的压差阻力大约为 0.000 5。

12.5 步:由于巡航阻力改变非常小,在起飞和着陆时影响非常小,这里不用重新估计。巡航零升阻力值:

$$C_{D0} = 0.000 5 + 0.019 3 = 0.019 8$$

在巡航时最大升阻比 $(L/D)_{max}$ 为

$$(L/D)_{max} = 0.5 \times (\pi \times 10 \times 0.85/0.0198)^{1/2} = 18.4$$

第 13 步:对第 10～11 步得到的结果进行分析。

通过检查第 10～11 步得到的结果,可能会得出以下的几条结论:

(1) 重量、配平以及操纵性和稳定性的结果令人满意,可以开始做第 14 步。

(2) 第 10 步的结果表明飞机不存在"翻倒"的问题。

(3) 飞机重心的前后限距离过大。建议做与上一条相似的改动。如果有效装载的重心、燃油的重心和空机重心离得很近,就能解决这个问题。尽可能做到这一点。有时通过调整特别重的部件也能解决这个问题。

(4) 飞机的横向或纵向稳定性经过修改尾翼的尺寸大小基本合适。开始做第 14 步。

第 14 步:确定初步参数时巡航零升阻力系数值:

$$C_{D0} = 0.000 5 + 0.018 4 = 0.018 9$$

在巡航时最大升阻比 $(L/D)_{max}$ 为

$$(L/D)_{max} = 0.5 \times (\pi \times 10 \times 0.85/0.018 9)^{1/2} = 18.8$$

确定基本参数的敏感性分析可知:

$$\partial W_{TO}/\partial (L/D) = -1\,037 \text{ kg}$$

这意味着由于 L/D 从 18.8 减少到 18.4，飞机的起飞重量需要增加 $1\,037 \times 0.4 = 414\ \text{kg}$，重量变化为 0.7%。因为重量变化不超过 5%，所以没有必要重新确定飞机参数，接着做第 15 步。

第 15 步：绘制一张标有基本尺寸的三视图，如图 3.41 所示。

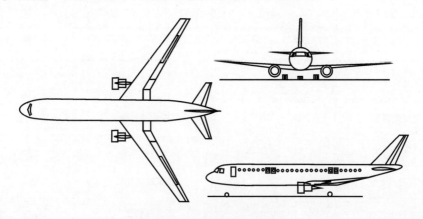

图 3.41　飞机初步设计三面图

第 16 步：列出飞机基本的几何特性参数（见表 3.5,3.6）并准备一份记录初步设计结果的报告。

表 3.5　飞机初步几何参数 Ⅰ

参数＼部件	机翼	平尾	垂尾
面积	120.4 m²	23.6 m²	18.6 m²
翼展	34.7 m	10.9 m	5.8 m
重心	3.8 m	2.4 m	3.5 m
重心（相对机身）	27.0 m	38.1 m	37.6 m
展弦比	10	5	1.8
后掠角	35°	35°	45°
尖梢比	0.32	0.32	0.32
相对厚度	翼根 0.13 翼尖 0.11	0.12	0.15

续　表

参数 / 部件	机翼	平尾	垂尾
翼型:翼根 　　　翼尖	NACA 64A413 NACA 64A411	NACA 0012	NACA 0015 上
反角	3°	0°	
安装角	根部＋1.5° 尖部－0.5°		
副翼弦长比	0.3	升降舵弦长比	0.3
副翼展长比	0.23～0.34	方向舵弦长比	0.45
扰流片弦长比	0.2	襟翼弦长比	0.3
扰流片展长比	0.5～0.8	襟翼展长比	0.11～0.23

表 3.6　飞机初步几何参数 Ⅱ

参数 / 部件	机身	舱内	全部
长度	378.8 m	27.7 m	387 m
最大高度	4.0 m	2.3 m	11.7 m
最大宽度	4.0 m	3.8 m	34.7 m

第4章 飞机操纵系统设计与分析

4.1 操纵系统的特性

设计飞机操纵系统与设计飞机其他部件的主要区别,在于此部分与操纵系统的特点有关。这就是说,操纵系统是将飞行员与操纵机构连在一起的一种随动系统。因此,在设计这种系统时,在很大程度上必须考虑"人"的因素。除此之外,为了使所设计的操纵系统能保证飞机有良好的操纵性,不仅需要考虑这个系统所驱动的舵面的特性,它的铰链力矩、惯性、重量、刚度等,而且还要考虑飞机本身的气动特性、惯性和动态特性。

飞机的操纵可以由飞行员进行,也可以用自动控制系统来实现。

飞机过载的体感和操纵杆力的变化对飞行员感受飞行状态的变化和操纵机构的效果起很大的作用。一个具有一定驾驶素养的飞行员能够将当时的飞行参数值与所要求的参数值进行比较并给出操纵杆的位移信号。操纵杆的位移由操纵系统变成飞机操纵舵面相应的偏转。舵面的偏转使飞机改变飞行参数。飞行员借助于传感元件监督自己对操纵舵面偏转的结果,即飞行参数的变化,并力图消除瞬时的飞行参数与所要求的飞行参数之间的差异,而当飞行参数与所要求的参数互相吻合的时候,飞行员对驾驶杆的操作就停止。

将飞行员视为控制回路的一个组成部分,也可以简化地组成一个自动调节系统,这个系统由彼此互相密切连在一起的飞行员、操纵系统和飞机三个主要环节构成。飞行员作为操纵回路中的一个环节,其本身可简化为由三个相互关联环节所组成的自动调节系统(见图 4.1):敏感器官(感受机构——"传感器"),中心神经系统(完成信息加工和选择决定的系统),以及执行机构(手臂、腿、背部肌肉)。飞行员执行机构的运动和它所产生的力是人作为操纵回路的一环节的"输出信号"。

执行机构的位移和力的分配有可能使熟悉飞机操纵特性的飞行员通过对操纵杆施加一定的力,使操纵杆产生相应的位移来实现改变飞行状态的要求。

飞行员对力的变化的感受比对位移变化的感受要好,因此力的分配的精确性显著高于位移分配的精确性。

研究表明,操纵回路稳定性的损失,不仅在调节飞行参数时在操纵杆上完全不存在力的变化的情况下发生,而且会在操纵杆上力的变化太小和太大的情况下发生。这一切同飞行员在一定大小范围内更精确地分配操纵杆的位移及施加在操纵杆上的力是分不开的。

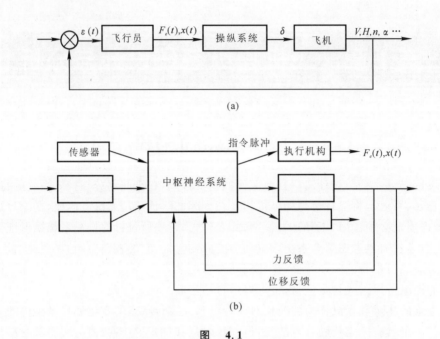

(a)

(b)

图 4.1

(a)"驾驶员 — 操纵系统 — 飞机"控制回路闭环系统图;(b) 驾驶员作为控制回路的指令中心环节,用操纵机构消除飞行参数偏差量的系统原理图

$\varepsilon(t)$— 飞行参数的偏差量;$F_e(t),x(t)$— 对操纵机构施加的力及其位移;δ— 操纵装置的偏转量;v,H,n,α— 飞行参数

为完成一定的机动飞行所必需的操纵杆位移和操纵杆力的最佳值(例如,对于改变单位法向过载 —— 纵向静稳定性指标$\dfrac{\partial x}{\partial n}$ 和$\dfrac{\partial F_e}{\partial n}$) 是由长期的实践决定的,并且在所设计飞机的相应要求中提出,或者是在其设计过程中借助于专用实验台进行操纵过程的模拟实验来确定的。这些操纵性指标的大小应当保证在控制系统的设计中得到满足。

飞行员作为操纵回路的指令环节(或叫操纵环节)具有许多影响控制过程的特点,这些特点可以概括为如下几点:

(1) 对外部信号的响应延时。这个延时的大小在很大程度上取决于飞行员是否训练有素和飞行员的心理和体力的状态。通常可以认为:有中等技术水平的飞行员,响应延时时间为$\tau = 0.2 \sim 0.3$ s;

(2) 惯性。表现在飞行员的动作不可能以必需的响应水平瞬时地出现;

(3) 具有不灵敏区;

(4) 对外部信号的过滤能力;

(5) 在广泛的范围内改变本身传递函数,包括改变微分和积分传递函数的能力。也就是

说,不仅对任何一种飞行参数偏离有做出反应的能力,而且对这种偏离的一阶和二阶导数值以及这种偏离的积分也有做出反应的能力;

(6)以有限精度形成输出指令信号的能力。信号的有限精度取决于它的大小和频率;

(7)对频率不超过 25 ~ 30 Hz 的信号的跟踪能力(存在通频带)。

一个好的飞行员,尽管他有在很大的范围内改变本身传递函数的能力,但是他在操纵回路中仍然只是作为一个单通道放大器工作的,并能逐步消除现时任何一个飞行参数与所要求值之间的误差 $e(t)$。

然而,飞行员在校正外界信号的过程中,反应的初始延时和惯性延长了消除所产生误差的时间,而在协调误差信号频率较高的情况下,飞行员输出信号的相位与必需的相位相比又会产生较大的延时。例如,在输入协调信号变化的频率为 0.5 Hz 时,飞行员的反应仅有 0.2 s 的初始延时,却产生 36° 的相位滞后反应;而当频率为 1 Hz 时,相位滞后为 72°。如果考虑到现代飞机(特别是在某些飞行状态下)的固有振荡频率显著增大,甚至重型飞机也可能达到 1 Hz 或更高,那么在这些状态下由于飞行员所造成的飞机摇摆的原因是很明显的。在飞行员实际驾驶飞机的条件下,由于他知道自己的反应的延时和惯性的存在,而提前操纵。

飞机作为控制对象在空间有 6 个自由度,其运动由 6 个微分方程(欧拉方程)所描述。在一般情况下,只要这些方程的解能确定任何瞬间飞机在空间运动的特性,特别是飞行员对操纵机构操作之后的运动特性,也就能判断这种运动的稳定性。但是,直接解这些方程是相当困难的。如果在初始飞行状态就采取无侧滑的直线稳定飞行,并且认为对初始运动参数值的偏离很小,那么由于飞机的对称性就可将含有 6 个运动方程的方程组分为两个独立的方程组,这两个方程组以已知的精度分别描述飞机在垂直平面内的运动(称为纵向运动)和其他两个平面内的运动(称为侧向运动)。

在利用存在运动交联的方程求解飞机运动时,每一个运动(纵向和侧向)均由有 4 个微分方程的方程组来描述。纵向运动方程组描述两种振荡运动,该振荡运动是在飞机上外部干扰(气动干扰、操纵舵面偏转、发动机推力变化等)停止作用之后产生的。这种振荡运动中的一个进行得很快,周期不长(数量级为 1 ~ 5 s),称为短周期运动;另一个进行得较慢,并且周期较长(数量级为几十秒),称为长周期运动。

求解侧向运动方程组得出,在现代飞机上,通常侧向运动是两个非周期性运动和一个周期性振荡运动之和。

长周期纵向运动容易为飞行员所控制,并且我们也不特别感兴趣。非周期性的侧向运动,其中的一个是迅速衰减的滚转运动,而另一个则是进行得很慢的"螺旋运动",它们都不是我们特别感兴趣的,因为它们不会严重地影响飞行员对操纵性的评价。

短周期纵向运动和侧向振荡运动则是另外一回事。这种在外干扰作用和舵面偏转之后所产生的运动特性是飞行员评价飞机稳定性和操纵性的标准。这两种运动在飞机设计过程中用非常类似的方法进行研究,以便在运动参数减到不满意的情况下,事先采取相应的措施。在飞机设计阶段,这些研究工作借助于计算机进行,以求解设计参数发生变化时的运动方程。初始阶段可通过式(4.1)来判定飞机在短周期纵向运动的稳定性,也就是振荡能否衰减。

$$\sigma_n = C_{mC_L} + C_{mq}/\mu < 0 \tag{4.1}$$

式中　　σ_n——纵向静态过载稳定系数;

$\mu = 2m/\rho S c_A$——飞机的相对密度;

m——飞机的质量(kg)。

纵向静态过载稳定系数 σ_n 在纵向稳定性和操纵性方面起着非常重要的作用,而飞机能否使用,完全根据它做出估价。例如,这个系数决定着纵向静操纵性最重要的两个指标值,单位法向过载所需的纵向操纵杆位移量:

$$\frac{\partial x}{\partial n} = -\frac{1}{k_m}\frac{C_L}{C_{m\delta_e}}\sigma_n = -\frac{2}{k_m}\frac{G\sigma_n}{qS} \tag{4.2}$$

和单位过载下操纵杆上力的大小:

$$\frac{\partial F_e}{\partial n} = \frac{\partial F_e}{\partial x}\frac{\partial x}{\partial n} \tag{4.3}$$

式中　　$k_m = \dfrac{\partial \delta_e}{\partial x}$——从操纵杆到纵向操纵机构的运动传递系数,即传动比;

$\dfrac{\partial F_e}{\partial x}$——纵向操纵的杆力对其位移的增长斜率。

从式(4.2)可得,单位过载所需纵向操纵位移为零将会发生在 $\sigma_n = 0$ 的时候,即处于重心位置 $\bar{x}_{cgh} = \bar{x}_{ac} - C_{mq}/\mu$ 的时候。它称为过载的中立重心位置,并用符号 $\bar{x}_{cgh}$ 表示。因为在单位过载所需纵向操纵杆位移为零的情况下去操纵飞机是不可能的,所以重心位置的后移必须限制在某个极限位置之前,这个极限位置称为后重心后限,在此重心下,可确保该类飞机有额定的最小容许值 $|\sigma_n|_{min}$ 和 $\left|\dfrac{\partial x}{\partial n}\right|_{min}$。如图 4.2 所示。

在没有自动操纵系统的飞机上,在飞机布局和确定重心的过程中,只能用保证相应的纵向静稳定度 $C_{mC_L} = \bar{x}_{cg} - \bar{x}_{ac}$ 来达到,因为在现代飞机上,C_{mq}/μ 的值不是很大(在低空,其数量级为 $0.02 \sim 0.03$,随着高度上升,在高空,它减小到可以忽略)。纵向静稳定度 C_{mC_L} 在很大程度上也决定着纵向静操纵性这样重要的指标的特性,正像纵向操纵杆随飞行速度和高度的平衡偏离一样,是从已知的纵向平衡方程($C_m = 0$)得到的:

$$\Delta x = -\frac{C_{m0} + C_{mC_L}C_L}{k_m C_{m\delta_e}} \tag{4.4}$$

总结以上所述,飞机纵向稳定性和操纵性主要取决于飞机的下列参数:$W/S, r_y^2 = I_y/mc_A, C_{L\alpha}, C_{mC_L}, C_{mq}, C_{m\alpha}$。

表征纵向阻尼的导数 $C_{m\cdot q} = \partial C_m/\partial \bar{q}$(其中 $\bar{q} = q\bar{c}/v$)由机翼、机身、发动机吊舱和水平尾翼所产生的各部分叠加而成。纵向阻尼力矩导数的主要部分由水平尾翼产生,再考虑到机身的

影响,可以按如下近似公式确定:

$$C_{mq} \approx -1.2C_{L\alpha T} \frac{S_T b_T^2}{S c_A^2} \tag{4.5}$$

在飞机纵向阻尼力矩导数的成分中,与机翼有关的那一部分,随着机翼后掠角的加大而迅速增大:

$$C_{mqW} \approx -C_{L\alpha}(A + BA\tan\alpha + CA^2\tan^2\Lambda) - D \tag{4.6}$$

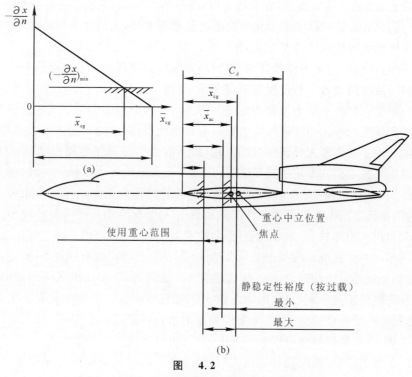

图　4.2

(a) 单位法向过载所需的纵向操纵杆位移与重心位置的关系;

(b) 重心、焦点与静稳定度的关系

在无尾飞机上,纵向阻尼力矩全部由机翼和机身产生。因此为了在这种类型的飞机上得到足够的阻尼,只能用后掠机翼(或三角机翼)来产生阻尼。

在亚音速飞机上,纵向阻尼明显增大,这是由于在平尾区域有洗流延迟。增量的大小可用下述导数来估算:

$$C_{m\dot{\alpha}} = \frac{\partial C_m}{\partial \dot{\alpha}} \approx -C_{L\alpha T} \frac{\partial \varepsilon}{\partial C_L} C_{L\alpha} \frac{S_T b_T^2}{S c_A^2} \tag{4.7}$$

式中　$\dot{\alpha} = \dfrac{d\alpha}{dt}\dfrac{c_A}{v}$ ——飞机旋转时迎角的无量纲角速度。

对于后掠适中的亚音速飞机,导数 $C_{m\dot{\alpha}}$ 的大小为 $(0.4\sim0.6)C_{mq}$ 的数量级。

飞机的侧向振荡运动,其特点是与偏航和滚转运动密切相关,这种运动的特点主要取决于导数 $C_{l\beta}$,$C_{n\beta}$ 和 C_{nr},以及惯性质量特性 $\bar{r}_x^2=4I_x/mb^2$,$\bar{r}_z^2=4I_z/mb^2$ 和 I_x/I_z。

4.2　现代高速飞机稳定性和操纵性的基本特点与操纵系统设计

(1) 高速飞机的普遍特点是,在超音速时,操纵机构的铰链力矩急剧增大,增量随速压的增长和超过临界 Ma 数时操纵舵面压力的重新分布而增加,也随舵面尺寸的增大而增加。

高速飞机操纵机构铰链力矩的急剧增长,导致了操纵机构驱动装置所需功率的巨大增加。对此,飞行员的体力是不能胜任的,因而在操纵传动中开始安装操纵信号的液压功率放大器(助力器)。液压助力器最初按反馈原理工作,以帮助飞行员承担部分铰链力矩。但是飞行速度的进一步增大和由于助力器结构的进一步发展导致液压助力器普遍地过渡到按无反馈原理工作。按无反馈原理工作的液压助力器具有许多优点,并且除了功率放大以外,还能完成许多附加功能。由于助力器无反馈方式的应用(即从舵面的纯机械传动过渡到液压传动),要求在飞机的操纵系统中引入专用的载荷装置,以便产生必要的杆力来模拟"操纵感觉"。

(2) 超音速飞机最重要的特点是纵向静态过载稳定性与飞行状态密切相关。在亚音速情况下(特别是在低空),由于机翼的弹性阻尼系数 σ_n 随速度的增长而明显地减小。随着机翼后掠角的加大和机翼的加长,σ_n 减小得更明显(在机翼后掠角 $\Lambda=50°\sim60°$ 时,σ_n 的绝对值可能减少 $0.06\sim0.08$)。在机翼几何形状可变的飞机上,由于飞机机翼刚度下降,σ_n 的减小特别大(σ_n 的绝对值的减小可能超过 0.1)。超过临界 Ma 数时,由于动压沿翼剖面弦向重新分布,这种分布导致飞机的焦点急剧后移,因而系数 σ_n 开始迅速增大。这种变化发生在 Ma 数为 $1.15\sim1.25$ 之间。由于焦点的移动,σ_n 绝对值相应的增长可能达到 $0.15\sim0.25$。在机翼几何形状可变的飞机上,机翼后掠角可变的情况下,焦点的移动量可能是很大的。

前面已经指出,当飞机向超音速过渡时,其纵向静态过载稳定性急剧增加,这导致飞机机动性的恶化和飞机平衡品质的丧失。因此,设计超音速飞机时,除了用全动平尾进行纵向操纵以外,通常要采用一些手段来减小稳定性的增长(见图 4.3)。因为纵向稳定度取决于 $\bar{x}_{cg}-\bar{x}_{ac}$ 之值,所以所采用的减小稳定性的手段应当能移动飞机焦点的位置(当 $Ma>1$ 时将其向前移动),或能移动飞机重心的位置(当 $Ma>1$ 时将其向后移动)。利用机翼根部的边条翼(见图 4.3(a))(例如在图—114、"协和"式、F—16、F—18、YF—12A 等飞机上)和机身头部可伸出的"减稳器"(例如在 F—14A"雄猫"飞机上)来减小纵向稳定性属于前一种方法。

实际上,在所有大航程的超音速飞机上都是采取从中央油箱向尾部的专用平衡油箱抽油的方法使得向超音速过渡时飞机重心后移。必须注意的是,平衡油箱必须装有应急排油系统,因为飞机减速至亚音速时,如果反输油系统发生故障,可能会使飞机不稳定(见图 4.3(b))。

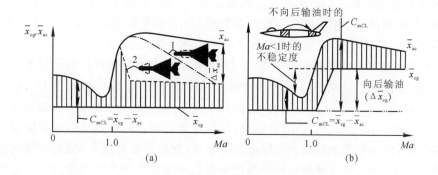

图 4.3　减小超音速飞机纵向静态稳定性的结构措施
（a）用气动方法前移焦点；（b）通过向后输油移动飞机重心；
1— 应用机翼根部的边条翼；2— 可伸出的头部"减稳器"

（3）由于飞机在跨音速区焦点急剧后移，因而造成跨音速的速度不稳定，这种不稳定性在向超音速加速时表现为"自动俯冲"，在从超音速向亚音速减速时表现为"自发增加过载"（"过载急增"）。跨音速区速度不稳定性的解释是平衡曲线 $\Delta x = f(Ma)$ 在跨音速区由正斜率变为负斜率，也就是说，在平衡曲线上出现所谓的"勺形"区。在速度不稳定的跨音速区速度变化时，为了平衡，对尾翼的纵向操纵变为相反：拉杆是加速（正常情况下推杆是加速），推杆是减速（正常情况下拉杆是减速）。

在某些第一代超音速飞机上，这种操纵方面的缺点是在控制系统中安装所谓平衡自动器（变臂机构）来消除的，从而在某个不稳定的 Ma 数区域（通常 Ma 数的范围为 $0.9 \sim 1.2$）使得操纵杆位置和纵向操纵系统机构的偏转是协调的。这时，按速度控制飞机，可以保证操纵杆的运动特性不变，而纵向操纵机构则同时按"勺形"曲线规律偏转。在现代超音速飞机上，由于用前面讲过的方法使得稳定性的增长强度较为平缓，跨音速时的速度不稳定表现得不明显。在必要时，在机载自动控制系统中，引进相应的控制规律（如 $\Delta \delta_e = f(Ma, H)$）来改善跨音速时飞机的操纵性。

（4）迎角达到 $12° \sim 15°$ 时纵向静态过载稳定性丧失，这在前面机翼设计中已经十分详细地研究过了。这里有必要补充说明的是，为了保证飞行安全，在正常飞行中，这样大的迎角要预先在飞行员手册中给予相应的警告；信号手段警告（声、光、纵向操纵杆的抖动等）以及专门的自动装置（极限状态的限位系统），拉杆的限位等，为了脱离危险状态，甚至强制操纵杆前移（推杆器）。通常极限状态跟位系统在飞行员的仪表板上要有相应的显示，相应地显示出该飞行状态下的过载，以及侧滑角和迎角在该飞行状态下的储备量。在近代飞机上，准确地预先警告危险状态是机载自动控制系统所要解决的任务之一。

在有人为的纵向稳定性保障系统时，可用的迎角区可以大大扩大，从而使飞机在机翼承载能力许可的飞行状态下提高了机动能力。例如,F—16飞机上最大的使用迎角是30°,在达到这个迎角时,安定面自动上偏以便使飞机产生俯冲力矩脱离危险状态。在F—18飞机上,据国外资料报道,正常的操纵性和进气道的正常工作可允许 α 达60°。

(5) 所有的高速飞机的飞行品质变差是飞机绕所有三个轴的固有振荡阻尼恶化所致。这既与所有高速飞机减小了导数 $C_{L\alpha}$ 和 $C_{y\beta}$ 的特点有关(特别当 $Ma > 1$ 时,见图 4.4(a)),也与阻尼特性中举足轻重的动导数 C_{lp}, C_{nr} 和 C_{mq} 的减小有关,还与高速飞机在大气密度很小的高空飞行有关。固有振荡阻尼的恶化,在舵面偏转时会导致被调飞行参数初始超调量很大和持续不衰的振荡,以致使飞机难于驾驶。在纵向控制通道,在超音速情况下,阻尼的恶化伴随有固有振荡频率的巨大增长,而这种增长与静态稳定性的增加密切相关。因为甚至在重型的现代超音速飞机上,纵向通道的固有振荡频率可能接近 1 Hz,而横向通道甚至超过这个值,所以飞行员滞后和惯性的存在产生了使飞机摇摆的现实条件。实践证实了这一点,因为在振荡飞行状态驾驶飞机时,飞行员不能克服飞机的振荡,并且自己也开始摇摆起来。

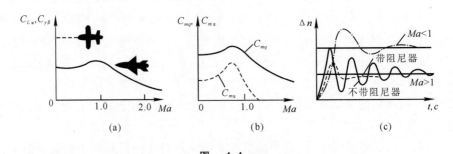

图 4.4

(a) 超音速飞机的气动导数 $C_{L\alpha}$ 和 $C_{y\beta}$ 随 Ma 数的变化与低速飞机的比较;(b) 阻尼导数 C_{mq} 和 $C_{m\dot\alpha}$ 的比较;(c) 有阻尼器与无阻尼器纵向操纵机构在相同偏转角情况下飞机超音速和亚音速两种情况的过载 Δn 的过渡过程的比较

当然,在设计飞机时,能借助于增加阻尼面的面积和相对力臂而获取必需的阻尼导数值。但是这样做就要求过分增加 S_H 和 S_V。一方面,这会导致自身机构显著加重;另一方面,在其他飞行状态(如低空),由于阻尼效应过大,就可能难于得到满意的操纵性。过大的阻尼会产生控制回路稳定性的失稳和飞机摇摆。

因此,从第一代超音速飞机出现的时候起,为了保证飞机必需的阻尼,在控制系统中安装了专门的自动装置 —— 阻尼器,它能与飞行员并行工作,并且彼此不干扰。飞机振荡阻尼器的工作原理是测量飞机旋转角速度,然后使操纵舵面按反旋转方向偏转。在第一代高速飞机上,阻尼器的执行机构是电动拉杆。在较新型的飞机上,这种机械装置已改为多余度电气液压传动装置,它包括在机载自动控制系统的组合件中。

按阻尼器绕哪一个坐标轴去阻止飞机的振荡可分为俯仰阻尼器、滚转阻尼器和偏航阻尼器。阻尼器的部件是相同的,它们的区别只是它们的敏感元件(速率陀螺)的安装位置不同。

阻尼器最简单的工作规律是与飞机相应的旋转角速度成比例地偏转舵面：

俯仰阻尼器

$$\Delta\delta_e = k_q \cdot q \tag{4.8}$$

滚转阻尼器

$$\Delta\delta_a = k_p \cdot p \tag{4.9}$$

偏航阻尼器

$$\Delta\delta_r - k_r \cdot r \tag{4.10}$$

在上式中 k_q, k_p, k_r 为阻尼器的传动比(量纲为 s)，它等于飞机旋转角速度为 1 °/s 时，飞机舵面偏转的度数。阻尼器按此规律工作时，阻尼导数的阻尼增量表达式如下：

$$\Delta C_{m \cdot q} = C_{m \cdot \delta_e} k_q \frac{v}{c_A} \tag{4.11}$$

$$\Delta C_{l \cdot p} = C_{l \cdot \delta_a} k_p \frac{v}{c_A} \tag{4.12}$$

$$\Delta C_{n \cdot r} = C_{m \cdot \delta_r} k_r \frac{v}{c_A} \tag{4.13}$$

(6) 对于所有飞机，纵向操纵舵面的偏转和相应的单位过载所需操纵杆的位移，随飞行速度的增大而减小的量是固定的，见式(4.2)，其中 C_L 的大小与速度的平方成反比。然而，在无助力器控制系统的飞机上，随着飞行速度的增大，完成机动飞行所需升降舵的偏转减小和纵向操纵杆的位移减小，而舵面铰链力矩以速度的平方关系增长。升降舵上铰链力矩的大小，决定着为完成同一过载下的机动飞行而施加给纵向操纵杆力的增量。

随着向无反馈助力器的操纵系统的过渡，初期采用了特性恒定的简单弹簧载荷装置，梯度 $\frac{\partial F_e}{\partial x}$ 变成常值(与飞行状态无关)，而指标 $\frac{\partial x}{\partial n}$ 的特性仍如前所述。这就确定了单位过载所需纵向操纵杆力 $\frac{\partial F_e}{\partial n}$ 随速压(表速)的增大而迅速减小，这种情况是飞行员所不习惯的。为了提高超音速高空飞行的机动性，在纵向操纵中已经开始采用全动平尾。在高亚音速，特别在低空(临界表速状态)的情况下，这种全动平尾的效率是很高的，这时操纵性指标 $\frac{\partial x}{\partial n}$ 降低到 $2 \sim 3$ mm 的数量级(这与操纵传动中的间隙值是同量级的)，指标 $\frac{\partial F_e}{\partial n}$ 也降低了。这就产生了操纵回路稳定性失稳的现实问题。

为增大指标 $\frac{\partial x}{\partial n}$ 和 $\frac{\partial F_e}{\partial n}$ 的值，也就是说降低飞行员 —— 飞机系统的放大系数，以便确保操纵回路的稳定性。可用以下三种方法增大 $\frac{\partial x}{\partial n}$ 的值：

1) 减小从纵向操纵杆到升降舵的传动比 k_m；

2）减小纵向操纵机构的效率 $C_{m \cdot \delta_e}$；

3）增大纵向阻尼 $C_{m \cdot q}$。

对指标 $\dfrac{\partial F_e}{\partial n}$，除上面指出的三种方法外，还可以用增大加载梯度 $\dfrac{\partial F_e}{\partial x}$ 的方法来达到必需的水平。

所有这些方法都已广泛地应用到现代飞机上，并且在技术上表现为：

1）根据飞行状态调节传动比 k_m（在表速较高时减小）；

2）采用混合型纵向操纵系统，在 $Ma < 1$ 的飞行状态用升降舵操纵，在 $Ma > 1$ 的飞行状态用全动平尾来操纵；

3）安装俯仰阻尼器，以增大飞机的阻尼 $C_{m \cdot q}$；

4）根据飞行状态调节负载梯度 $\dfrac{\partial F_e}{\partial x}$。

在每一个具体情况下，应根据飞机的型别、特性，及对飞机提出的要求，利用上述方法，或者它们的组合来达到增大指标 $\dfrac{\partial x}{\partial n}$ 和 $\dfrac{\partial F_e}{\partial n}$ 的目的。

现代飞机的侧向稳定性和操纵性的特点同它的导数 $C_{l \cdot \beta}$，$C_{n \cdot \beta}$ 和 $C_{n \cdot r}$ 的特性以及惯性质量特性有关。

（7）横向静态稳定性 $C_{l \cdot \beta}$ 实质上取决于飞行迎角和 Ma 数。对于后掠翼和三角翼飞机，当迎角增大到 $12°\sim 15°$ 时（见图 4.5(a)），$C_{l \cdot \beta}$ 的绝对值会显著增大。因为这个导数表征着出现侧滑时所产生的滚转力矩的大小，所以 $C_{l \cdot \beta}$ 的显著增大，甚至侧滑不大时，例如侧向阵风引起的不大的侧滑，也会导致很大的滚转（在飞行实践中，发生过这种情况，有这种特性的飞机，在飞行员还没来得及采取反作用措施之前，在侧向阵风或一台发动机发生故障的情况下，飞机早已翻成机腹朝天了）。过大的横向稳定性也是造成滚转悬挂现象的原因 —— 在副翼偏转之后，滚转消除很慢，证实了横向稳定性过大时，副翼效率不足。

在早期的后掠翼和三角翼高速飞机上，为了减小大迎角时的 $C_{l \cdot \beta}$ 值，使机翼具有负的上反角。但是，这种方法会导致某些结构上的复杂性和增加结构重量，也会导致在迎角不大而表速较大的飞行状态下，方向舵的偏转（蹬舵）会造成飞机的滚转反效现象。在大 $C_{l \cdot \beta}$ 值和大迎角下，侧向运动的缺点和降低 $C_{l \cdot \beta}$ 时对侧滑的滚转反效（机翼向右急剧滚转 ——"滚转超调"），即使飞机飞行的最大速度受到限制，又使飞机飞行的最小速度受到限制，从而减小了飞机的实用速度范围。

目前，如果机翼外形的特殊设计不能明显改善横向稳定性，那么要得到满意的侧向操纵性只有在控制系统中采用专门的自动装置（倾斜和偏航阻尼器，侧向自动稳定器等）。这些自动装置的控制规律可能是多种多样的。例如，副翼与侧滑角成正比地偏转（$\delta_a = k_\beta \beta$），或方向舵与滚转角速度成正比地偏转（$\delta_r = k_p \cdot p$）。例如，在图 —134 飞机上，当放下襟翼时，其偏航阻

尼器的控制规律为 $\Delta\delta_r = k_r \cdot r \dfrac{Ts}{Ts+1} + k_p \cdot p$，该控制规律中的第二项补偿了稳定性的增加，从而提高了横向操纵效率，而高通滤波器 $\dfrac{Ts}{Ts+1}$ 用来消除稳态转弯时阻尼器对脚蹬位移的影响。

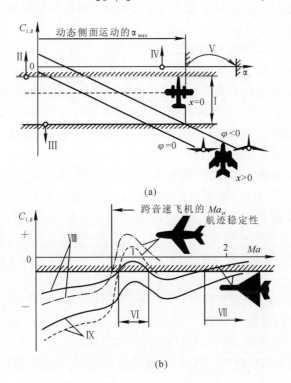

(a)

(b)

图 4.5　不同类型飞机横向静稳定性的变化特性

（a）随迎角的变化；（b）随 Ma 数的变化

Ⅰ—$C_{l \cdot \beta}$ 随侧向运动的允许变化界限；Ⅱ—对侧滑的滚转反效区域；

Ⅲ—过大的横向稳定性区域；Ⅳ—横向不稳定区；

Ⅴ—利用自动器可能增大的 α；

Ⅵ—超音速飞机在侧滑时滚转的跨音速反效区域；

Ⅶ—超音速区；Ⅷ—小迎角区；Ⅸ—大迎角区

　　改善侧向稳定性和操纵性的自动控制装置及其工作规律在飞机设计阶段要从飞机的特性和对飞机所提出的要求出发来选择。这些要求之一是，在侧滑或一台发动机发生故障时限制滚转增长的速度，以及在飞行员反应延时时间内（通常为 5 s）规定允许的滚转角极限。

　　这种自动装置中最简单、最普遍使用的是偏航阻尼器。只要偏航阻尼器能制止偏航角速度的产生，那么它就能阻止大侧滑角的产生，因为过大的横向稳定力矩 $C_{l \cdot \beta} \cdot \beta$ 的出现，就会造成大侧滑角的出现。在这种情况下,控制系统中的自动装置就允许利用大迎角值,也就是说能降低最小速度,从而不仅扩大了速度范围,而且由于减小了起飞着陆速度从而缩短了起飞着陆的跑道长度。

在跨音速和超音速时,$C_{l \cdot \beta}$ 的减小也会导致飞机侧滑时滚转反效的出现,因而常常迫使最大允许飞行速度受到限制,目前这也是由自动装置来补偿的。

(8)对所有超音速飞机,保证侧向稳定性的困难很大($C_{n \cdot \beta} > 0$)。在高空超音速飞行状态,保证满意的侧向稳定性和操纵性特别困难。在这种状态下飞行,由于高空大气非常稀薄,甚至在超音速情况下也必须使用较大的迎角。这样的飞行参数导致大的横向稳定性与小的方向稳定性的最不利的组合,而这种组合是在超音速飞机特有的比值 $I_z / I_x > 10$ 的情况下,使得滚转运动的发展势头大大超过了偏航运动的发展势头。这样,飞机随机翼左右摇摆,而飞行员阻止这种摇摆的尝试常常导致摇摆更加剧烈。

要确保超音速飞机的侧向稳定性,既要按经典的方法选择垂尾的参数,又要利用专门的自动装置。超音速飞机在飞行中会出现一台发动机失效,在起飞着陆中会出现侧风(也要考虑到发动机故障),这就迫使超音速飞机大大增加起稳定作用的垂尾的数目和加大其总面积来进行平衡(例如,YF—12A 飞机的升限为 30 km,$Ma = 3$,飞机尾部的垂直尾面达到 5 个)。垂直尾面的个数、尺寸大小、形式以及位置的选择,对于每一种具体的飞机来说,都是十分复杂的问题。

还可以人为地用自动化手段来提高航向稳定性,例如,使方向舵按 $\Delta \delta_r = k_\beta \cdot \beta$ 规律偏转。在这种情况下,静态航向稳定度的最大值取决于表达式 $\Delta C_{n \cdot \beta} = k_\beta \cdot C_{n \cdot \delta_r}$。但是,保证自动器 —— 飞机回路 —— 工作稳定的调节和利用阻尼器的情况一样,不允许无限地增大自动稳定系统的传动比和无限提高稳定性。通常,在这样的系统中,起决定作用的是液压传动的特性(阻尼器的特性)。因此,在高超音速飞行情况下,可以用全动垂尾大幅度地提高航向稳定性或阻尼偏航振荡,以提高方向操纵效率 $C_{n \cdot \delta_r}$(例如,这一点已在 YF—12A 和 SR—71 飞机上采用了)。

(9)高速飞机横向操纵性的特点之一是在高速飞行时横向操纵效率显著下降。这种现象,常常被称为"副翼反效",它是当副翼偏转时,由于机翼的弹性弯曲和扭转变形所造成的,并且通常随着机翼的加长和后掠角的增大,以及机翼相对厚度的减小而表现得更加突出。在几何形状可变的机翼上,实际上不用副翼,因为由于这种机翼的刚度小,副翼反效的临界速度非常低。通常,这种飞机的横向操纵用扰流片和差动平尾的组合来实现。

但是,应用差动平尾的偏转又引起侧向操纵的新问题 —— 即飞机转弯时在与滚转相反的方向上产生机身外侧滑。这种外侧滑是由偏航力矩引起的,这种偏航力矩又是由于平尾差动偏转时造成垂尾两边压力不对称而产生的。同样的问题也发生在某些无尾飞机上,当襟副翼向不同方向偏转时就有这种现象。

在现代飞机上,为了提高横向操纵效率,除了采取平尾的差动偏转之外,还采用扰流片、襟 — 副翼、根部副翼、可偏转机翼前缘等。

图 4.6 给出现代高速飞机操纵系统的基本构成。

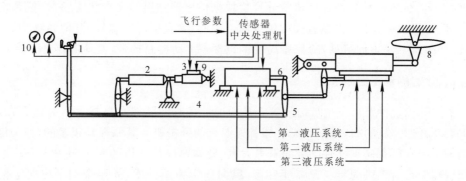

图 4.6 现代高速飞机操纵系统的构成

1— 操纵杆;2— 载荷机构;3— 调整片效应机构;4— 机械传动;

5— 复合摇臂;6— 自动控制系统的多通道传动;7— 多余度舵面传动;

8— 舵面;9— 驾驶和舵的协调信号;10— 指示仪表和信号

4.3 飞机主动控制技术

一、引言

在 20 世纪 70 年代初,当模拟式四余度电传飞行操纵系统作为飞机主操纵系统,代替不可逆的助力机械操纵系统时,出现了一种用附加在电传(主)操纵系统上的某些飞行控制系统来提高飞行品质的飞机,称之为随控布局飞机(CCV)。在这种随控布局飞机的概念出现之后,就受到美国空军的重视,除大力开展研究工作外,还积极地把这种概念应用到新研制的飞机上和有缺陷的现役飞机上,使其在本来不允许的条件下能够飞行。

随控布局飞机设计思想是根据控制的需要,在飞机上设置一些操纵面,利用其偏转,或利用原有操纵面的偏转来改变飞机的气动力布局和结构上的载荷分布,以减小飞机的阻力和减轻飞机结构的重量。对于运输机和轰炸机来说,可以增加航程,改善巡航的经济性,而对于歼击机来说,则可以提高机动性。在这种情况下,飞机操纵系统的设计就不能像常规飞机设计那样,放在飞机总体设计之后,而应作为飞机总体设计的一项内容,与发动机选择、气动布局、结构布置、重心定位等工作同时进行。因此,在设计思想和设计程序方面与过去相比,发生了重大的变革。

在随控布局技术的项目中,已经在飞机上应用的有:放宽静稳定性、机动载荷控制和飞行边界控制等,已经进行飞行试验的有:直接力控制、阵风减载、乘坐品质控制和机动增强等;仍在研究中的有:颤振主动抑制。

除直接力控制(力控制需要驾驶员转动状态选择开关,并通过力按扭对有关的操纵面进行操纵)外,其他各个项目都是用机载计算机根据传感器测出的飞行状态参数,按预定程序主动地(不需要驾驶员干预)操纵有关的操纵面。因此,除直接力控制外,其他各项均属于"主动控制技术(ACT)"。由此可见,随控布局技术包含了主动控制技术,但其内容更广泛一些。

二、放宽静稳定性要求

放宽静稳定性要求及飞行边界控制是两项最基本的随控布局技术。为什么在这 10 余年中只有超音速巡航的旅客机,而没有超音速巡航的歼击机? 其原因是很多的,但关键问题是现有的歼击机在超音速飞行时飞机的阻力太大,具体地说是飞机的配平阻力太大。这是由于飞机超音速飞行时飞机的焦点大幅度后移,纵向稳定力矩剧增,需要全动平尾向上偏转角度太大,由此产生较大的配平阻力,同时飞机的升力系数值下降,使飞机的升阻比减小。例如某歼击机的最大升阻比在 $Ma = 0.7$ 时为 8.6,而在 $Ma = 2.0$ 时仅为 4.8,升阻比下降了 44%。"协和"超音速旅客机在超音速巡航时其最大升阻比约为 8.0。"协和"超音速客机,由于采用"移动重心法"降低了配平阻力,因而获得了较大的升阻比。该机在机身前后备有一个平衡油箱。在向超音速飞行时,随着飞机焦点后移而向后油箱输油,使飞机重心也向后移动;当飞机由超音速向亚音速飞行时,又随着飞机焦点前移又向前油箱输油,使飞机重心也向前移。这样可使飞机不论在超音速还是在亚音速飞行时均可保持纵向稳定裕量不变,配平阻力也就变化不大。当然,在平衡油箱上应备有紧急排油系统,以防止飞机减速到亚音速时,反向输油系统失效,而使飞机变成静不稳定的。

旅客机可以采用移动重心法来解决超音速飞行时的配平阻力过大的问题,但对于高机动性的歼击机来说就不适用了。只有在"放宽静稳定性要求"实现之后才可解决这个问题。

三、机动载荷控制

机动载荷控制的目的,对于大型(轰炸、运输)飞机和小型(歼击)飞机是不同的。对于大型飞机是提高其巡航经济性;对于小型飞机则是提高其机动性。下面先研究大型飞机的机动载荷控制,然后研究歼击机的机动载荷控制。

1. 大型飞机的机动载荷控制

重型运输机和轰炸机长时间是作过载等于 l 的巡航飞行。机动飞行的时间很短,仅仅在飞机起飞上升时或在着陆前转弯时才作小机动。我们知道,机翼蒙皮厚度一般是按提高机翼的弯扭颤振临界速度所要求的机翼扭转刚度而确定的,机翼梁缘(翼梁凸缘)是根据机翼的弯矩大小确定的,而机翼弯矩的大小则决定于机动载荷的分布。越靠近机翼根部,弯曲力矩越大(见图 4.7(c)),翼梁凸缘面积也就越大。因此,飞机在长时间的巡航飞行中,机翼的弯曲强度是富裕的,因而背负着"多余"的重量。常规设计是把发动机安装在机翼上,把燃油装载在机翼里,以减小机翼的弯曲力矩,但不能改变机动飞行时附加的气动载荷的分布。机动载荷控制就是把机动载荷分布情况进行改变,降低了机翼翼根处的弯矩,则机翼结构重量也就可减轻,从而减轻了飞机的飞行重量,提高了飞机的巡航经济性。大型运输机和轰炸机在巡航飞行时,机翼上的载荷一般是呈椭圆形分布的(见图 4.7(a))中的实线),这时机翼的诱导阻力最小。当飞机作机动飞行时常规操纵是用增大机翼迎角的办法来增大所需要的升力。这时机翼上的载荷分布如图 4.7(a) 中的虚线所示,从翼尖到翼根的载荷同时增大。因而,机翼的弯矩(见图 4.7(c)中的虚线)也从翼尖向翼根迅速增大。如果能把所需的升力按图 4.7(a) 中的虚线所示的分布,则翼根部分的弯矩分布将如图 4.7(c) 中的虚线所示,弯矩数值可大大减小,根据这个弯矩分布来设计机翼结构,机翼结构重量就可以得到减轻,请看下面举例。

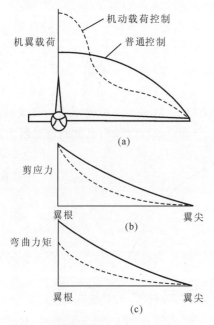

图 4.7　机翼的载荷、剪力、弯矩分布　　　图 4.8　NB—52 飞机的机动载荷控制的控制面

(1)NB—52E 轰炸机(见图 4.8)用机动载荷控制减小机翼根部弯矩的方法是:把内襟翼换成快速动作的机动襟翼,又在原有副翼外侧增加一对可以同时对称偏转的外侧襟副翼。当作机动飞行时,左右内侧机动襟翼下偏,使机翼内段升力增加,而左右外侧副襟翼同时上偏,使机翼外段升力减小,并保持净增加的升力能满足机动飞行的要求。由于机翼升力中心向内翼段移动,翼根的弯矩就可以减小。据计算,翼根弯矩可减小 10% ~ 15%,机翼结构重量至少减轻 5%,可使航程约增加 3%。内侧机动襟翼和外侧襟副翼都是由机动载荷控制系统主动控制的。

(2)L—1011 三星运输机,用机动载荷控制减小机翼翼根处弯矩的方法是:按常规操纵水平安定面,使机翼迎角增大到产生必需的机动升力,同时机翼外侧襟副翼对称向上偏转,以减小机翼外翼段上的载荷,使机翼上的气动载荷中心向内侧移动,以减小机翼根部的弯矩。机翼的迎角需要增大一些,以补偿机翼外侧升力的损失。 L—1011飞机并不减轻机翼结构重量,而是加长翼展,使机翼根部弯矩维持不变。由于翼展加长,则机翼的展弦比加大,因此减小了诱导阻力,从而改善了飞机的巡航经济性。据计算,可节省燃油约3%。

2.歼击机的机动载荷控制

歼击机的机动载荷控制,目的在于提高飞机的机动性。飞机机动性的指标,一是沿飞行航迹的加速性能和减速性能。减速性能主要是增加飞机的阻力,因此在飞机上设置减速板;加速性能主要是减小飞机的阻力和增大发动机的功率,一般用单位剩余功率 N_{SY} 来表示飞机的加速性能,即

$$N_{SY} = (P - Q)v/G \tag{4.14}$$

式中　　P——发动机推力;

　　　　Q——飞机的阻力;

　　　　v——飞行速度;

　　　　G——飞机重量。

由式(4.14)可知,提高单位剩余功率的最经济的方法是减小飞机的阻力。机动载荷控制就是在飞机机动飞行时,使机翼升力呈椭圆形分布(见图4.9),以减小机翼的诱导阻力。

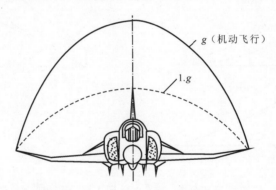

图 4.9　F—4 飞机使用机动载荷控制

控制前缘襟翼使机翼的机动载荷呈椭圆形分
布,以降低阻力,并控制气流在机翼前缘分离以推迟
抖振,提高法向过载

飞机机动性的另一指标是飞机的最大法向过载 $n_{ymax} = Y_{max}/G$。在亚音速时,它取决于抖振迎角时的抖振升力系数;在超音速时,则取决于飞机纵向静稳定余量和水平尾翼的效率。因此,亚音速时的机动载荷控制就是要在飞机机动飞行时,延缓机翼上的气流分离,从而提高抖振升力系数。

前缘襟翼最有利的偏转规律可以从风洞试验中得出。前缘襟翼的偏转角 δ_{qi} 通常是飞机

迎角 α 和飞行 Ma 数的函数。现代超音速歼击机所采用的小展弦比薄机翼,其前缘产生气流分离、抖振开始的迎角,一般小于 $10°$,因此,可以把这一双变量的函数处理成两个单变量函数的组合。

四、直接力操纵

直接力操纵就是在不改变飞机飞行姿态的条件下,通过操纵一些操纵面直接提供附加升力或侧力,使飞机作垂直方向或侧向的平移运动来改变飞机的航迹,即所谓作"非常规机动"飞行。对于运输机和轰炸机来说,可以保持正确的着陆航迹,或提高侧风着陆的能力;对于歼击机来说,可以提高机动性,或提高航向的精度和投放空地武器的命中率。

直接力操纵一般分为直接升力操纵和直接侧力操纵,分别介绍如下。

1. 直接升力操纵

(1)间接升力操纵:在常规飞机上,驾驶员要改变飞机在其对称平面内的航迹时,所需升力的大小是靠改变机翼的迎角而得到的。例如对前上方目标进行跟踪时,用常规操纵的方法是这样的:驾驶员除加大油门外,还须向后拉驾驶杆,使平尾后缘向上偏转一个角度($\Delta\varphi$),因而在平尾上产生一个向下的气动力增量 $\Delta C_L(\varphi)$。在这瞬间,飞机的升力小于飞机重量,飞机就下沉,飞机损失了高度。同时,这个气动力增量对飞机重心的力矩使飞机抬头,加大了迎角,产生了升力的增量 $\Delta C_L(\Delta\alpha)$。当飞机迎角加大到一定程度时 $\Delta C_L(\Delta\alpha) > |\Delta C_L(\varphi)|$,飞机才开始上升,并继续转动,改变了飞机的俯仰角。由此可见,飞机对于驾驶员的操纵反应有一定的时间滞后,并且先掉高度然后上升,而且由于迎角增大,阻力增加,飞行速度必然下降,驾驶员反映"飞机不经拉",就是这个原因。当飞机到达所需的高度时,又必须进行与上述过程相反的操纵,才能使飞机改平。这样的操纵过程往往容易失去目标。这种操纵方法是常规飞机通用的方法,称为"力矩操纵法",又称为"间接升力操纵方法"。

随控布局飞机的直接升力操纵与常规的间接升力操纵是大不相同的。下面将以 YF—16CCV 为例来介绍直接力操纵的基本原理和控制方式。

(2)直接升力操纵系统的组成:直接升力操纵系统可以组成三种纵向运动状态(见图4.10),即

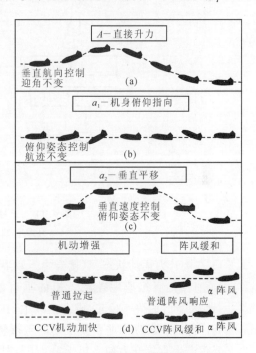

图 4.10 直接升力控制模式

A_n——直接升力运动状态；

a_1——俯仰指向运动状态；

a_2——垂直平移运动状态。

另外还有机动增强和阵风缓和也属于直接升力控制范畴。

此外还有与以上三种纵向运动状态相对应的三种侧向运动状态。

这 6 种运动的选择开关位于专为直接力操纵而设置的操纵台上。直接力操纵的力按钮位于侧置驾驶手柄的顶端(见图 4.11)。当需要进行哪一种运动状态时，即把选择开关转到对应的运动状态，然后推动力按钮。前后推动力按钮，发出指令，驱动襟副翼对称偏转；左右推动力按钮，发出指令，驱动垂直鸭翼偏转(也可由脚蹬实现这种操纵)。

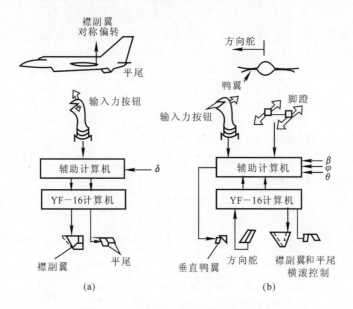

图 4.11　直接力操纵装置的示意图

(a) 直接升力控制；(b) 直接侧力控制

1) 直接升力运动状态：直接升力运动状态特点是在迎角不变的情况下，控制直接升力系数，因而直接而且迅速地控制飞机的垂直航迹(见图 4.11(a))。这种运动方式适用于投射空 — 地 武器后的快速拉起，或在空战中，在不增大迎角的拉起中，可达到较大的加速度。这是最受注意的一种纵向非常规机动的飞行状态。

要想产生直接升力使飞机上升，首先把状态选择开关指向 A_n 状态，向后扳动驾驶手柄上的力按钮，可以输出指令驱动左右襟副翼对称向下偏转，产生向上直接升力系数和低头俯仰力矩系数，同时产生一个辅助信号使平尾自动协调向上偏转，产生向下附加升力系数和上仰俯仰力矩系数。在这两种力矩系数互相平衡的情况下，飞机可以保持原有的姿态，并在净余的直接升力系数作用下,飞机作上升过载曲线运动。与常规纵向操纵相比,它没有高度损失,没有滞后,也不降低飞行速度。

2) 俯仰指向运动状态:俯仰指向运动状态的特点是在法向过载增量和法向加速度为零的条件下(即不改变飞机的航迹),改变飞机的迎角。这就是在不改变飞机航迹角的情况下,控制飞机的俯仰姿态,见图 4.11(b)。这种运动方式能迅速构成导弹和航炮的射击条件,在战术攻击方面得到好处。

当攻击上方目标时,选择开关置于 a_1 状态位置,扳动力按钮,输出指令驱动襟副翼向上偏转,产生向下附加升力系数和上仰俯仰力矩系数;同时产生辅助信号使平尾协调向下偏转,产生向上附加升力系数和低头俯仰力矩系数。只要二者的升力系数之和为零,而它们的俯仰力矩综合起来,形成一个俯仰力矩系数,从而只改变飞机的俯仰姿态和迎角,而不会改变法向加速度和飞机的航迹角。

3) 垂直平移运动状态:垂直平移运动状态的特点是在不改变飞机俯仰姿态,即俯仰角为常数的情况下,控制飞机的垂直速度。这种运动方式适用于微小的垂直位置的修正。例如在编队飞行或滑翔时,对航迹进行调整。

为了使飞机有一个向上的垂直速度,把选择开关置于 a_2 状态位置,扳动力按钮,输出指令驱动襟副翼向下偏产生向上附加升力系数和低头俯仰力矩系数,同时产生辅助信号使平尾协调向上偏转,产生附加向下升力系数和低头俯仰力矩系数,通过控制系统使二者自动协调,使力矩平衡并产生附加升力。与直接升力控制不同的是,在状态开关置于 a_2 状态时,自动驾驶仪的俯仰保持通道便自动接通,故飞机在俯仰姿态保持不变的情况下,在附加升力系数的作用下,使飞机有一个随襟副翼控制指令逐渐增大而增大的上升速度,但是随着上升速度的增大,迎角出现负方向的增量,遂产生负升力增量和抬头力矩。这个力矩和净余升力引起姿态的改变将由自动驾驶仪消除。这样,飞机便呈现一种不转动的稳态平移上升,一面又向前飞行。

2. 直接侧力操纵

在常规飞机上,驾驶员要改变飞机航向(转弯)时,所需的指向瞬时盘旋中心的飞机的侧力,是靠飞机倾斜产生的。例如,要飞机向右转弯,首先要操纵副翼,向右偏驾驶杆,给飞机一定的横滚角速度,并保持这一横滚角速度直到到达所需的倾斜角,同时拉驾驶杆以增大飞机的迎角来调整飞机的升力,使飞机产生改变航向的速率。当达到所希望的航向时,驾驶员反方向操纵副翼,再给飞机一个反方向的横滚角速度,使飞机回到机翼水平的飞行姿态,这是常规飞机改变航向的操纵方法。它需要有高度熟练技术的驾驶员去准确地操纵飞机。同时,使飞机反复倾斜需要时间,明显地也存在着时间滞后。如果驾驶员要加快操作,则又会引起飞机发生很大的振荡,显著减小操纵飞机航向和航迹的精确度。这在空 — 地武器投放中特别明显。

随控布局飞机的直接侧力可以由推力转向产生,也可由气动力操纵面产生。最有效的方法是在机头腹部安装两个并列的垂直鸭翼(见图4.12)。为了不妨碍飞机起飞和着陆,它们应与地面保持有足够的间隙。当垂直鸭翼与方向舵协调偏转时就可以直接产生侧力。直接侧力操纵系统也可以像直接升力一样,具有三种侧向运动状态(见图4.13),即:

A_z —— 直接侧力运动状态;

β_1 —— 偏航指向运动状态;

β_2 —— 侧向平移运动状态。

图 4.12　安装在机头部位的前置水平和垂直鸭翼

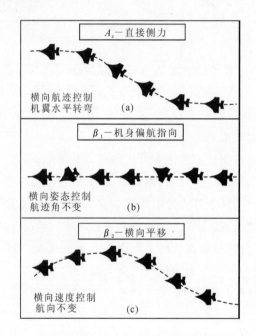

图 4.13　三种侧向运动

当操纵这三种侧向运动时,如前所述,首先把状态选择开关转到所要求的运动状态位置,然后向左(或向右)推动力按钮,输出指令使垂直鸭翼偏转。更加详细的工作原理可参阅有关参考文献。

4.4　电传操纵系统

控制增稳操纵系统能兼顾飞机稳定性和操纵性的要求,从而能较好地发挥正常型(静稳定的)飞机潜在的机动性。但因该系统的增益不是很大,电气通道的操纵权限不是全权限,而且没有可靠的安全措施,故对飞机稳定性和操纵品质的改善是有限的。考虑到控制增稳操纵系统(包括增稳操纵系统)是在不可逆助力机械操纵系统基础上发展而来的,这种系统的驾驶杆与助力器间存在一套相当复杂的机械杆系,由此带来一些不可逾越的缺点,如占据空间大等等。显然,这些缺点会限制设计师根据飞行任务需要设计出最佳的气动布局,以提高飞机的性能。为此,电传操纵系统得到了发展。本节主要介绍电传操纵系统的基本概念及其相关问题。

一、电传操纵系统的提出

控制增稳操纵系统的主要优点:能兼顾驾驶员对飞机稳定性和操纵性的要求。解决了飞机在向高速、高空、高性能发展中稳定性和操纵性间的矛盾,使飞机的性能有很大提高。但它仍然存在以下问题:

(1)控制增稳操纵系统是在不可逆助力操纵系统基础上,通过复合摇臂叠加电气通道而组成的,在重量和结构复杂程度上均比不可逆助力操纵系统高,这会对飞机设计造成很大困难,也影响性能的提高。

(2)控制增稳系统对舵面的操纵权限是有限的。众所周知,增稳系统对舵面的操纵权限只有最大舵偏角的(5～10)%。尽管控制增稳系统的权限较前者大,但为保证飞机安全性,其权限仍是有限的,通常为30%左右。显然,这样有限的权限很难满足整个飞行包线内的操纵品质的改善。

(3)产生力反传。增稳或控制增稳操纵系统中的舵机与助力器的连接方式,通常有串联和并联两种,不论哪一种方式均会发生力反传。

(4)战伤生存力低。据资料统计,美国在越南战争期间,由炮火击中机械操纵系统(含液压系统),使机毁人亡的事故率达30%左右,这是一个相当惊人的数量,其原因是杆系的传输线在分布上较集中,一旦被炮火击中很有可能使整个系统失灵,以致机毁人亡,使飞机的战伤生存能力低。由于控制增稳操纵系统中仍保留机械杆系,故这种系统的战伤生存能力低。

由上述可见,产生这些缺点的根本原因是:机械杆系存在,而且增益不是相当大。那么,能否彻底取掉杆系呢? 回答是可能的。

20世纪60年代中期,由于计算机和微处理器小型化,为解决上述问题创造了有利条件,与此同时现代控制理论和余度技术日趋成熟,故去掉控制增稳操纵系统中机械杆系、增大增益,并将操纵权限扩展为全权限成为可能。

事实上,早在20世纪50年代,英国在维克斯子爵号飞机上安装了电气操纵系统,并连接至副驾驶员的操纵杆上。原机械杆系仍保留作为备份,而且只允许正驾驶员操纵。一旦电气操纵发生故障时能自动接入杆系。通过1957—1959年期间试飞,表明这种新型操纵系统有广阔的发展前途。此后在电气操纵系统中又引入飞机状态参数反馈信号,并去掉机械杆系,此时该系统已成为电传操纵系统了。

尽管机械操纵系统有上述缺点,但它有一个最大优点,那就是有较高的安全可靠性。安全可靠性对飞机来说是极重要的,只有当电传操纵系统的安全可靠性与机械操纵系统相近时,电传操纵系统才能真正地被广泛使用。

　　由此可知,对电传操纵系统的分析设计,主要包括两个方面:一是控制律;二是可靠性。前者要保证飞机性能满足操纵品质规范的要求,即保证飞机具有良好的稳定性和操纵品质;后者要保证电传操纵系统满足可靠性规范的要求,即保证飞机的飞行安全和完成任务的可靠性。因而可靠性和控制律是电传操纵系统的两个重要内容。

二、电传操纵系统中可靠性与余度技术

　　实现电传操纵的关键在于安全可靠性,过去对安全可靠性没有量的概念,只有在可靠性理论发展之后,才有定量的可能。那么现今所采用的不可逆助力操纵系统的安全可靠性指标是多少呢?

　　显然,可靠性指标只能来自实践。据美国空军10年期间(1968—1978年)的外场安全数据统计与分析可知,作为Ⅰ,Ⅱ,Ⅳ类飞机的代表F—4飞机,由于操纵系统故障引起的飞机损失率为0.546架/100 000次飞行,由于液压系统故障引起的飞机损失率为0.35架/100 000次飞行,由二者引起的损失率为0.89架/100 000次飞行。

　　B—52,C—135和C—141等Ⅲ类飞机在10年间没有因为操纵系统或液压系统的故障造成飞机的损失。但造成过事故,其事故率分别为0.055架/100 000次飞行和0.008架/100 000次飞行。可以看出这类飞机的可靠性是比较高的,这是因为在这些飞机上空勤人员的救生措施与歼击机相比较为薄弱,此外可能携带核武器,一旦飞机失事可能产生灾难性的后果。所以,必须保证这类飞机有较高的可靠性。

　　此外,还对飞机未完成规定任务的概率进行了统计。对全机来说由于各组成部分的故障,使飞行任务失败的概率为0.01/次飞行。其中由于操纵系统的重大故障,而中断飞行任务的仅占1/10。所以,因操纵系统故障而使飞机中断任务的概率为0.001/次飞行。

　　通常,用飞机损失(即指操纵系统处于Ⅴ级工作状态)概率来表示飞行安全可靠性指标。若以美国军用规范 MIL—F—9490D 为例,由操纵系统故障引起的飞机最大损失概率 Q 应为

　　　　对 Ⅲ 类飞机　　　　　　　　$Q < 5 \times 10^{-7}$ 架/次飞行

　　　　对 Ⅰ,Ⅱ,Ⅳ 类飞机　　　　$Q < 100 \times 10^{-7}$/次飞行

　　飞行安全可靠性指标通常是以飞行小时为单位来计算的。美国空军10年的统计资料表明,Ⅲ类飞机每次飞行的时间约为6.7飞行小时;Ⅳ类飞机(F—4)每次飞行时间约为1.6飞行小时,由此可得

　　　　对 Ⅲ 类飞机　　　　　　　　$Q < 0.82 \times 10^{-7}$/飞行小时

　　　　对 Ⅰ,Ⅱ,Ⅳ 类飞机　　　　$Q < 62.5 \times 10^{-7}$/飞行小时

　　对电传操纵系统安全可靠性提出的指标,一般在$(1.0 \times 10^{-7} \sim 1.0 \times 10^{-9})$/飞行小时范

围内。

所以,目前世界各国均定 1.0×10^{-7}/飞行小时作为电传操纵系统的可靠性指标。但单通道电传操纵系统的故障率有 1.0×10^{-3}/飞行小时。为了保证电传操纵系统的可靠性至少不低于机械操纵系统。所以,需要采用余度技术,即引入多重系统。

据可靠性理论计算,系统的多余度数目 n 与最大损失率 Q 间的关系如图 4.14 所示。

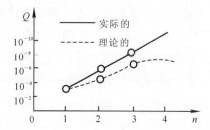

由图可知,若电传操纵系统具有四余度,则故障率可满足要求。正因为它的可靠性不低于不可逆助力操纵系统,所以电传操纵系统得到迅速发展。

图 4.14　多余度数目与最大损失率间关系图

所谓采用余度技术就是引入多重(套)系统来执行同一指令,完成同一项工作任务。多重系统也称余度系统。图 4.15 是四余度系统简图。由图可知,杆力传感器、速率陀螺、加速度计和计算机均有四套.此外,这种系统应满足如下三个条件:

(1) 对组成系统的各个部分具有故障监控、信号表决的能力。

(2) 一旦系统或系统中某部分出现故障后,必须具有故障隔离的能力。

(3) 当系统中出现一个或数个故障时,它具有重新组织余下的完好部分,使系统具有故障安全或双故障安全的能力,即在性能指标稍有降低的情况下,系统仍能继续承担任务。

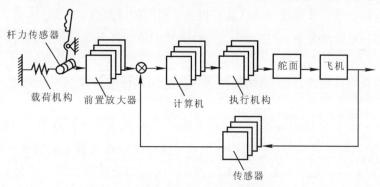

图 4.15　四余度电传操纵系统简图

同时满足上述三个条件的多重系统称为余度系统。采用余度系统的目的是为了增加系统的可靠性,其实质是通过消耗更多的能源来换取可靠性的提高。

三、电传操纵系统的组成

电传操纵系统可分为模拟式和数字式两种,数字式是发展方向。这是因为后者比前者有许多优点,如它具有高度的灵活性,易实现多种逻辑运算和电子综合化,以及实施复杂控制律和修改控制律很方便,尤其容易与自动驾驶仪、火力控制系统、导航系统交联,从而使飞机的性能和攻击精度均发生质的变化。为保证飞机安全可靠性,在系统中常有备份系统,凡其工作原理与主系统是不相似的,则均可成为备份系统,如机械操纵系统(包括硬式和软式两种操纵形式,以及它们的混合形式)、电气操纵系统和模拟式电传操纵系统。对于数字式电传操纵系统,目前不再采用体大笨重的机械杆系作为备用系统,常采用模拟式电传备用系统。如果主系统的安全可靠性相当高,则可以不采用备用系统,例如 F—16、幻影 2000 和美洲虎等飞机。此外,再通过四余度或自监控的三余度系统,使电传操纵系统达到双故障安全的故障等级。飞机本身可以是静稳定的,也可以是中性稳定或静不稳定的。对于后者,只要在电传操纵系统中增加人工稳定回路,就能使等效飞机具有适量的稳定性,于是驾驶员可操纵自如地完成各项任务。

F—16 飞机是世界上第一架现役的电传操纵系统飞机。图 4.16 为 F—16A 飞机的电传操纵系统原理图。该系统是在 YF—16 飞机基础上研制而成的,是模拟式四余度电传操纵系统,无机械备份系统。F—16 飞机电传操纵系统具有如下特点:

(1) 纵向放宽静稳定度,以提高飞机的机动性;

(2) 三轴控制增稳可提供精确的控制和极好的操纵品质;

(3) 具有双故障安全故障等级,以提供高度的安全性和任务的成功概率;

(4) 全电传操纵系统为改善操纵品质提供了很大的灵活性;

(5) 能够自动限制迎角,这样允许飞行员无顾虑地发挥飞机的最大能力,不必担心由于疏忽造成的失控;

(6) 机内具有自检能力,以最短的停飞维护时间保证电传操纵系统处于良好的飞行准备状态。

由图 4.15 可知,电传操纵系统主要由驾驶杆或侧杆(含杆力传感器)、前置放大器(含指令模型)、传感器、机载计算机和执行机构等组成。四余度电传操纵系统实质上是由四套完全相同的单通道系统,按一定的关系组合而成。图 4.17 为四余度模拟式电传操纵系统原理图. 它由 A,B,C,D 四套完全相同的单通道电传操纵系统按一定关系组合而成。图中表决器/监控器是用来监视、判别四个输入信号中有无故障信号,并输出一个从中选择的正确的无故障信号,如果四个输入中任何一个被检测出故障信号后,系统自动隔离这个故障信号,不使它再输入到后面的舵回路中去。当四套系统都正常工作时,驾驶员操纵杆经传感器 A,B,C,D 产生四个相同的电指令信号,分别输入到相应的综合器/补偿器、表决器/监控器中,通过四个表决器/监控器的作用,分别输出一个正确的无故障信号加到相应的舵回路,四个舵回路的输出通过机械装置共同操纵一个助力器,使舵面偏转,以操纵飞机作相应的运动,如果某一个通道中的杆力传感器或其他部件出现故障,则输入到每个表决器／监控器的四个输入信号中有一个是故障信号,此时由于表决器／监控器的作用,将隔离这个故障信号。因此每个表决器／监控器按规定的表决方式选出工作信号,并将其输入至舵回路。于是飞机仍按驾驶员的操纵意图作相应运动。如果某一通道的舵回路出现故障后,它本身能自动切断与助力器的联系(因舵回路是采用余度舵机),这样到助力器的信号仍是一个正确的无故障信号。同样,如果系统中某一通道再出现故障,电传操纵系统仍能正常工作,而且不会降低系统的性能。由此可见四余度电传操纵系统具有双故障工作等级,故它又称为双故障／工作电传操纵系统。

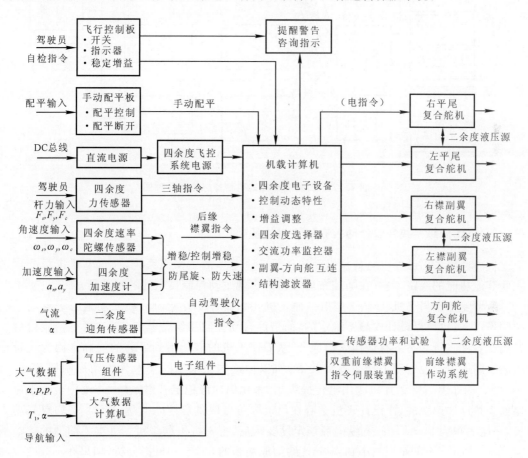

图 4.16 F—16A 飞机电传操纵系统原理图

综上所述,电传操纵系统可定义为:驾驶员的操纵指令信号,只通过导线(或总线)传给计算机,经计算按预定的规律产生输出指令,操纵舵面偏转,以实现对飞机的操纵。显然它是一种人工操纵系统,其安全可靠性是有余度技术来保证的。

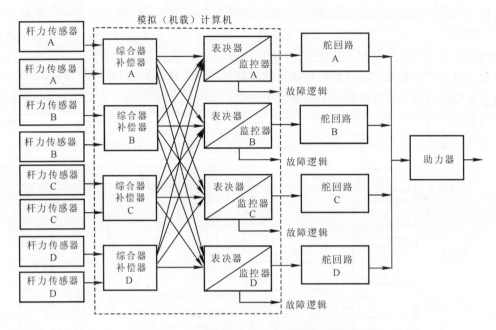

图 4.17　四余度模拟式电传操纵系统原理图

四、电传操纵系统是设计随控布局飞机的基础

目前世界各国已经以电传操纵系统作为一个基本的主操纵系统,在这基础上只要再增加一些其他功能的线路,就可在随控布局飞机上实现主动控制技术的各种功能。

所谓随控布局飞机(CCV)是指一种飞机在它设计的开始阶段就主动地考虑自动控制系统的作用,飞机可以设计成静不稳定的,而借助自动控制系统使其稳定,这样可使飞机的气动布局在各种飞行状态下有最佳气动构形,从而使飞机的性能得到显著的提高。因为在设计飞机的初期就主动地应用了自动控制技术,所以称这些所采用的技术为主动控制技术(简写为 ACT)。例如 B—52 轰炸机改用电传操纵后,采用纵向静稳定补偿系统,并改用全动平尾。平尾面积是这样改变的,原设计飞机重心在后极限位置时的稳定余量为 −5% 平均空气动力弦长,平尾面积为 84 m^2。放宽纵向静稳定度要求后,把飞机焦点移到飞机重心前面的 5% 平均空气动力弦长,平尾面积减小到 46 m^2(约为原面积的 55%)。根据分析,如果在不改变发动机推力和起飞总重量的情况下,B—52 飞机的结构重量可减小 6.4%,阻力可减小 2%,航程约增加 4.3%。放宽航向静稳定度要求,减小立尾面积,代之以人工稳定,也可收到类似的效益。又如美国波音公司设计的加油机,在设计时采用常规布局和放宽静稳定度布局两种方法,在同样的有效载荷和完成同样任务下,后者比前者的起飞重量轻 16%、成本低 20%、耗油量少 25%。再如美国先进技术战斗机技术综合试验飞机 AFTI/F—16,是三余度数字式电传操纵系统,其控制律具有可按任务来剪裁的特点。具体地说,它具有正常、轰炸、空地和空空四种模态,而且每个模态又可分为常规和解耦两种飞行方式。所以,这个飞机的电传操纵系统能操纵飞机作六个自由度运动,即上下、左右、前后和绕飞机重心的三个角运动。由以上内容可以看出,飞机的飞行性能和经济收益都有显著提高,其关键在于在设计飞机的初期就考虑了电传操纵系统的潜力。换句话说,如果不采用电传操纵系统就不能实现对飞机进行全时间、全权限的增稳操纵,更谈不上在飞机上采用主动控制技术了,也就不能获得如此巨大的收益。因此,电传操纵系统就成了设计随控布局飞机的基础。

4.5 综合飞行控制系统

一、综合飞行 / 火力控制系统

综合飞行 / 火力控制(IFFC)技术是美国在 20 世纪 70 年代中期提出的一种新的航空技术。它以飞机主动控制技术为基础,通过飞行 / 火力耦合器将能解耦操纵的飞行控制系统(FCS)和攻击瞄准系统综合成一个闭环武器自动投放系统。

根据国内外对 IFFC 技术的仿真和试飞验证结果表明,IFFC 系统具有现存火力控制系统所不可比拟的攻击能力,在性能上有重大的改善。在空 — 空机炮攻击中扩大了作战范围,实现了全向攻击;获得首次射击机会的时间缩短了一半;射击次数和射击持续时间分别提高了3 倍;命中率提高了 2 倍。在空 — 地轰炸攻击中,实现了非水平机动武器投放。同时,由于采用机动攻击,提高了攻击机的生存力;由于攻击实现了自动化,减轻了驾驶员的工作负担。

1. 综合飞行 / 火力控制系统基本组成及特点

IFFC 原理结构如图 4.18 所示。它由目标及其位置与运动信息、目标状态估计器、飞行控制系统、火力控制系统、飞行 / 火力耦合器和超控耦合器等组成,其核心是具有飞行控制和火力控制规律的数字计算机。根据光 / 电跟踪器和角跟踪雷达与目标状态估计器提供的目标运动信息,攻击机传感器提供的状态信息,火力控制系统精确预测目标未来的位置,自动生成投放(或发射)点和到达投放(或发射)点前的飞行轨迹。所生成的轨迹信号通过平显为驾驶员提供操纵和状态显示,同时送入飞行 / 火力耦合器,在那里形成了控制指令,输入电传控制系统,操纵飞机跟踪目标进行自动攻击。这里,驾驶员只起监控作用。同时,也可由驾驶员操纵飞机连续地按平显提供的信息生成飞行轨迹,并引导飞机到达投放(或发射)点,显示飞机与投放(或发射)点重合时,即可自动(或由驾驶员)投放(或射击)炸弹(或机炮)。

由上可知 IFFC 具有以下特点:

(1)飞机采用主动控制技术,获得多自由度解耦控制功能,或者至少载机飞行控制能部分地(或近似地)实现飞行状态和飞行姿态间的解耦控制。

(2)飞行控制系统能在火力控制系统的耦合下,操纵飞机进行自动攻击。

（3）采用适合于自动机动攻击的火力控制系统。

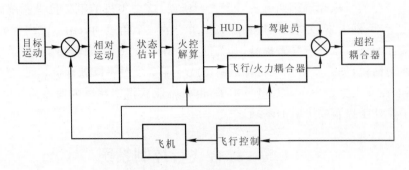

图 4.18　IFFC 系统原理结构图

2.综合飞行／火力控制对飞行控制系统的要求

IFFC 技术是在主动控制技术的基础上发展起来的。为了提高 IFFC 系统的效益,必须考虑到 IFFC 系统的特殊性,针对不同的武器模态对飞行控制系统的不同要求分别设计相应的飞行控制系统。下面以美国 AFTI/F－16 先进战斗机技术综合计划为例加以说明。

数字式飞行控制系统是 AFTI/F－16 的核心技术,主要特点是:

（1）具有解耦直接力和武器线瞄准特征的特定任务多模态控制律;

（2）采用先进的三重异步的数字电传控制系统;

（3）先进的余度管理技术;

（4）采用多功能显示器综合化座舱;

（5）易扩展、试验和综合的模块化软件;

（6）通过数字数据总线构成飞行控制和飞机其他各子系统的最大限度的综合。

AFTI/F—16 通过提高飞行品质和引入新的控制自由度来改进飞行轨迹的控制。传统飞机单一工作模态的飞行控制系统是一个折中方案,它在整个飞行包线内提供可接受的飞行品质。这是由于在模拟系统中,硬件装置的体积增大和系统可靠性降低,排除了多工作摸态的应用。而 AFTI/F—16 飞行控制律应用在以下 4 种主要的控制模式中:① 正常模式(NRM);② 空 — 空射击模式(AAG);③ 空 — 地射击模式(ASG);④ 空 — 地轰炸模式(ASB)。每种模式又分标准(耦合)控制和解耦控制。因此,从数字式飞行控制系统中可选择 8 种不同的工作飞行方式,具体如图 4.19 所示。每种模式均根据任务的不同而定,以便在飞行阶段提供最佳的飞行品质。

正常模式适用于整个飞行包线,主要满足巡航、进场着陆和起飞时的良好的操纵品质,在编队飞行和空中加油时提供阵风缓和和减轻驾驶员的工作负担。

空 — 空射击模式和空 — 地射击模式均要求对目标截获和准确跟踪时的快速机动以及对武器线的精确控制,以满足射击精度要求。在这些模式设计中,俯仰速率反馈起主要作用。

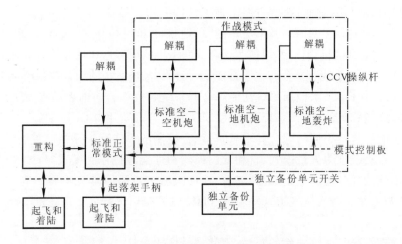

图 4.19 AFTI/F—16 控制规律与模态结构

空 — 地轰炸模式要求飞机速度矢量的精确控制,并改善飞行轨迹的阵风缓和响应,以利于轰炸准确和采用能提高飞机生存力的有效控制策略。在该模式设计中,法向加速度反馈起主要作用。

所有标准控制模式均采用直接力控制的自动融合技术,以提高阵风影响衰减能力和快速反应能力(机动性能提高)。这里,对不同的模式采用不同的融合方式,或用于稳定武器线(空 — 空射击模式),或用于改善操纵品质(空 — 地攻击模式)。直接侧力(水平转弯)应用于所有标准控制模式中。

解耦控制模式有机身指向、直接力和平移 3 种方式以供驾驶员选择,并可用于手动控制。机身指向方式用于精确姿态控制,而平移方式和直接力方式均可用于精确的飞行轨迹控制。

二、综合飞行 / 推进控制系统

综合飞行 / 推进控制(1FPC)技术就是把飞机与推进(包括进气道、发动机和尾喷管)系统综合考虑,在整个飞行包线内最大限度地满足飞行任务的要求,以满足推力管理,提高燃油效率和飞机的机动性,有效地处理飞机与推进系统之间耦合影响及减轻驾驶员负担等项要求,从而使系统达到整体性能优化。

早在 20 世纪 70 年代初,就提出研究 IFPC,其原因是飞机机体 / 进气道 / 发动机之间存在严重的耦合作用,可使系统产生发散的横向振荡、畸变系数超过限制、不稳定的荷兰滚和长周期振荡,甚至可能产生发动机熄灭的故障。这种耦合作用在现代高性能作战飞机上表现尤为明显。一方面,目前和未来的主动控制飞机要求必需的操纵面实现直接力、阵风缓和、机动载荷控制、乘坐品质控制、主动颤振抑制等功能,随着变几何进气道、推力矢量喷管和变循环发动机等先进技术装置的使用,推进系统具有大量的受控参数,毫无疑问,这些控制方案增加了有利的控制因素,但另一方面,这些方案附加了强烈的耦合效应,会严重地影响飞机和推进系统的性能、稳定性和控制。只有对这些先进的飞行控制和推进控制进行综合设计,克服它不利的耦合作用,利用它有利的耦合作用,以便改善和提高飞机的生存性和任务的有效性。尤其是推力矢量技术的出现,推进系统直接参与了飞行控制,飞行与推进系统的综合控制已是必然趋势。

一般来说,IFPC技术包括系统功能综合和系统物理综合。前者是提高飞机武器系统整体性能的有效途径;后者可改善系统有效性(SE)和全寿命费用(LCC)。

系统功能综合按不同的综合要求有:按综合控制的模式有失速裕度控制模式、快速推力调节模式、格斗模式、推力矢量模式、自动油门模式和性能寻优控制模式等;按飞机使用要求和性能要求分不同的任务段有短距起落、巡航、地形跟随/威胁回避/障碍回避、空中格斗和对地攻击等;按与系统综合有进气道/发动机、机体/进气道、飞行/发动机和飞行/矢量喷管等综合控制。

系统物理综合是系统硬件的布局、硬软件一体化设计、总线通信、资源共享、故障监控和诊断等。

无论哪一种综合,就本质而言,综合的方式有两类。一类为子系统间的信息共享,尤其是早期的研究,例如进气道/发动机的综合控制和发动机失速裕度自适应控制(ADECS)等均是利用信息的综合,采用稳态的线性、非线性优化方法更好地控制各子系统。另一类为控制的动态综合,以获得更大的效益。其具体的设计方法主要有LQG/LTR法、分散化、递阶结构与鲁棒控制设计法等。综合控制的结构设计也分两类。一类为"自底向上"方法,即在现有的飞行控制系统和推进控制系统的基础上,进行综合系统的功能和硬件的综合。目前,许多研究计划属于此类,尽管在系统有效性和全寿命费用的改善方面稍差,但易于在现有系统基础上实现。另一类为"自顶向下"方法,即从设计之初就进行一体化设计,并尽可能采用新技术获得更高的效益。这种结构特别适合于下一代具有高度耦合特征的机体/推进控制综合飞机。

总之,IFPC技术在战术技术要求与约束条件下,寻找最优的发动机/机体整体布局,以便在整个飞行包线内得到有效的外流气动特性(即低阻),好的飞行品质以及高质量的内流气动特性(即高推力、宽广的发动机工作范围)等。同时,采用先进的物理综合技术,大大改善系统的可靠性。

下面以某型歼击机为例,说明带推力矢量综合飞行/推进控制系统的组成和功能。某歼击机具有水平鸭翼的三翼面气动布局;该机装有两台双轴涡轮喷气发动机;尾喷管安装具有反推力能力的俯仰/偏航矢量喷管。该机综合飞行/推进控制系统的方框图如图4.20所示。它利用递阶、分散的思想把综合系统划分成若干个子系统进行设计,按模块对各飞行模态进行控制律设计。机动指令产生器功能就是把驾驶员指令或飞行管理提供的信息转化成飞机的飞行变量组合,产生希望的飞机过渡过程响应。控制器计算出跟踪期望轨迹所需的控制量,并对计算出的输出反馈结构进行优化。控制选择器输出按一定控制逻辑构成执行指令,使各气动面、进气道、发动机和尾喷管协调匹配获最佳性能。

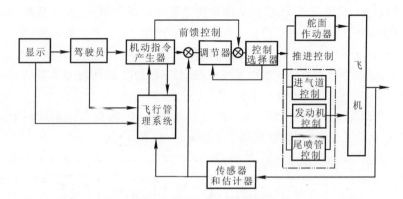

图 4.20 综合飞行／推进控制系统方框图

三、飞行管理系统

飞行管理系统(FMS—Flight Management System)是一个协助飞行员完成从起飞到着陆各项任务的系统,可管理、监视和自动操纵飞机,实现全航程的自动飞行,是当代民航先进飞机如波音公司的 757/767、空中客车公司的 A310,A320 等采用的一种新型机载设备。它集导航、制导、控制及座舱显示于一体,将飞机的自动化水平推到了一个崭新的阶段。飞行管理系统的主要功能一般可归结为 4 个:自动飞行控制、性能管理／制导／导航、咨询／报警显示和乘员操作。

飞行管理系统的核心是飞行管理计算机系统。参照美国 AR—INC CHARACTERISTIC 702—3,飞行管理计算机系统(FMCS)的基本功能有以下 8 项:

(1) 性能管理;

(2) 侧向导航与制导;

(3) 垂直导航与制导;

(4) 推力轴控制;

(5) 四维制导(可选择为发展型);

(6) 电子飞行仪表系统管理(EFISM);

(7) 数据更新接口;

(8) 惯性参考系统(IRS) 初始化和航向设定。

在美国民机及其设备的设计中,AR—INC—CHARACTERISTIC 具有一定程度的规范性质,上述 8 项功能是当代民用运输机飞行管理系统应具备的基本功能,其中前 5 项又可以概括为性能管理加区域制导。

飞行管理系统的构成如图 4.21 所示,它一般应由 4 个子系统构成:

(1) 处理子系统 —— 飞行管理计算机系统(FMCS),它主要包括飞行管理计算机和控制显示单元,是飞行管理系统的核心。

（2）执行子系统 —— 飞行控制计算机系统（FCCS）和推力控制系统（TCCS），飞行管理系统的执行机构。

（3）显示子系统 —— 电子飞行仪表系统（EFIS）。

（4）传感器子系统 —— 惯性参考系统（IRS），数字大气数据计算机（DADS，无线电导航设备）。

因此飞行管理系统的作用又可归结为：获取信息（传感器子系统），管理决策（处理子系统），执行（执行子系统），监视（显示子系统）。

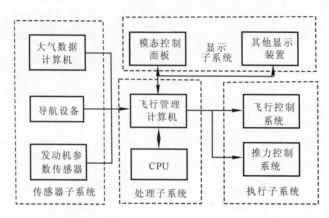

图 4.21   飞行管理系统

A310 的飞行管理系统构成如图 4.22 所示。它由导航系统、仪表系统、自动飞行系统和飞行管理计算机系统构成。

四、大迎角超机动飞行控制系统

新一代歼击机除要求隐身、超声速、超视距攻击外，还要求近距离超机动格斗。由于敌我双方具有隐身和超声速巡航能力，超视距攻击成为主要的攻击形式，但不可避免仍有 30% 以上会进入近距格斗，因而超机动格斗能力也不能忽视。

飞机常规机动一般靠控制过载来实现，目前，第三代歼击机最大过载已达 9g，再增大已不可能。非常规机动，如直接力控制，其机动能力一般偏小，只适宜用做精确瞄准和轨迹修正。近年来，国际上围绕第四代歼击机曾开展一系列研究，提出了"超机动性"，即"过失速机动"的新概念。这种超机动方式，并不要求很高的过载，而能使飞机机头快速改变方向或指向目标。它是靠拉大迎角（可达 70°以上）并绕速度矢量滚转，以获得快速机头转向或快速机身瞄准能力。超机动能力有利于快速发射和回避格斗导弹，有效地攻击敌机和保存自己。

超机动又称过失速机动，是第四代歼击机的特征之一。

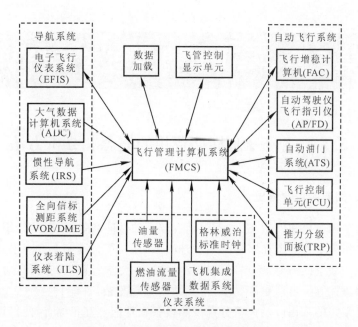

图 4.22　A310 的飞行管理系统的组成

俄罗斯 Su—27 的眼镜蛇机动曾名噪一时,但由于只限于俯仰方向机动,不能同时滚转,还达不到实战所需的超机动目的。Su—27 的改型 Su—37,已装有推力矢量喷管和大迎角飞行控制系统,正在进行过失速机动的验证和试飞。

美德合作的 X—31,是一种过失速机动技术验证机,1993 年 5 月率先完成难度最大的 180°急转弯(即 Herbst 机动),并在 1995 年巴黎航展中作了多种过失速机动的飞行表演,令世人瞩目,认为过失速障碍已被突破,过失速技术已被人类掌握。

美国还用 F—16,F—18 进行改装,进行多种过失速机动的试飞,美国的 F—22 是典型的第四代投产战斗机,已达到迎角 60° 以上的超机动实战能力。

过失速机动能力的实现,除气动、发动机、推力矢量技术以外,关键是飞行控制问题。因为这种机动需要突破失速禁区,涉及大范围非线性、非定常气动力及强耦合问题,飞机的运动方程已完全是多自由度非线性方程,传统的小扰动线性化处理技术已无法沿用。因而这种超机动控制技术,无论在控制策略、设计方法、系统结构乃至飞行品质诸多方面均与常规飞行控制系统有很大不同。

第5章 飞机费用与效能分析

5.1 飞机寿命周期费用的概念和分析方法

一、飞机寿命周期费用的提出

现代成功的军用飞机和民用飞机,不仅具有较高的性能和效能,而且给用户在经济上带来效益。因此飞机作为工程系统在多种方案优选决策时,在很大程度上取决于其经济性。

为了满足现代战争的需要,不仅对飞机技术性能的要求日益提高,而且对其综合性能如可靠性、维修性、保障性等提出了更高要求,使其结构日趋复杂,性能日益精良,大量先进的航空电子设备和火控系统的采用以及大量分系统和设备在功能上互相综合,使得现代飞机研制、生产、使用保障等费用日益增长。例如,美国战斗机出厂价自 1930 年以来已增长了两个数量级以上,1960 年到 1980 年 20 年间,扣除通货膨胀因素,平均年增长率仍为 $9\% \sim 10\%$,20 年增长了 $5 \sim 6$ 倍。

鉴于飞机研制、生产和使用保障等费用全面增长的严峻局面,美国国防部于 20 世纪 60 年代初提出了寿命周期费用的概念,并开始对飞机寿命周期费用进行研究。开展寿命周期费用研究的主要目的是揭示寿命周期费用发生、发展的规律,从而采取有效的方法对其进行控制。

二、寿命和寿命周期费用的基本概念

1. 飞机的寿命(life)

飞机的寿命是从人的寿命这一概念借用来的,用来表示飞机的耐久性。一般来说,有关飞机寿命的概念主要有两种:自然寿命和规定寿命。

(1)自然寿命:自然寿命是指某一飞机从开始使用到不能继续使用为止的持续工作时间或日历时间。每架飞机的自然寿命是不可预测的,是一个随机量。

(2)规定寿命:规定寿命是一种技术指标,是指大量飞机自然寿命的统计值。它与装备的自然寿命有着本质区别。航空技术装备的寿命是指装备按照规定进行使用、维修和保管的条件下允许用于飞行的规定时限。

"规定寿命"定义中的"规定"是指对寿命终结标志所做的规定,而不是对所使用条件和功能所做的规定。各种不同的规定寿命的不同之处就在于其寿命终结的标志不同。

2.飞机的寿命周期(life cycle)

就飞机而言,其寿命周期指该型飞机从论证开始直到退役为止的整个周期。我国规定,飞机的寿命周期可分为如下 4 个阶段:

(1) 研制阶段。该阶段又可分为以下 6 个子阶段:① 战术技术和技术经济可行性论证阶段;② 总体研制方案论证阶段;③ 技术设计和样机审定阶段;④ 详细设计和试验、试制阶段;⑤ 试飞和设计定型阶段;⑥ 试用和生产定型阶段。

(2) 采购阶段。该阶段又可分为以下 3 个子阶段:① 生产阶段;② 定价阶段,③ 交付阶段。

(3) 使用保障阶段。该阶段可分为 2 个子阶段:① 装备阶段;② 使用保障阶段。

(4) 退役处置阶段。

3.飞机寿命周期费用(LCC,life cycle cost)

(1) 费用(cost):消耗的资源(人、财、物和时间)称为费用,通常用货币度量。

(2) 飞机寿命周期费用(life cycle cost,LCC):在预期的寿命周期内,为飞机的论证、研制、生产、使用、维修与保障、退役所付出的一切费用之和称为飞机的寿命周期费用。

三、飞机寿命周期费用的构成

飞机寿命周期费用以时间阶段可分为:研究、发展、试验与鉴定费用、生产费用、地面保障设施与最初的备件费用、专用设施费用、使用保障费用、处置费等,如图 5.1 所示。图中方块的大小与飞机某一种典型的费用的高低成比例。

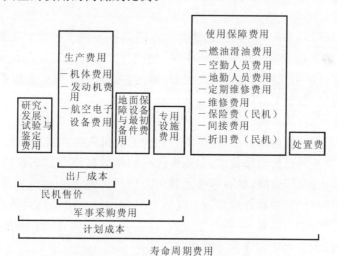

图 5.1 飞机寿命周期费用的构成

研究、发展、试验和鉴定,包括所有的技术研究、设计工程、原型机制造、飞行试验、地面试验和使用适用性鉴定等。因此,研究、发展、试验与鉴定费用(可简称为研发费用,国内常称为研制费用)就是完成这些任务所需的费用,主要包括:① 设计费;② 材料费;③ 外协费;④ 专用费用(工艺装备、样品样机、技术基础等费用);⑤ 试验、鉴定费(包括民机取得适航证的鉴定费用;军机验证适航性、作战能力和是否符合军用标准的费用);⑥ 设备费(专用设备、固定资产使用等费用);⑦ 工资及补助费用;⑧ 管理费等。不管最终生产多少飞机,研究、发展、试验与鉴定费用基本不变,具有非重复性或偶生性(nonrecurring)的特点。

生产费用包括制造飞机(即机体、发动机和航空电子设备等)的费用,主要可分为:① 材料费;② 工时费;③ 车间经费;④ 企业管理费;⑤ 专用工装费;⑥ 试验经费;⑦ 废品损失费;⑧ 可靠性费用等。生产费用具有重复性或续生性(recurring)的特征,它与生产的飞机架数有关,生产的飞机数量越多,每架飞机的费用就越低。

使用保障费用包括燃油与滑油费用、空勤人员费和维护费用以及各种间接费用;对于民用飞机而言,保险费和折旧费也是使用保障费用的一部分。使用保障费用通常占飞机寿命周期费用的大部分,比研究、发展、试验与鉴定费用和生产费用高得多。

地面保障设施与最初的备件费用,是指为保证飞机正常完成飞行/作战任务所需地面保障设备(如飞行模拟器和试验设备)的费用以及随机的备件的费用。飞机出厂后在使用过程中所需的备件费用归到使用保障费用中。

专用设施费用,是指有些飞机需要专门的地面设施,建造这些设施的费用称为专用设施费用。例如,大翼展战斗机、歼击机如果放不进现有的防空洞,建造新防空洞的费用就属于专用设施费用。应当指出,有些费用如修建机场、营房等项费用与具体型号无关,不计算在专用设施费用或寿命周期费用内。

寿命周期费用的最后一个要素是处置费。有些退役军用飞机需要飞到封存基地封存起来,封存的费用就属于处置费用。这部分费用一般不大,通常在寿命周期费用分析中忽略不计。民用飞机和部分军用飞机具有负的处置费,因为它们可以在废品市场或转售市场上出售,从而收回一些费用(一般是买价的 10%)。

对于民用飞机而言,其出售时要收回研究、发展、试验与鉴定费用和生产费用两部分(包括合理的利润)。为了收回这两部分费用,需要合理确定民机售价。因为研究、发展、试验与鉴定费用是确定的,所以必须根据市场需求,对生产飞机的架数做出合理的预测,以确定每架飞机的售价中要包含多少研究、发展、试验与鉴定费用。

军用飞机的采购费用(或称订购费用)包括生产费用和专用设施设备费用以及作战的备件费用。军用飞机的研究、发展、试验与鉴定费用,在研究、发展、试验与鉴定阶段是由政府或军方直接投资的,因而是无须包含在采购费用中的。

军用飞机的计划成本包括发展新机并使之成为军事装备的总费用,其中包括研究、发展、试验与鉴定费用、生产费用、地面保障设施与最初的备件费用和专用设施费用。

四、飞机寿命周期费用分析的方法

不同的寿命周期费用模型,形成了不同的费用分析方法。目前,寿命周期费用分析的方法主要有类比法、参数法和工程估算法三种。

1. 类比法

类比法是建立在与过去类似的工程项目进行比较，并根据经验加上修正而得出费用估计。如果新研制飞机的功能、结构及性能与某个现役飞机相类似，则可利用现役飞机的费用数据，并考虑到新飞机与现役飞机的差异予以相应的修正，从而得出新飞机费用。

类比法除了用于旧飞机改进改型项目估算较为准确外，一般用于项目的早期阶段（概念研究阶段）。与参数估算法比较，类比法准确程度较低。

2. 参数法

若新系统与现有的老系统类似，且老系统的物理特性、性能参数、费用数据存在，则可利用它们通过一定的数学方法建立起系统费用与系统的测度（尺寸、性能等）之间的关系；同样地，子系统的费用也可与其物理和性能属性相关。这样建立起来的关系式称为费用估算关系式（Cost Estimate Relation，CER），这种方法称为参数法。

建立费用估算关系时，最好利用与要分析的新飞机非常类似的最近飞机的成本估算关系。由于数据的继承性，这样便可以给新机的费用分析带来很大的方便。波音公司可以用其现在飞机的费用估算关系毫无困难地、非常精确地估算新喷气客机的费用就是最好的证明。

当有可用的十分类似的飞机详细费用原始资料时，即使非常简单的费用估算关系也能达到很高的精度。就是说，将新机的部件重量乘以非常类似的基准飞机的单位重量费用或单位重量工时所得到的费用估算值，可能比使用某些不恰当的费用估算关系所得到的结果要好。例如，假设所选择的基准飞机可能要求机身和分系统为 1 000 h/N 的制造工时，机翼和尾翼为 1 800 h/N 的制造工时，那么将这些典型值乘以新机相应部件的重量，就可以快速和比较精确地求出相应的生产工时，然后将工时乘以制造工时费，就可求出其费用。这种方法对生产数量较少的原型机和飞行验证机特别适合。因为对于这两种飞机，应用以批生产为基础的先进费用估算关系进行估算时，结果总是不能令人满意。当然，要找出一个最近的、非常类似的原型机或验证机来用做费用分析的基准常常是非常困难的。

费用估算参数法的优点主要表现在以下几方面：① 它可在研制早期就加以应用；② 快速而廉价；③ 客观性比较好；④ 不仅可以提供预期的费用估算值，还可提供置信区间。

参数法的缺点主要表现在以下几方面：① 它不能用于一个全新的系统或新技术含量很高的系统；② 即使用于一个改进的系统，该方法也需要进行一些调整；③ 该方法一般用于系统级的费用估算，也可用于组成系统的分系统级，但一般不宜用于分系统以下各级的费用估算；④ 从目前情况分析，该方法对使用与维修保障费用估算尚有不少需要解决的问题。

3. 工程估算法

相对于参数法和类比法从上到下整体估算费用而言，工程估算法则是利用工作分解结构自下而上地估算整体费用。

应用工程估算法必须先建立该项目的工作分解结构，逐步计算出单元费用数据，逐级向上归集,最后估算出整个项目的总费用。就是说,工程估算法将总系统费用分解为许多项目细节,这些细节费用用费用方程联系起来,可以详细反映这些细节在研制、生产、使用维修和保障中的相互作用,其反映的因果关系与实际情况更加接近,因而它可以反映当实际情况偏离过去情况时的真实情况。

工程估算法具有如下优点:① 结果准确;② 能对竞争的各个方案研究其费用差异;③ 允许进行详细地模拟和灵敏度分析;④ 对于使用保障费用的估算有其明显优势。

工程估算法的主要缺点表现在:① 对数据要求高;② 估算结果很难进行评价与鉴定。

寿命周期费用的不同分析方法在实际应用中互相补充地成为一个有机整体。在不同的阶段对费用进行估算,得到的信息量不同,考虑的因素有差异,采用的估算方法就不同。此外,在整个费用估算过程中必须遵循迭代的原则,即随着方案或设计的改进,不断将费用估算值反馈给政府和有关承包商。

由于参数法可用于研制早期阶段,而这一阶段的决策对整个寿命周期费用有重大影响,因此就决定了参数法估算法的地位与作用,它自然而然地成为人们研究的重点。

5.2 研究、发展、试验与鉴定费用和生产费用分析
—— 兰德 DAPCA IV 模型

在飞机寿命周期费用分析中,通常是把研究、发展、试验与鉴定费用和生产费用结合起来提出费用估算关系。一般说来,很难把研究、发展、试验与鉴定费用同生产费用截然分开,特别在工程和原型机制造方面更是如此。例如,起落架支柱、机翼主梁等锻件由于研制周期较长,其生产或生产准备工作,通常是在原型机试飞以前就已经开始了,只有这样才能保证飞机定型后批生产进度。因此,必须把这种生产项目的生产保障或工程支援看成生产的一部分。

受美国军方委托,美国兰德(RAND)公司在飞机寿命周期费用分析领域开展了大量的研究工作。1967 年提出关于飞机发展与采购费用分析的第一种模型 DAPCA Ⅰ,1971 年建立了DAPCA Ⅱ,1976 年建立了 DAPCA Ⅲ,最后建立 DAPCA Ⅳ。DAPCA 模型在飞机寿命周期费用分析领域有相当的影响力。下面关于飞机研究、发展、试验与鉴定费用和生产费用的估算就采用的是 DAPCA IV 模型。

兰德 DAPCA IV 模型是飞机发展与采购费用(Development and Procurement Costs of Aircraft,DAPCA)模型的最终形式。DAPCA IV 模型通过工程、工艺装备、制造、质量控制等小组来分析估算研究、发展、试验与鉴定及生产所需的工时,然后将这些工时乘以相应的小时费率,就可得到一部分发展与采购费用;通过发展支援、飞行试验、制造材料和发动机制造等方面的费用直接得到另一部分发展与采购费用。

兰德 DAPCA Ⅳ 模型不估算航空电子设备的费用,这部分费用要根据类似飞机的数据来估算。一般来说,视其先进程度,航空电子设备的费用在飞机出厂成本的 5% ～ 25% 之间。

一、兰德 DAPCA Ⅳ 模型中工时、费用的组成

1. 工程工时

工程工时在研究、发展、试验与鉴定阶段，主要包括机体设计与分析、试验、构型控制和系统工程等工作所需要的工时；在生产阶段主要包括由机体承包商完成的工程工作工时、把推进系统和航空电子系统集成到飞机上所做的工程工作工时等。

需要说明的是，工程工时并不包括推进系统和航空电子系统承包商所做的实际的工程工作，这些项目是作为购置设备费来处理的。工艺装备和生产规划的工程支援工作也不包括在工程工时分析中。

2. 工艺装备工时

工艺装备工时包括所有的生产准备、工夹具的设计与加工、模胎和模具准备、数控加工编程和生产试验的研制和制造等工作所需要的工时；同时，工艺装备工时也包括生产期间准备进行的工艺装备保障设备的制造工时。

3. 制造工时

制造工时是所有制造工作（如果有协作单位或分承包者的话，也包括协作单位或分承包商所完成的工作）所需要的工时。制造工作是直接制造飞机的工作，它包括成形、机加、连接、分组件制造、总装、线路铺设（液压、电气、冷气等）和外购件安装（发动机、航空电子设备、分系统等）。

4. 质量控制工时

质量控制的目的是检验工夹具、飞机分装组件和整机是否满足设计要求。质量控制是制造的一部分，只不过是单独分析评估而已。质量控制工时包括入厂检验、生产检验和最终检验等工作的工时。

5. 发展支援费用

发展支援费用是研究、发展、试验与鉴定期间使用的样机、分系统模拟器、结构试验件和其他各种试验件的制造等工作的费用。

6. 飞行试验费用

飞行试验费用包括试验机本身费用、为民用飞机获取适航证的费用或检验军用飞机是否符合军用标准的费用等。飞行试验费用可分为计划、测试设备、飞行实施、数据处理以及进行飞行试验的工程和制造支援等方面所需用的费用几个方面。

7. 制造材料费用

制造材料是指除了发动机和航空电子设备以外的飞机上的其他一切东西。其主要包括用来制造飞机的原材料（铝、钢、复合材料等结构材料），以及购置的硬件和设备，再加上电气系统、液压系统、冷气系统、环控系统、紧固件和标准件等。

8.发动机生产费用

兰德 DAPCA Ⅳ 模型中假设发动机费用是已知的。为了应用于发动机费用未知的情况，DAPCA Ⅳ 模型也给出了涡喷发动机费用的估算方程。涡扇发动机的费用要比涡喷发动机高 15% ~ 20%。

二、兰德 DAPCA Ⅳ 模型中工时、费用的计算

1.兰德 DAPCA Ⅳ 模型中工时、费用的计算公式

按照 1986 年定值美元，兰德 DAPCA Ⅳ 模型中工时、费用的计算公式如下：

工程工时

$$H_E = 0.88 W_e^{0.777} v^{0.894} Q^{0.163} \tag{5.1}$$

工艺装备工时

$$H_T = 1.22 W_e^{0.777} v^{0.696} Q^{0.263} \tag{5.2}$$

制造工时

$$H_M = 1.61 W_e^{0.82} v^{0.484} Q^{0.641} \tag{5.3}$$

质量控制工时

$$H_Q = \begin{cases} 0.076 H_M & \text{货运飞机} \\ 0.133 H_M & \text{其他飞机} \end{cases} \tag{5.4}$$

发展支援费用

$$C_D = 7.96 W_e^{0.630} v^{1.3} \tag{5.5}$$

飞行试验费用

$$C_F = 461.13 W_e^{0.325} v^{0.822} \text{FTA}^{1.21} \tag{5.6}$$

制造材料费用

$$C_M = 1.90 W_e^{0.921} v^{0.621} Q^{0.799} \tag{5.7}$$

发动机生产费用

$$C_{Eng} = 1.548 [0.009\,7 T_{max} + 243.25 Ma_{max} + 0.54 t_{ti} - 2228] \tag{5.8}$$

研究、发展、试验与鉴定费用＋生产费用＝

$$H_E R_E + H_T R_T + H_M R_M + H_Q R_Q + C_D + C_F + C_M + C_{Eng} N_{Eng} + C_{av} \tag{5.9}$$

式中　　W_e—— 空重（N）；

　　　　v—— 最大飞行速度（km/h）；

　　　　Q—— 产量；

　　　　FTA—— 飞行试验机架数（一般为 2 ~ 6 架）；

　　　　N_{Eng}—— 总产量乘以每架飞机的发动机台数；

　　　　T_{max}—— 发动机最大推力（N）；

　　　　Ma_{max}—— 发动机最大 Ma 数；

t_{ti}——涡轮进口温度（K）；

R_E，R_T，R_M，R_Q——综合费率（后述）；

C_{av}——航空电子设备费用。

2.兰德 DAPCA IV 模型中工时计算修正的软糖系数

用兰德 DAPCA IV 模型估算的工时，是以铝合金为主要结构材料的飞机的设计和制造为基础的。对于大量采用其他材料制造的飞机，必须调整工时的计算，以合理估算其费用。最简单的方法是在原计算公式上乘以一个修正系数进行修正，该修正系数常被称为"软糖系数"。兰德 DAPCA IV 模型建议采用表 5.1 列出的"软糖系数"。

表 5.1　兰德 DAPCA IV 模型工时修正的软糖系数

主要结构材料	软糖系数
铝	1.0
石墨环氧复合材料	1.5～2.0
玻璃纤维	1.1～1.2
钢	1.5～2.0
钛	1.7～2.2

3.兰德 DAPCA IV 模型中的综合费率

将兰德 DAPCA IV 模型估算的工时乘以相应的小时费率，就可算出人工费用。这些小时费用叫做"综合费率"，其中包括付给职工的工资以及职工津贴、日常开支和管理费用等。以 1986 年为例，其综合费率如表 5.2 所示。

表 5.2　兰德 DAPCA IV 模型的综合费率（1986 年定值美元）

综合费率种类	综合费率值／美元
工程综合费率 R_E	59.10
工艺装备综合费率 R_r	60.70
质量控制综合费率 R_Q	55.40
制造综合费率 R_M	50.10

5.3　使用保障费用

使用保障费用主要包括燃油费用、空勤人员费用和维护费用等。典型的军用飞机燃油费用占总使用保障费用的 15% 左右,空勤人员费用占 35% 左右,而维护费用则占剩下的 50% 的大部分。美国空军有 1/3 以上的人员专门从事飞机的维护工作。对于商用飞机(航空公司用于商业航线上的飞机,每架飞机每年要飞行 3 000 小时左右)来说,燃油费用约占使用保障费用的 38%,空勤人员费用约占 24%,维护费用约占 25%,飞机买价的折旧费约占使用保障费用的 12%,保险费是 1%。

一、燃油费用

设计飞行任务时,除了死油以及待机和抵达备降机场所需要的备份燃油外,飞机都要把可用的燃油用完。但实际上,实际的飞行任务与设计飞行任务大不相同,飞机常常要在油箱中携带相当多的燃油着陆,以便用于下次飞行。

为了估算每年的燃油费用,常用的方法是:选择一个典型的任务剖面,用该剖面的飞行时间和消耗的燃油量计算出每小时平均的燃油消耗量;再将它乘以每架飞机每年的平均飞行小时数,就可得到这架飞机每年的燃油消耗量的估计值;最后,将每年飞行的燃油消耗量乘以燃油价格,即可得到这架飞机每年的燃油费用。

滑油费用不包含在燃油费用中。不过,滑油费用一般不到燃油费用的 0.5%,故在估算时可以忽略不计。

平均飞行小时数是根据不同类型飞机的典型数据得来的。表 5.3 列出了不同类型的飞机平均每年的飞行小时数和飞机寿命周期费用参数的一些大致指标。

表 5.3　飞机寿命周期成本参数近似值*

飞机类别	平均每架飞机每年的飞行小时数 FH/YR	空勤人员比	平均每飞行小时需要的维护工时数 MMH/FH
轻型飞机	500 ~ 1 000		1/4 ~ 1
喷气式公务机	500 ~ 2 000		3 ~ 6
喷气式教练机	300 ~ 500		6 ~ 10
战斗机	300 ~ 500	1.1	15 ~ 20
轰炸机	300 ~ 500	1.5	25 ~ 50

续　表

飞机类别	平均每架飞机每年的飞行小时数 FH/YR	空勤人员比		平均每飞行小时需要的维护工时数 MMH/FH
军用运输机	700～1 400	1.5（当 FH/YR≤1 200 时）		20～40
		2.5（当 1 200＜FH/YR≤2 400 时）		
		3.5（当 2 400＜FH/YR 时）		
民用运输机	2 500～4 500			5～15

* FH—飞行小时；YR—年；MMH—维护工时

二、空勤人员费用

军用飞机和民用飞机空勤人员费用的计算是不同的。

1.民用飞机的空勤人员费用

民用飞机空勤人员（包括飞行人员和机舱乘务员）的费用，可根据每年的"轮挡时间"的统计值来进行估算。

轮挡时间是从飞行拿开"轮挡"开始离场到飞行结束后在终点放下轮挡所用的总时间。轮挡时间包括滑行时间、地面待飞时间、任务飞行时间、空中等待着陆时间、履行空中交通管制着陆进场非常时间和地面等待开门时间等。

每年的轮挡时间可将飞行任务的轮挡时间与飞行小时之间的比值乘以每架飞机每年的总飞行小时来计算（见表 5.3）。远程飞机的轮挡时间约等于飞行小时；而对于短程飞机，平均航班飞行时间低于 1 h 时，轮挡时间可能比飞行时间要多得多。

每轮挡小时的空勤人员费用（按 1986 年定值美元）可用下列两式估算：

$$双人制机组空勤人员费用 = 18.59\left(v_C\,\frac{W_0}{10^5}\right)^{0.3} + 84 \tag{5.10}$$

$$三人制机组空勤人员费用 = 24.97\left(v_C\,\frac{W_0}{10^5}\right)^{0.3} + 118 \tag{5.11}$$

式中　v_C——巡航速度（km/h）；

W_0——起飞总重（N）。

波音公司用这些公式求出的 B—747 和 DC—10 飞机每轮挡小时的空勤人员费用分别是 705 和 660 美元（折合成 1987 年的美元值）。这与 1987 年 3 月实际的空勤人员费用 748 美元和 610 美元相比，其结果是令人满意的。

式（5.10）和式（5.11）只是粗略近似的公式。航空运输业的不断发展、现代化设施的应用,使得空勤人员费用变化很大。例如 B—747 飞机 1987 年每轮挡小时的空勤人员费用从老航线的 1 013 美元,降到低票价新航线 189 美元。

2. 军用飞机的空勤人员费用

军用飞机空勤人员的费用是由现役飞行人员的人数来确定的。一般来说,军用飞机的驾驶员和其他空勤人员比飞机的数量要多。现役飞行人员的人数等于飞机架数乘以每架飞机所拥有的空勤人员数。

对军用飞机而言,常将每架飞机所拥有的空勤人员数定义为"空勤人员比"。空勤人员比的变化范围是:战斗机为 1.1,经常飞行的运输机为 3.5。典型的空勤人员比见表 5.3。

每个空勤人员的费用视飞机的类别而定,包括各种津贴和通常性开支。在缺乏可靠数据的情况下,可以用每小时的工程综合费率乘以每年 2 080 h 来进行初步估算。

三、维护费用

维护费用可分为不定期维护费用和定期维护费用。不定期维护费用是随机的,其大小由飞机发生多少次故障和排除故障的平均费用而定。

1. 维护人工费

定期维护视需要正式定期维护的项目数以及定期维护的次数和费用而定。通常,定期维护是按累积的飞行小时来安排的。比如,轻型飞机每 100 飞行小时需要进行一次全面检查;商用飞机的维护工作是按飞行次数安排的。

维护工作由"平均每飞行小时需要的维护工时数"来衡量。平均每飞行小时需要的维护工时数从 1.0 以下(小型私人飞机)到 100 以上(某种专用机)。典型的平均每飞行小时需要的维护工时数列在表 5.3 中。降低平均每飞行小时需要的维护工时数,是飞机设计的一个重要目标。通常平均每飞行小时需要的维护工时数大致与重量成正比,因为零件总数和系统复杂程度随重量的增加而增大。

平均每飞行小时需要的维护工时数,与飞机的利用率有很大关系。利用率高的飞机,即经常飞行的飞机,其平均每飞行小时需要的维护工时数较低。例如,DC—9 飞机作民用时,其平均每飞行小时需要的维护工时数大约是 6.4;同样的飞机作军用时,每年的飞行时间只有民用飞行小时的一半,但其平均每飞行小时需要的维护工时数为 12 左右。

根据平均每飞行小时需要的维护工时数和平均每年的飞行小时数,可估算出每年的维护工时;进一步根据从航空公司或军事部门得到的人工综合费率即可算出维护人工费率。在缺乏可靠数据的情况下,可以近似地用前述的制造综合费率来代替维护人工费率。

2. 维护材料费

军用飞机维护用的材料、零件和供给品的费用约等于人工费用。

对于民用飞机,每飞行小时和每次飞行所需的维护材料费用(按 1986 年定值美元)的近似计算公式如下:

$$\frac{材料费用}{飞行小时} = 3.3\left(\frac{C_a}{10^6}\right) + 7.04 + \left[58\left(\frac{C_e}{10^6}\right) - 13\right]N_e \tag{5.12}$$

$$\frac{材料费用}{飞行次数} = 4.0\left(\frac{C_a}{10^6}\right) + 4.6 + \left[7.5\left(\frac{C_e}{10^6}\right) + 2.8\right]N_e \tag{5.13}$$

式中　C_a—— 扣除发动机的飞机费用；

　　　C_e—— 每台发动机的费用；

　　　N_e—— 每架飞机的发动机台数。

每年的飞行次数,是通过每年的总轮挡时间除以每次飞行的轮挡时间估算的。维护材料的总费用等于每飞行小时费用乘以每年的飞行小时,再加上每次飞行的费用乘以每年的飞行次数。

四、折旧费和保险费

对商用飞机来说,把以买价为基础的飞机折旧看成是使用保障费用的一部分。

折旧费实际上是飞机价格按其使用寿命的分配。最简单的折旧准则是直线法,按照这种方法,每年的折旧费等于买价除以折旧持续年数。商用飞机的折旧准则期限通常是 12 ～ 14 年,但它们也可能有 20 年或更长的使用寿命。

商用飞机的保险费是添加约 1‰ 到使用保证费用中来考虑的。

5.4　飞机作战效能分析

一、概述

武器装备的效能(Effectiveness) 通常是指该武器装备完成预定作战任务能力的大小。国内外文献使用这个名词时所包括的范围不尽相同。最一般的理解是指其实际使用于作战的能力大小,而更广义的理解或者说从系统工程的角度看,"效能"还应包括它的可用度(Availability),可靠度(Dependability) 和保障度(Supportability)。所以对作战飞机的效能评价也可以有不同的处理方法,并由此得出不同的结论。

作战飞机的效能可用公式表达如下:

$$E = C \times A \times D \times S \tag{5.14}$$

式中,E 是效能,C 是作战能力,A 是可用度,D 是可靠度,S 是保障度。这四种主要衡量准则的相互关系是乘法关系。因为只要其中一项很差,那么这种飞机的效能也就很低。

作战飞机的作战能力如性能、威力等问题往往与飞机及武器的设计思想、制造工艺等有关,而作战飞机的可用度、可靠度固然在设计时即要打下基础,但往往还与使用过程的维修管理、零备件供应的组织工作以及使用方式等有关,所以在不少场合,分析对比作战飞机的效能时，先忽略后三种因素，而只用作战能力代替效能。但如讨论的问题不单纯是作战飞机本身的能力问题，还要考虑作战过程中的实际效能，后三项因素就不能不认真对待了。因为性能再好的飞机，出勤率很低，临战时上百架飞机中只有几架可用，飞上天后，故障不断，部分飞机还要被迫返航。这样的作战飞机的效能就实在太低了。所以研究问题时考虑多少因素合适要视情况而定。而且在上述效能的计算公式中还没有包括人的因素在内，例如战术运用水平、飞行员、指挥员素质等。而后者是关键性的。性能很好的作战飞机，使用不当也会一败涂地。但这里主要想探讨作战飞机本身的能力，所以不研究使用武器的人的素质和战术运用问题，对可用度、可靠性和保障性也不作专门讨论。

二、飞机作战效能评估的特点

作战飞机的效能衡量牵涉很多参数。有很多参数有确切数据，可以进行精确计算。但也有很多参数不能直接测量或统计出来而只能进行估计，例如飞机的操纵效率。因此对作战飞机的效能通常只能"评估"而不是直接计算。所谓评估就是说会带有一定的经验判断的成分。总的来说，对作战飞机效能的评估有如下特点，即概略性、相对性、时效性和局限性。

1. 概略性

作战飞机的性能可以测量或计算得很精确，而其效能却很难用精确的数字来表达。一方面这是因为效能往往与任务、要求相关联，另一方面"效能"这个名词的本身就是一个"模糊"概念。我们可以说这种飞机效能好或不好，也可以进一步做5分制或9分制评高低。但如果说计算出效能值准确到百分制小数点的水平，那是虚假现象。例如，一种飞机效能值76.8分，另一种76.7分，并不能表明前一种效能就高一些，否则将"误入歧途"，事实上不会是这样。任何一种已知的评价作战飞机效能的方法都不可能真正准确到如此程度。如按百分制评估，其差别在10分以上才可能在实际中表现出来。

2. 相对性

评估作战飞机的效能往往是为了要与其他飞机进行对比，或者要估计完成一定任务需要的飞机数量。如果评估的目的是前者，则评估出来的效能只要是相对值即可。如果要估算出任务与飞机需要量也是一个相对的关系。作战任务的种类很多、也很复杂，很难得出一个"效能常数"。事实上现在对作战飞机效能的评估都是相对的，不过相对的基准有各种各样。有的方法用某种类似飞机为准对经过选择的参数进行比较得出相对效能值，也有些方法用同时代的同类飞机最佳值或平均值为基准来求得效能值或效能指数。有些方法表面看其评价结果是绝对值，但实际上它是相对值。

效能评估的相对性还有一个原因，就是用数字表达效能时的量纲处理问题。影响效能的因素很多，各因素的量纲不同，例如速度是 km/h 或 m/s，而水平加速好坏用时间表示，量纲是 min 或 s，等等。各种不同量纲的参数不大好综合起来。假如用相对值，将有关的参数都无量纲化，最后才综合成代表效能的一个数值就比较合理。而要无量纲化就要用相对值。

3.时效性

一般来说作战飞机的能力在其使用寿命期间变化不大。改进型可另行计算。但由于保密关系,国外作战飞机的真实性能往往很难知道或者只了解到一些宣传夸大的数字。根据这样的原始资料评估出来的效能与过一定时间、有确切数据后评估出来的效能就应该不一样。这是评估作战飞机效能有时间因素的一个原因。

此外新武器装备在刚使用期间故障率高,可用度及可靠度低。使用一段时间后,故障率下降并且保持再低水平值。但在该装备接近使用寿命后期时,故障率又会急剧上升。画成曲线就是著名的"浴盆曲线"。同时,在和平时期可用度低的武器装备,在战争开始后,如能组织特殊零备件供应,加强维修力量,参战飞机的可用度和可靠度将大大提高,因此评估武器装备的效能时,如考虑可用度和可靠性因素,其效能值随时间不同而变就是不可避免的。因此选用可用度和可靠性的数据应尽量采用稳定期间的平均值,而不是短时间内的最佳值或最差值,这样才能较真实地反映出实际的或平均的情况。

4.局限性

武器装备效能评估的结果直接与要求完成何种任务有关,也与采用何种方法有关。同一种武器装备在不同任务要求条件下其效能也不一样。而且各种方法都有一定的假设或先决条件,或者有不同程度的人的主观评定因素。因此评估的结果都或多或少有一定的局限性,不存在完全公平和全面合理的评估结果。每种方法评估出来的效能值只在预定范围和假设条件内可信。

三、飞机作战能力的评估方法

1.概述

飞机作战能力的评估方法一般包括计算评估法和专家评估法。实际上这两种方法也不是截然分开的。在计算法的运算过程中当某些参数难以用解析法表达出来时也要用专家评估法得出一概数值。反之专家评估法中对某些适合计算的阐述也可以用计算法直接求得而不必进行估算。

评估作战飞机战斗力的计算评估法其计算特点和评估方式可分为参数计算法、概率分析法和需要量估算法3类。参数计算法是根据选用的参数直接计算出作战飞机的相对作战能力从而得出优劣的结论。概率分析法则按完成预定任务的概率高低评定飞机好坏。需要量评估法是计算为完成一定任务需要的飞机数量来评比。由于篇幅所限,本教材只讨论计算评估法中的参数计算法,至于其他方法不作专门讨论,感兴趣的读者可参见相关专著。

2.参数计算法

这是最常用的方法。它还可分为顺序评估法、相对值评估法、相对指数法、多参数(品质)分析法和对数法等。各种方法选取的参数不尽相同。选择参数的依据主要是按作战意图或针对该类型飞机的任务选取认为比较重要的有关项目(或称为品质)。重要的项目可以加权处理。对于用加法综合的项目,加权方式可以在代表该项目的参数上乘一个放大系数。而对于用乘法综合的项目则需要用若干次方来加权。因为大于 1(不含 1)的幂数数值,运用正值运算得出的数值变大;幂数数值小于 1,得出的数值变小,例如对于重要的参数可以用 2 次方、3 次方来处理。而要减少某参数的作用则可以用 0.5 次方(开方)或 0.1 次方来处理。但一般不用 0 次方,否则等于取消这个参数的作用,因为不管这个参数值多大(只要不是 0),0 次方后都得到 1。如果参数本身数值小于 1,要采取与上述方法相反的幂数处理。

应用参数计算法评估作战效能,除加权问题外还要解决的一个问题是用什么方式综合各参数。具体说就是用加法或乘法,因为最终要得出一个代表效能的数值。目前最常用的方法是相加再求平均值。在相加之前是否加权则视具体参数而定。一般来说应用加法的各项目的作用是互相不直接影响的,即所谓"不相干"的。意思是某一项目的参数直一旦接近于 0,不会影响到其他参数完全失去作用或使总效能完全丧失。如果选取的项目没有这样一来的特性,则最好用乘法进行综合。计算总效能时加法和乘法可以混合使用,其中某些项目相加,某些项目相乘。

(1)顺序评估法:1977 年在欧洲有人评估"狂风"(Tornado)战斗机优劣时采用这方法。这种飞机设计的主要任务是对地攻击,所以选择了有关的 8 个参数作为对比的依据。它们是作战半径、载弹量、低空飞行对紊流敏感度、电子设备好坏、起降性能、机动性、生存力和单位价格重量。对比的飞机有"狂风",F—4F,F—14A,F—15A,F—16,F—18H 和 F—111A。在上述选用的对比参数中有些是可用具体数字进行比较的,例如作战半径、载弹量、起降性能(用要求跑道长度代表)机动性、生存力和单位价格重量。其他参数则要另想对比办法。具体处理方法是这样的:

低空突防飞行对大气紊流敏感度用美军标 MIL—8785B 的紊流谱计算出各型飞机低空飞行每分钟平均产生 $\frac{1}{2}g$ 冲击的次数进行比较。计算结果是:"狂风"飞机 8 次,F—111A 为 9 次,F—14A 为 18 次,F—4F 为 23 次,F—18 为 26 次,F—16 为 27 次,F—15A 为 29 次。实际情况也的确如此,F—15A 低空飞行时颠簸十分剧烈,因为它的机翼产生的升力系数斜率较大,翼载荷小,有利于空战格斗,但低空突防长时间飞行很不合适。比较作战飞机低空飞行颠簸程度有更简单的办法,即用飞机的突防速度乘以升力系数斜率再除以翼载荷作为对比参数。该参数值愈小愈好,一般不宜大于 0.26 ～ 0.33 m³/(N・rad・s)。否则飞行员反应将为"不可接受"的,评分等级将大于 5.5。计算时注意速度单位是 m/s,升力系数斜率是 1/rad,翼荷载是 N/m²。

电子设备优劣对比选用 5 个考虑因素,即全天候低空攻击能力、地形跟随能力、专用空对地电子设备、夜间攻击电子设备和目视对地攻击辅助电子设备。评比时只考虑"有"或"无"两种情况。评比结果,"狂风"与 F—111A 并列第一,第三名是 F—4F,以下顺序为 F—14A,F—15A,F—18 和 F—16。由于 1978 年 F—18 飞机刚开始试飞,所以对其电子设备能力估计偏低。

飞机生存力的衡量往往难以用数字表达。在这方法中用飞机几何尺寸大小作代表,结果是 F—16 最好,F—111A 最差。其他飞机顺序见表5.4。

将各飞机的参数对比后得出飞机优劣序列如表5.4。对飞机各参数进行评分是按名次决定的,第一名得 1 分,第二名得 2 分,余类推。并列的两种飞机得分各半。最终各项得分之和愈小表示其对地攻击效能愈高。这里对各项是同等对待没有加权,评比结果"狂风"最好,F—15A 最差。

表 5.4　战斗轰炸机对地攻击效能对比(1978 年)

机型	作战半径	载弹量	紊流敏感度	电子设备	起降性能	机动性	生存力	重量价格	总分	名次
F—4F	6	5	4	3	6	7	4	5	40	6
F—14A	3	2	3	4	1	5	6	6	30	2
F—15A	7	7	7	5	5	1	5	3.5	40.5	7
F—16	4	6	6	7	3	2	1	1	30	2
F—18	5	4	5	6	4	3	2.5	2	31.5	4
F—111A	1	1	1.5	1.5	7	6	7	7	32	5
"狂风"	2	3	1.5	1.5	2	4	2.5	3.5	20	1

如果根据作战要求或作战指导思想认为各参数的重要性不一样,可以用加权系数方法处理。例如特别重视作战半径,其次是机动性,则可以对前者给以加权系数 3(举例来说),后者给以加权系数 2。这样计算机结果见表 5.5。F—111A 上升到第二名,F—15A 上升了一个名次。

这种方法较简单,可以很快得出优劣对比。如果某些参数缺乏技术数据或具体评比依据也可用专家评估来决定名次。但这种方法最终得出的总分比较粗略,用来分辨各种飞机优势是可以的,不宜用作效费比分析或其他要求更高一些的定量分析。

表 5.5　战斗轰炸机对地攻击效能加权对比

| 机型 | 作战半径 | 紊流敏感度 | 载弹量 | 电子设备 | 起降性能 | 机动性 | 生存力 | 重量价格 | 总分 | 名次 |
	加权 3	1	1	1	1	2	1	1		
F—4F	6	5	4	3	6	7	4	5	59	7
F—14A	3	2	3	4	1	5	6	6	41	4
F—15A	7	7	7	5	5	1	5	3.5	55.5	6
F—16	4	6	6	7	3	2	1	1	40	2
F—18	5	4	5	6	4	3	2.5	2	44.5	5
F—111A	1	1	1.5	1.5	7	6	7	7	40	2
"狂风"	2	3	1.5	1.5	2	4	2.5	3.5	30	1

(2) 相对值评估法:这种方法的特点是,不以某一种飞机的全部参数作为标准求其他飞机的相对值,而是以参加对比的任何飞机中该参数量好的为标准,给以 100 分,其他飞机该参数的得分用相对比较值求出,最后进行综合比较。所以相比后单项最高分不会超过 100 分。这里列出的具体计算例子是瑞典 Saab 公司计算的。当时为竞争欧洲四国(荷兰、丹麦、比利时、挪威)后继战斗机进行宣传,发表在 1975 年 4 月平 17 日英国的 *Flight* 杂志上。该文没有具体说明某些参数如何得出结果,例如"对地攻击能力评价",估计是用专家评估法。具体项目得分见表 5.6。如果对比的参数都选用确切的数据,这种方法得出的结果将比只评等级的方法更精确一些。表中各参数用平均值方法综合,没有加权处理。事实上最终欧洲四国选中的战斗机是 YF—16 而不是 J—37。不过这种方法在评估作战飞机作战能力时是可以参考使用的。

表 5.6   战斗机重要参数相对值评估结果

项目	瑞典 J—37	美 YF—16	法 F—1
地面生存力(对机场要求、反应时间)	100	65	70
起飞上升性能	100	95	80
出勤率(再次起飞时间、维护工作量)	100	70	70
格斗性能	50	100	50
火力(航炮数量、威力)	100	60	40
火控、导弹性能	90	100	70
拦截能力(下视、显示能力)	100	80	60
Ma 数、升限	90	90	100
最大 *Ma* 数、最大表速	100	100	100
作战半径(低空,8 枚炸弹)	100	85	60
载弹量	100	90	70
对地攻击火力	100	30	90
对地攻击评价	100	80	80
使用经济性	100	90	80
平均值	95	88.6	72.9

国内也有用相对值评估法的(见 1990 年 4 月原航空航天部第 620 研究所《论证参考》),该文为《作战飞机武器系统作战能力相对值计算法》。计算的基准是世界上已知作战飞机的最佳

值或预期值。对空作战能力方面考虑了飞机的机动能力、火力及空中发现目标能力和对空作战系数。后者是由航程、雷达反射截面、巡航 Ma 数、飞机几何尺寸、操纵效率系数和电子对抗能力系数综合而成。对地作战能方面考虑了飞机外挂架数量、最大载弹量、发现和瞄准地面目标能力和对地作战系数。最后一个参数包括最大航程、导航系统评价、雷达反射截面、最大突防速度、最低突防高度、操纵效率系数和电子对抗系数等。各参数综合时采取加法、乘法混合的方式。估算一些作战飞机的结果见表5.7。

表 5.7　作战飞机综合作战能力相对值

机型	对空作战	对地作战
F—4E	0.352	0.357
F—5E	0.26	0.238
F—15C	0.658	0.685
F—16C	0.486	0.490
F—18	0.536	0.624
米格 —21MΦ	0.206	0.165
米格 —23C	0.302	0.238
米格 —29	0.360	0.326
"幻影"2000C	0.370	0.460

3. 相对指数法

为评估作战飞机效能也可在参数选定后用某一种典型飞机的数据作基础求得相对值,然后比较其优劣。1986—1987年日本三野正洋提出的评比方法就是这样处理的。对具体效能指数的计算有其独特之处。该文作者是为评价第一、第二次世界大战的战斗机而设定的方法。评定歼击机选用三项指数相乘的结果。这三项指数分别为速度性能指数、盘旋性能指数和生存力(原文称防御性能)指数。三项相乘后除以300称为综合性能指数。为评定飞机的设计水平,将综合性能指数除以发动机功率,称为"设计优劣指数"。将综合性能指数除以飞机空重得出"生产效果指数"。后一指数带有经济性的特点,因为飞机的空重和生产成本有很密切的关系。"生产效果指数"在一定程度上反映出其效费比。

该文评比第二次世界大战的歼击机时选用略有不同的参数。它们是速度性能指数、盘旋性能指数、火力指数、航程指数和生存力指数。将这五种指数相乘再除以 500 得出综合性能指数。"生产效果指数"与"设计优劣指数"的计算方法与第一次世界大战的飞机相同。此外还增加两项评比的指数分别称为"速度攻击力指数"和"盘旋攻击力指数",前者是火力指数与速度性能指数的乘积,后者为火力指数与盘旋性能指数的乘积。

各种指数的具体计算方法如下。

速度性能指数是以标准飞机的最大速度为 100,其他飞机的最大速度与之相比求得指数。例如某种飞机的速度是标准飞机的最大速度的 2 倍,则其速度性能指数为 200。

盘旋性能指数是飞机的翼载荷与标准飞机翼载荷的比值,除以飞机的单位功率重量和标准飞机的单位功率重量比值,再乘以 100。因为盘旋性能与单位功率重量以及翼载荷都成反比。每一单位功率负担的飞机重量愈小,翼载荷愈低,飞机盘旋性能愈好。

生存力指数用飞机的几何尺寸计算。飞机愈小,生存力愈高。具体数值等于标准飞机翼面积与飞机翼面积比值再开方后乘以 100。

火力指数是飞机上装载的枪炮口径乘以枪炮数量之和与标准飞机同样方法计算结果的比值再乘以 100,例如日本"零"式飞机有 2 门 7.7 mm 口径机枪和 2 门 20 mm 口径航炮。这两项乘积之和为 55.4。而前苏联拉—7 歼击机的机载武器为 3 门 20 mm 口径航炮,乘积为 60。两者相比得 1.08,所以拉—7 飞机的火力指数是 108。

航程指数是飞机的最大航程与标准飞机的最大航程之比再开方乘以 100。例如"零"式飞机航程为 2 450 km,拉—7 飞机航程 635 km,两者相比得 0.259,开方后得 0.509,所以拉—7 飞机的航程指数为准 50.9 或 51。

根据这些指数的计算方法对"零"式、德国 Bf 109E、福克武夫 109A、前苏联拉—7、雅克—3、米格—3 和美国 P—63 等飞机综合指数都小于是 100,分别为 37,73,47,72,26 和 54。"零"式飞机的"优异"性能主要是计算时将其航程定为 2 450 km,可能是带副油箱的性能,而其他飞机都不带副油箱,只能飞几百千米,最远的米格—3 也只飞 1 250 km。这里并不为了确切地评比第二次世界大战的单座歼击机,而只是想介绍这方法给读者参考。

4. 多参数(品质) 分析法

多品质效能分析法是参照多目标决策(Multiple Criteria Decision)制定的方法。它要先选定与作战能力有关的参数(在这方法中称品质),然后估算出该品质的效能函数(通常用曲线表示)。单项品质的效能值通过查效能函数曲线求得。总效能是各个品质效能值经加权处理再综合起来。如果总效能牵涉几个方面则先分开计算然后再综合。综合可用加法,也可用乘法。

这种方法的特点是单项品质的效能值不是以某一基准飞机或对比飞机中的最高值为准,而是根据该品质的特点结合作战要求画出曲线决定。例如要求用歼击机的最大飞行 Ma 数作为评定效能的一项品质,可根据作战特点认为 Ma 数 2.3 效能最好,用 1.0 表示。同时认为最大 Ma 数 0.90 是不允许的,即效能为 0。这样 Ma 数的上下限就确定了。但从 Ma 数 0.90 到 2.3 之间,对应不同 Ma 数的效能是多少要按空战要求或经验来决定。例如使用现代导弹的飞机对抗现代歼击机，Ma 数 1.8 即可取得良好的效果，为此使曲线从 Ma 数 1.8 到 2.3 的品质效能值都是 1.0。而从 Ma 数 0.90 到 1.8 之间的曲线形状则用直线、抛物线或任何其他合理的曲线形状。如果决定曲线形状没有科学的或合理的依据时，只好采用主观假设。其他各项品质的效能曲线也按这思路制定。

　　求综合效能值时，如果各品质之间是相加关系，将各品质效能值分别乘上对应的加权系数和即得到需要结果。各加权系数的大小应由专家决定，但要满足两个条件：一是加权系数值都应小于 1.0；二是各加权系数之和应正好等于 1.0。用这种方法计算的结果，综合效能值通常小于 1.0，无论如何不能大于 1.0。

　　如果各品质之间是乘法关系，计算综合效能的方法稍为复杂一些。设预定的评选品质为 $X_1, X_2, X_3, \cdots, X_n$。根据各自的效能曲线得出其效能值分别为 $U_1(X_1), U_2(X_2), \cdots, U_n(X_n)$。而各品质的加权系数分别为 $K_1, K_2, K_3, \cdots, K_n$。总效能用 $U(\overline{X})$ 表示。总效能与各分项效能的关系应满足下式：

$$1 + KU(\overline{X}) = \prod_{i=1}^{n} \left[(1 + KK_i U_i(X_i)) \right] \tag{5.15}$$

式中右侧表示各单项品质效有值乘上加权系数再乘上 K 值加 1 后的总乘积。K 值称为总效能计算系数，要用代数方法求出。方法是令 $U(\overline{X})$ 和各单项效能值 $U_i(X_i)$ 都等于 1，然后代入式中，解这代数式即可求得 K 值（各 K_i 值是已知的）。但如果一共有 n 个单项品质，这代数式即为 n 阶方程，含有 K^n 项。一般来说 n 大于 4 即难以用解析法直接求解 K 值。目前可用计算器按逐步试算方法求 K 的近似值。知道 K 值后再将 $U_i(X_i)$ 及有关的 K_i 真正数值代入(5.15)式中即可求出该型飞机的综合效能值 $U(\overline{X})$。这数值也是一个小于 1.0 的数字。

　　请专家评定各单项品质的加权系数时必须符合两个要求，一是各项加权系数值应小于 1.0，其次是各项的加权系数之和应小于 1.0，例如等于 0.90。如果一共有 4 项评定品质，各项的重要性相等，加权系数可以都为 0.24 而不能是 0.25，否则将无法求出 K 值。

　　这种方法的优点是单项品质效能值的决定比较科学，可以结合作战要求或使用特点。如果判定的曲线设置合理，结果将更符合实际。但缺点也在这方面。制定作战飞机单项品质效能函数曲线不容易找到合理的依据，所以往往用直线代替，而且运算过程比较复杂，得出的结果也在很大程度上受专家评定的加权系数所左右。

　　5. 对数法

　　这方法正式发表在中国国防科技信息中心 1987 年的《中国、美国国防系统分析方法学术讨论论文集》，标题是《作战飞机的装备效能指数》。它利用相对参数作为衡量作战飞机能力的依据。基准是现代作战飞机的先进指标或标准值。数据的处理上采用自然对数来"压缩"数值大小，即用幂数作为作战能力指数而不是用自然值，所以现称之为对数法。这里介绍的计算方法与发表的原文比较已针对武器装备的发展作了一些修改，多增加一些评估因素。

　　作战飞机的作战能力可分两大类：一为空对空，一为空对地。两者在飞机总作战能力评估中各占多少分量要根据使用方对该型飞机的要求而定。设 C 为空战能力指数，D 为空对地攻击能力指数，E 为总作战能力指数，则

$$E = a_1 C + a_2 K_1 D \qquad (5.16)$$

式中，a_1,a_2 为空对空和空对地任务分配系数，两者之和应等于1。例如制空歼击机 a_1 为 1.0，a_2 为 0，即不要求对地攻击能力。战斗机 a_1 为 0.8，a_2 为 0.2，战斗轰炸机 a_1 为 0.3，a_2 为 0.7，而轰炸机则 a_1 为 0，a_2 为 1.0。当然这只是举例说明，使用方可以提出任何其他比例。K_1 是平衡系数，由于计算 C 和 D 值方法不同，两者数值可能不相匹配，这就要用 K_1 值来调整。但在这里介绍的方法中，C 和 D 值基本协调，可令 $K_1 = 1$。

(1)空对空作战能力指数：这种方法选用有关空战的7个主要项目来衡量飞机空对空作战能力。它们是机动性、火力、探测目标能力、操纵效能、生存力、航程和电子对抗能力。将前三项的对数值相加，最后乘上后四项系数即得出总空战能力指数。用公式表示为

$$C = [\ln B + \ln(\sum A_1 + 1) + \ln(\sum A_2)]\varepsilon_1\varepsilon_2\varepsilon_3\varepsilon_4 \qquad (5.17)$$

式中，C 为空战能力指数；B 为机动性参数；A_1 为火力参数；A_2 为探测能力参数；ε_1 是操纵效能系数；ε_2 是生存力系数；ε_3 是航程系数；ε_4 是电子对抗能力系数。

为避免各数值交互影响带来计算上的困难，所有参数都用该飞机及挂载武器的标准值或最佳值，不互相关联。例如挂载很多武器和不挂武器，飞机的机动性将会有较大差异。这里不考虑这种变化。所以计算得出的能力指数只代表其可能的最佳能力，并不完全是实战的情况。如果按不同外挂状态下的不同机动性计算，可能得出一个最大和最小指数值，即一个指数范围。这样做本来更合理一些。但由于这种方法经常要用来估算一些外国飞机或新飞机，数据来源是个大难题。过分复杂的数据要求是不现实的。一般只好用该型飞机的设计标准值。

机动性参数 B 用飞机最大允许过载(n_{ymax})、最大稳定盘旋过载($n_{y盘}$)和最大单位重量剩余功率(SEP，单位 m/s)求得。公式为

$$B = (n_{ymax} + n_{y盘} + \text{SEP} \times 9/300) \qquad (5.18)$$

计算时稳定盘旋过载可用典型高度、典型 Ma 数的数值。例如以 5 000 m 高度 Ma 数 0.90 的盘旋过载作为典型状态。但很多时候，对于外国作战飞机这数值是不知道的，而现代战斗机海平面最大稳定盘旋过载往往受强度限制，即等于 n_{ymax}。所以用海平面最大稳定盘旋过载值会方便一些。对于有过失速机动能力的战斗机，可按上述计算的 B 值乘以 $(\alpha_{可用}/24)^{0.5}$ 修正。$\alpha_{可用}$ 是过失速机动可用最大迎角(°)。

火力参数要考虑不同的机载武器分别进行计算。例如飞机上有航炮和两种导弹，其火力系数分别为 $A_1^{炮}$，A_1^1 和 A_1^2。总火力参数为

$$\sum A_1 = A_1^{炮} + A_1^1 + A_1^2 \qquad (5.19)$$

航炮(或机枪)的火力系数($A_1^{炮}$)与其每分钟发射率(r/min)即射速，弹丸初速(m/s)，弹丸重量(N)，弹丸口径(mm)及该种航炮配置数量(n)有关。具体计算公式如下：

$$A_1^{炮} = K_{瞄}\left(\frac{发射率}{1\ 200}\right)\left(\frac{初速}{1\ 000}\right)^2\left(\frac{弹丸重量}{4}\right)\left(\frac{口径}{30}\right)n \tag{5.20}$$

式中各常数是标准值。$K_{瞄}$ 是瞄准具修正参数。用陀螺活动光环瞄准具时 $K_{瞄}$ 为 1.0,用固定光环瞄准时,$K_{瞄}$ 是 $0.4 \sim 0.5$,用快速瞄准具时,$K_{瞄}$ 为 $1.2 \sim 1.5$。

空—空导弹的火力参数计算考虑最大实际有效射程(km)、允许发射总高度差(km)、发射包线总攻击角(°)、单发杀伤概率(P_k)、导弹最大过载、导弹最大跟踪角速度(°/s)、总离轴发射角(超前及滞后离轴角之和,单位(°))和同类导弹挂载数量(n)。计算公式为

$$A_1^1 = 射程 \times 射高 \times P_k\left(\frac{总攻击角}{360}\right)\left(\frac{过载}{35}\right)\left(\frac{跟踪角速度}{20}\right)\left(\frac{总离轴发射角}{40}\right)\sqrt{n} \tag{5.21}$$

所有 A_1 值都是无量纲数字。求对数值前总火力参数中加上 1 的原因是为防止不挂导弹的飞机火力参数的对数值变为负值或无限大。

探测能力参数 A_2 包括三部分组成,即雷达(A_2^r)、红外搜索跟踪装置(A_2^{IR})和目视能力($A_2^{目}$):

$$\sum A_2 = A_2^r + A_2^{IR} + A_2^{目} \tag{5.22}$$

雷达探测能力参数包括最大发现目标距离(对 RCS 为 5 m^2 的目标,单位 km),发现目标概率,最大搜索总方位角(°),雷达体制衡量系数(K_2),同时跟踪目标数量(m_1)和同时允许攻击目标数量(m_2)。计算公式为

$$A_2^r = (发现距离^2/4)\left(\frac{总搜索方位角}{360}\right) \times 发现概率 \times K_2 \times (m_1 \times m_2)^{0.05} \tag{5.23}$$

式中雷达体制衡量系数(K_2)取值为:测距器 0.3,无角跟踪能力雷达 0.5,圆锥扫瞄雷达 0.5,单脉冲雷达 0.7,脉冲多普勒雷达 $0.8 \sim 1.0$,并按下视能力强弱选值。

红外搜索跟踪装置的探测能力参数的计算公式与式(5.23)相同,只是 K_2 取值改为:单元件亮点式红外探测器 0.3,多元固定式探测装置 0.5,搜索跟踪装置 $0.7 \sim 0.9$。如配有激光测距器则 K_2 值再增加 0.05。例如,据报道米格—29飞机的红外搜索跟踪装置(IRST)发现距离 60 km,搜索范围 120°,采用多红外单元线列式敏感系统,因此 K_2 取值 0.75,估计其发现概率为 0.80,A_2^{IR} 值为 180。

至于目视探测能力与飞机风挡及座舱盖设计有很大关系,计算公式与式(5.23)一样,但 K_2,m_1 及 m_2 为 1.0。目视可见距离一般为 8 km,发现概率 $0.59 \sim 0.75$,视场角在 $160° \sim 360°$ 之间,视不同飞机而定。初步估计结果,$A_2^{目}$ 的数值为:第二次世界大战时期战斗机视界不好,一般为 3.0,个别用水泡式座舱盖的飞机约为 6.4。F—5,F—111 等飞机是 5.2,F—4,F—104,米格—23,米格—31 为 6.35,"狂风"(Torn—ado)为 8.1,米格—29,"幻影"2000 等为 10.0,F—16,F—15 为 12.0。

飞行员操纵效能系数(ε_1)与飞机座舱布局、操纵系统及显示装置等因素有关。其取值的原则为:第二次世界大战时期战斗机 0.60,20 世纪 50 年代战斗机用一般仪表及液压助力操纵

系统的 0.70,有平视显示器的喷气战斗 0.80,用电传操纵、有平显的 0.85,用电传操纵、有平显、下显、数据总线及双杆技术(HOTAS)的 0.90。在这基础上更能发挥飞行员能力的设计从 0.90 到 1.0 之间取值。如配备有同步的头盔瞄准具时,ε_1 值加 0.05。

作战飞机生存力系数(ε_2)可用飞机的几何尺寸与雷达反射截面(RCS)为主要代表因素。计算公式为

$$\varepsilon_2 = \left(\frac{10}{翼长} \times \frac{15}{全长} \times \frac{5}{RCS}\right)^{0.062\,5} \tag{5.24}$$

翼展、全长(含空速管的长度)计算单位用 m。RCS 指迎头或尾后方位 120° 左右之内的对应 3 cm 波长雷达的平均值,单位为 m^2。

战斗机留空时间与作战效能有很大关系。如只考虑空战格斗性能,这因素可不计算。但留空时间长的飞机对综合作战能力的影响在实战情况下证明是十分明显的。特别是投掉副油箱后只靠机内油的留空时间最有用。空中加油一次可延长的作战时间或作战半径也直接受机内油量相对飞机重量的比值决定。原来该方法计算作战效能采用留空时间。现考虑到各种战斗机的留空时间数据很缺乏,而飞机的机内油最大航程数据较易查找,所以改用下式计算航程系数(ε_3):

$$\varepsilon_3 = (机内油最大航程,km/1\,400)^{0.25} \tag{5.25}$$

电子对抗能力系数(ε_4)比较难以确定。作战飞机上安装的电子对抗设备主要有全向雷达警戒系统、消极干扰投放系统、红外导弹积极干扰器、电磁波积极干扰器、导弹临近告警系统等。由于保密的原因,对各种作战飞机的电子对抗能力只能有个粗略的了解,难以作出精确的量化估计。如要计算可按表 5.8 取值。

最后根据上述公式即可计算出一些战斗机的空对空作战能力指数。

表 5.8   电子对抗能力系数 ε_4

序号	机载电子对抗设备	ε_4
1	全向雷达告警系统	1.05
2	全向告警系统＋消级干扰投放系统	1.10
3	同 2＋红外及电磁波积极干扰器	1.15
4	同 3＋导弹逼近告警系统、自动交连	1.20

(2) 空对地作战能力指数:空对地作战能力指数分两部分组成,即航程指数和武器效能指数。两者相加得出总值(D)。航程指数是当量航程的自然对数,武器效能指数是当量载弹量的自然对数。计算公式为

$$D = [\ln(当量航程) + \ln(当量载弹量)]\varepsilon_4 \tag{5.26}$$

ε_4 是电子对抗能力系数,取值见前面空对空作战能力指数计算。

当量航程与最大航程(R)、突防系数(P_e)、远程武器系数(R_m)、和导航能力系数(P_n)有关,其计算公式如下:

$$当量航程 = R \times P_e \times R_m \times P_n \tag{5.27}$$

式中最大航程可根据飞机性能取值。突防系数则与生存力系数(ε_2)、装甲系数、突防机动能力(用最大允许过载 n_{ymax} 代表)、突防最低高度($H_突$)和突防速度($v_突$)有关。计算公式为

$$P_e = [0.25 \times \varepsilon_2 + 0.15 \times 装甲系数 + 0.10 \times (n_{ymax}/9) +$$
$$0.25 \times (100/H_突) + 0.25 \times (v_突 /1\ 200)] \tag{5.28}$$

式中,生存力系数(ε_2)计算公式见式(5.24)。

装甲系数取值的依据为:全机有装甲保护$0.9 \sim 1.0$;座舱有装甲、系统部分装甲保护0.7;座椅前后、靠背有装甲$0.5 \sim 0.6$;没有装甲保护0.2。

式(5.27)中的远程武器系数是考虑使用"远"程武器,包括滑翔炸弹、巡航导弹等因素而设立的。相当于延长攻击飞机的航程,所以放在当量航程项目内。计算公式为

$$R_m = [(武器射程 /3) \times K_武 \times \sqrt{n} + 1] \tag{5.29}$$

式中,常数3相当于自由下落炸弹的平均射程(单位 km)。常数加1是为了不挂远程武器时不至于令 R_m 为零。$K_武$ 是武器品种修正系数,取值准则为:普通炸弹0,滑翔炸弹0.5,半主动制导弹,例如激光制导、无线电或电视指令制导导弹0.75,全主动、发射后不管的导弹1.0。n 是该类武器数量。如挂不同类型远程对地击武器,只选其中 R_m 值最大的一种计算。

式(5.27)中的导航能力系数(P_n)按如下标准取值:机上只有无线电罗盘的0.5,增设塔康战术导航或类似系统的0.6,如再增加多普勒导航系统为0.7,增加惯性导航系统的增加$0.1 \sim 0.15$,增加卫星导航系统(GPS)的增加$0.1 \sim 0.2$。但 P_n 值最高超不过1.0。

对地攻击能力指数的另一部分是当量载弹量的自然对数。当量载弹量由最大载弹量(W_B)和对地攻击效率系数(P_a)的乘积决定。公式为

$$当量载弹量 = W_B \times P_a \tag{5.30}$$

式中,W_B 值可根据飞机的重量特性决定。对地攻击效率系数与机上外挂架数量、使用的武器精度系数及发现目标能力系数有关。挂架数量多少可决定飞机外挂武器品种的灵活性。挂架数量愈多对地攻击的适应性加强,更能有效地攻击各种不同的目标。P_a 的计算公式为

$$P_a = 0.2 \times 挂架数量 /15 + 0.4 \times 武器精度系数 + 0.4 \times 发现目标能力系数 \tag{5.31}$$

式中,武器精度系数取值准则为:导弹1.0,激光或电视自动制导武器0.9,无线电指令制导武器0.7,普通炸弹0.5。如同时带不同品种武器则按最好的武器决定此系数。

发现目标能力系数取值准则为:目视寻找目标0.6,有激光测距器加0.1,有前视红外(FLIR)或微光电视(LLTV)加$0.1 \sim 0.15$,只有对地攻击雷达,$0.8 \sim 0.9$。总的发现目标能力系数不大于1.0。

对数法所得结果可用于评估双方空军实力,也可用于各种飞机效费比分析。如用来估算两种战斗机空战损失比则可不考虑对地作战能力指数(D)和对空作战能力中的航程系数(ε_3),得出的空战能力指数称为格斗空战能力指数。

计算机模拟及空战演练表明,现代空战很难保持 4 架飞机以上的编队作战。大机群相遇很快会分解为双机对双机或最多 4 机对 4 机的空战。而且当飞机数量增加时,单机的空战能力优势会减弱。一般来说,1 对 1 空战的损失比接近于格斗空战能力指数的反比值。例如飞机 1 的指数为 5(C_1),飞机 2 的指数为 3(C_2)。飞机 2 与飞机 1 空战的损失比接近于 $C_1:C_2$,即 5:3 或 1.67:1。如果参战飞机数量(n)增加,则要修正格斗空战效能指数。设飞机 1 的数量为 n_1,飞机 2 的数量为 n_2,平均参战飞机数量为 $\bar{n}$,即 $\bar{n}=(n_1+n_2)/2$。x 为飞机数量对作战效能的修正幂数,n 等于 1 时 x 为 2,n 等于 2 时 x 为 1,n 等于 3 时 x 为 0.9,n 等于 4 时 x 为 0.8。可根据每方参战飞机数量($n \leqslant 4$)决定。设飞机 1 的格斗空战能力指数 C_1 比飞机 2 的格斗空战能力指数 C_2 大,即飞机 1 比飞机 2 作战能力好。这样飞机 2 与飞机 1 的空战损失比计算公式为

$$\text{损失比} = \text{飞机 2 损失架数} / \text{飞机 1 损失架数} = (n_1^{x_1}/n_2^{x_2})/\sqrt{C_2/C_1} \qquad (5.32)$$

例如飞机(1)的指数为 13.6,飞机(2)的指数为 8.0,飞机(1)参加作战 2 架,飞机(2)参加作战 4 架,$\bar{n}$ 为 3。这样,x_1 为 1,x_2 为 0.8,代入式(5.32)得

$$\text{飞机(2):飞机(1)的损失比} = \left(\frac{2}{4^{0.8}}\right)/\sqrt[3]{\frac{8}{13.6}} = 0.787$$

这就是说,飞机(2)的格斗空战性能虽然比飞机(1)差一些,但有数量上的优势,所以用 4 架飞机(2)打 2 架飞机(1)的结果,损失比对飞机(2)有利。飞机(1)损失 1 架,飞机(2)只损失 0.8 架左右。如果是 1 对 1 空战,上述空战损失比是 1.7:1,即飞机(1)损失 1 架,飞机(2)损失 1.7 架。如果是 2 对 2 空战,飞机(1)的优势下降,用式(5.32)计算结果损失比降为 1.3:1。

式(5.32)是根据空战演练 200 多次的统计结果拟合而得的。但这次演练没有使用中程导弹。如有中程导弹因素,这公式可能要作适当修改,可惜目前尚缺乏这方面的统计资料。

在目前对数法的计算中尚缺乏空对海(潜)攻击能力的估算部分,需要在今后继续开展研究探索工作。这部分估算得出的结果,可与空对地攻击能力指数按任务分配比例综合,也可以完全代替空对地攻击指数(如果纯粹用于空对海或空对潜作战)。

用对数法计算的作战能力指数基本上根据作战飞机的性能数据,而且都处理为无量纲值。这样就避免了带量纲数字在物理概念上不大好解释的困难,而且减少了主观因素。但实际上仍有一些因素不能不用经验评分的方法来处理。例如操纵效能、雷达体制上的优劣、导航能力判断等。特别是在现代战争中电子对抗手段对飞机作战效能影响极大。现在这个因素只用一个系数 ε_4 考虑。原因有两方面。一是电子对抗效能的评估十分复杂,需要专题研究。而且它对地面雷达、各种利用电磁波的武器来说基本上是一个范畴的问题。如果能统一解决了,对作战飞机效能的评估就可以引用。二是即使有一些电子对抗评估方法,具体数据也很难找到。电子战是现代军事装备中最保密的部分。各国研究出来的电子干扰机、电子对抗手段都

只能用本国的电子设备来对抗演练和校核。真正作战时是否有效还很难说。所以在作战飞机作战能力评估时一般先不考虑这问题。这并不表示对电子战威力的忽视或无知，而是目前尚未有简易可行的估算方法和有关资料。

5.5　多任务攻击机概念综合设计的基本原理

一、引言

现代多任务攻击机(Multi-Task Attacker，MTA)是指对敌国土、要地防空系统具有一定突防能力、能够深入敌纵深打击地面战术或战略目标的对地攻击机。历次现代局部战争表明，MTA在夺取制空和制海权、近远距空中支援等方面起着非常重要的作用，因此各航空发达国家一直十分重视MTA的研制与发展。为完成最终的对地攻击任务，MTA除了必须装备一定数量的空对地导弹(攻击性机载武器)之外，MTA同时必须配备一定数量的防御性机载系统(如多功能雷达、空对空防御导弹、无线电干扰系统、红外假目标、偶极子反射器等)，以提高其突防能力，显然，防御性机载系统性能越好，MTA的突防生存概率越大，但同时影响MTA的研制、生产和维护费用，而且必须以增加防御性机载系统的质量为代价，进而在给定起飞重量条件下将降低MTA许可有效装载的质量，降低每架MTA所能携带的空对地导弹的枚数。不难看出，在给定起飞重量下，攻击性机载武器和防御性机载系统概念构型设计参数只有在合理综合条件下才能使MTA的作战费用(对于完成给定的作战任务，即为费效比)最小。

除此之外，MTA的概念战术设计参数对MTA作战费效比也有着类似的复杂耦合的影响关系，下面举两例加以简要说明。①MTA进入敌防空系统作用区的纵深距离DA：随着DA的增大，一方面将导致MTA在敌防空系统中的损失增加，另一方面将增加所需的MTA航程，在给定起飞质量条件下必然导致有效装载的下降，这两方面均具有增加MTA作战费效比的趋势；但同时随着DA的增加，将减小MTA机载空对地武器发射边界离地面目标的距离和所需空对地武器的飞行距离，降低空对地武器起飞重量及几何尺寸，同时将提高机载空对地武器在敌防空系统中的生存概率，显然这些因素均具有降低MTA作战费效比的趋势。考虑到以上两方面的影响趋势，不难看出，在费效比最小为准则的MTA概念综合设计时可以优化选择DA的大小。②MTA停泊机场到敌防空系统作用区边界的距离DB：随着DB的增大，一方面在敌方对机场实施压制时MTA的易损性将下降，从而降低MTA在机场的损失数，进而具有降低MTA作战费效比的趋势；但另一方面，随着DB的增加，所需要MTA的航程将增加，从而降低了在给定起飞质量条件下MTA的有效装载，这样就具有增加MTA作战费效比的趋势，因此与DA一样，在以完成作战任务总费效比最小为准则的MTA概念综合设计时也可以优化选择DB的大小。由于在具体作战环境下，DA单值确定了MTA机载空对地武器(如空对地导弹)所需飞行距离LA，而DA和DB在给定起飞重量条件下单值确定了MTA所需的航程LAB，因此在

MTA 概念综合设计时可以优化选择 MTA 的重要概念设计参数 LA 和 LAB。至于其他概念设计参数之间也存在类似的内在相互制约关系。

从以上简要分析可见,在概念设计阶段,概念设计(或概念战术设计)参数对 MTA 作战费效比存在着复杂的相互牵连甚至相互矛盾的影响关系,据有关文献报道,虽然概念设计阶段所需费用只占 MTA 研制生产与维护总经费的 3% 左右,但它的设计结果直接影响 MTA 的生产、维护特性及最终综合作战效能效能水平(即作战费效比),这一设计阶段从某种程度上讲对 MTA 的设计成败起着决定性的作用。因而,寻求合理的 MTA 概念设计方法是现代飞机设计中的重要课题之一,本节以 MTA 为研究背景,给出了一种以作战费效比为准则的概念综合设计的基本原理,为 MTA 的综合综合设计提供参考。

二、MTA 概念综合设计任务的确立

设新型号 MTA 的设计目的是在给定作战环境下的一次性作战行动中击毁敌 N_A 个数量的广义目标,需要优化确定 MTA 的各类概念设计和概念战术设计参数,使得在 MTA 的作战生存期限内的研制、试验、生产和维护总费用最小(在完成给定作战任务时,相当于费效比最小)。该设计思想可用下式描述:

$$W(X^*) = \min_{\substack{D = \hat{D} \\ X \varepsilon \hat{X}}} \max_{\substack{G \varepsilon G \\ Y \varepsilon Y \\ V \varepsilon V}} \int_U W(X, Y, G, D, U, V) \mathrm{d}F(U) \tag{5.33}$$

式中 $W(X, Y, G, D, U, V)$ 为 MTA 机群完成给定作战任务所需的的总研制、生产、维护费用,考虑到所要研制的 MTA 不但具有对地攻击能力,而且应具有一定的突防能力,W 一般可用下式估算:

$$W = C_\Sigma = C_{\mathrm{MTA}}^{\mathrm{YZSY}} + C_{\mathrm{AR}}^{\mathrm{YZSY}} + C_{\mathrm{DR}}^{\mathrm{YZSY}} + N_{\mathrm{MTA}}[C_{\mathrm{MTA}}^{\mathrm{P}} + C_{\mathrm{MTA}}^{\mathrm{WH}} +$$
$$n_{\mathrm{AR}}(C_{\mathrm{AP}}^{\mathrm{P}} + C_{\mathrm{AP}}^{\mathrm{WH}}) + n_{\mathrm{DR}}(C_{\mathrm{DR}}^{\mathrm{P}} + C_{\mathrm{DR}}^{\mathrm{WH}})] \tag{5.34}$$

式中,$C_{\mathrm{MTA}}^{\mathrm{YZSY}}$,$C_{\mathrm{MTA}}^{\mathrm{P}}$,$C_{\mathrm{MTA}}^{\mathrm{WH}}$ 分别为 MTA 的研制试验费用、批生产单价、MTA 在作战生存期限内的维护单价;$C_{\mathrm{AR}}^{\mathrm{YZSY}}$,$C_{\mathrm{AR}}^{\mathrm{P}}$,$C_{\mathrm{AR}}^{\mathrm{WH}}$ 分别为机载空对地导弹的研制试验费用、批生产单价、维护单价;$C_{\mathrm{DR}}^{\mathrm{YZSY}}$,$C_{\mathrm{DR}}^{\mathrm{P}}$,$C_{\mathrm{DR}}^{\mathrm{WH}}$ 分别为机载空对空防御导弹的研制试验费用、批生产单价、维护单价;N_{MTA} 为完成给定对地作战任务所需的 MTA 机群起始飞机架数;n_{AR} 为一架 MTA 所携带空对地导弹的枚数;n_{DR} 为一架 MTA 所携带空对空防御导弹的枚数。

显然 W 是 MTA 的概念构型设计参数 X,敌方各防御分系统(含地对地导弹、地对空导弹、截击机等)的技术特性参数 Y,MTA 的概念战术设计参数 D,敌方各防御分系统的作战战术特性参数 G,随机参数 U(其分布函数为 $F(U)$),不确定参数 V 的函数,即 $W = W(X, Y, G, D, U, V)$,对于不同的设计要求,以上参数具有不同的范围和形式。下面仅对典型的参数范围和形式作一简要说明。

MTA 的概念构型设计参数集 X,它包括以下两类:

(1) MTA 的结构性设计参数：

—— 起飞重量 G_{MTA0}；

—— 机载防御性系统的组成及其重量特性：$G_{FYS} = G_{FYW} + G_{LD} + G_{GR}$

式中，G_{FYW} 为 MTA 机载防御武器重量（主要为空对空导弹）：$G_{FYW} = \lambda n_{DR} G_{DR}$，其中 λ 为武器系统安装系数；n_{DR} 为机载空对空导弹枚数；G_{DR} 为空对空导弹重量；

G_{LD} 为目标扫描—瞄准系统（机载雷达）重量：$G_{LD} = G_{LD}(P_{MTALD}, \varphi_{FY} \times \theta_{FW}, T_{MTALD})$，其中 P_{MTALD} 为 MTA 机载雷达的每赫兹发射功率；T_{MTALD} 为 MTA 机载雷达扫描角空间 $\varphi_{FY} \times \theta_{FW}$ 所需时间；G_{GR} 为 MTA 机载无线电干扰系统重量：$G_{GR} = G_{GR}(P_{MTAGR}(\lambda_i), L_{OJZ}, \sigma_{OJZ}, L_{JM}, J_{JM})$，其中 $P_{MTAGR}(\lambda_i)$ 为 MTA 机载积极干扰系统在波段 λ_i 上的每赫兹干扰功率、L_{OJZ} 为偶极子反射器数量、σ_{OJZ} 为每束偶极子反射器有效雷达反射面积、L_{JM} 为红外假目标数量、J_{JM} 为每个红外假目标的辐射强度。

攻击性有效载荷重量 G_{YX}：$G_{YX} = n_{AR} G_{AR}$，其中 n_{AR} 为机载空对地导弹的枚数；G_{AR} 为空对地导弹单发重量。

(2) MTA 的功能性参数：

MTA 机载雷达目标截获距离 D_{JH}；

MTA 机载无线电干扰系统的压制距离；

空对空防御导弹的可发射区参数；

空对地导弹的可发射区参数等。

MTA 的概念战术设计参数集 D：

MTA 停泊机场到敌防空系统作用区边界的距离 DB；

MTA 进入敌防空系统作用区的纵深距离 DA；

无线电对抗及空对空防御导弹的使用战术参数；

MTA 机群作战空间组织方式参数等。

敌方各防御分系统（含地对地导弹、地对空导弹、截击机等）的技术特性参数集 Y：

敌国土防空截击机截击技术特性参数；

敌要地防空系统（敌对空导弹系统）技术特性参数；

敌远距目标搜寻、截获及跟踪系统的技术特性参数等。

敌方各防御分系统的作战战术特性参数 G：

敌方对 MTA 停泊机场攻击时弹药（如地对地导弹等）的分配情况；

敌截击机拦截 MTA 时所采用的攻击进入角等。

在 MTA 的概念设计阶段一般可认为敌防御系统的其他作战战术保持不变。

在作战过程中所涉及的已知分布函数 $F(U)$ 的随机参数 U：

战区地形分布；

战区气候条件等。

在作战过程中所涉及的不确定参数 V,在 MTA 的概念设计过程中,为简化设计过程一般可不考虑此因素。

三、MTA 典型可选方案构成

在 MTA 概念设计阶段,一般可按吨位将 MTA 分为 M_{MTA} 个方案:$\{G_{MTA0}(j), j=1, 2,\cdots,M_{MTA}\}$,其中 $G_{MTA0}(j)$ 为第 j 个方案的 MTA 起飞重量。

对于每一个固定的起飞重量,又必须研究以下可选方案:

(1) MTA 携带空对地导弹进入敌防空系统作用区。此时,MTA 概念综合设计将优化选择进入敌防空系统作用区的纵深距离 DA,MTA 机载防御系统的组成和特性参数;

(2) MTA 携带防区外发射空对地导弹,MTA 无须进入敌防空作用区,即可完成对敌地面目标的攻击,此时 MTA 无须装备除目标扫描-瞄准系统(机载雷达)之外的防御系统。显然,第二种方案是第一种方案的极限情况。

MTA 停泊机场到敌防空系统作用区边界的距离 DB 是 MTA 另外一种重要的概念设计参数。值得指出的是,进入敌防空系统作用区的纵深距离 DA 单值确定了机载空对地导弹所需飞行距离;进入敌防空系统作用区的纵深距离 DA 和 MTA 停泊机场到敌防空系统作用区边界的距离 DB 单值确定了所需 MTA 的航程,在固定起飞重量下,确定了所需的燃油重量和可用有效装载。

机载防御系统典型可选方案主要包括防御系统不同的定性组成和各分系统技术参数集:

机载雷达:$P_{MTALD}, \varphi_{FY} \times \theta_{FW}, T_{MTALD}$

机载干扰系统:$P_{MTAGR}(\lambda_i), L_{OJZ}, \sigma_{OJZ}, L_{JM}, J_{JM}$

MTA 机载防御武器:n_{DR}, G_{DR}

四、MTA 概念综合设计典型模型系统的构成

为了合理选择 MTA 概念综合设计参数,使 MTA 具有好的综合作战效能,设计模型必须反映 MTA 的整个战斗飞行过程,根据 MTA 的作战特点,其整个战斗飞行过程一般可分为以下几个阶段:

(1)MTA 机群在机场的战斗准备阶段;

(2) 机群在给定空域的聚集;

(3)MTA 对敌防空系统突防;

(4)MTA 机载空对地导弹对敌防空系统突防;

(5)MTA 机载空对地导弹对地面目标的杀伤;

(6) 返航。

由 MTA 概念综合设计的任务及 MTA 战斗飞行过程并利用大系统分解的概念,可得到MTA 概念综合设计模型系统构成结构图(见图 5.2)。

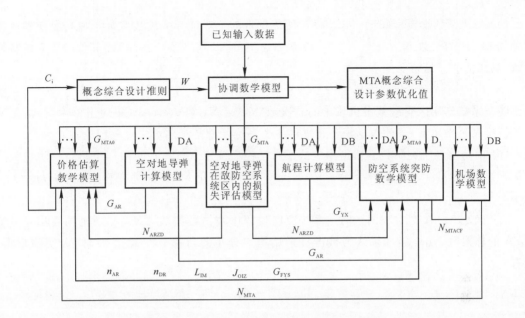

图5.2　MTA概念综合设计模型系统构成结构图

值得指出的是,模型中不包括机群在给定空域的聚集数学模型、MTA机载空对地导弹对地面目标的杀伤数学模型(即靶场效能计算模型),因为它们分别只用于校核MTA的所需航程、完成任务的所需靶场飞机数,具体说明可参见有关文献。

除此之外,因为讨论的是一次性作战行动,所以也无须建立返航数学模型。

五、典型MTA概念综合设计的基本算法

根据MTA概念综合设计模型及离散的MTA方案,可得到以下MTA概念综合设计的基本算法:

(1)由航程计算模型确定MTA有效装载 $G_{YX} = G_{YX}(\mathrm{DA}, \mathrm{DB}, G_{MTA0})$,计算时应考虑以下两个飞行阶段:

1)MTA满有效装载从机场飞行至机载空对地导弹发射边界;

2)返航。

(2)由空对地导弹计算模型确定空对地导弹起飞重量 $G_{AR} = G_{AR}(\mathrm{DA})$;由统计数据确定空对地导弹的飞行距离与其起飞重量的关系。

(3)由空对地导弹在敌防空系统区内的损失评估模型确定所需的空对地导弹战斗基数 $N_{ARZD} = N_{ARZD}(\mathrm{DA})$。

（4）由协调数学模型确定一架 MTA 所能携带的空对地导弹的枚数 n_{AR} 和完成任务所需的靶场 MTA 的架数 $N_{MTABC} = N_{MTABC}(n_{AR}, N_{ARZD}, n_{DR}, X_{FY})$（$X_{FY}$ 为 MTA 其他防御系统特性参数，具体情况参见第 5.5 节中的二）。

（5）由防空系统突防数学模型中敌国土防空截击机远距导引子数学模型确定 MTA 在敌国土防空系统作用区受敌截击机攻击的总次数 $N_{AT} = N_{AT}(DA, X_{FY})$（每攻击一次，截击机使用单位广义杀伤单元）。此数学模型建立的主要理论基础是马尔可夫过程理论。

（6）由防空系统突防数学模型中空战子数学模型确定 MTA 在对敌国土防空突防过程中的被击毁概率 $Q_{MTA} = Q_{MTA}(n_{DR}, X_{FY})$。在此模型中将优化 MTA 的防御作战战术，以使 Q_{MTA} 最小。

（7）确定 MTA 在对敌国土防空系统突防过程中被击毁架数 ΔN_{SS} 和从机场战斗起飞的 MTA 的总架数 N_{MTAQF}，如果认为截击机采用均匀分布的目标分配规律对 MTA 实施攻击，则有

$$\Delta N_{SS} = N_{MTAQF} - N_{MTABC} = N_{MTAQF} \{1. - (1 - Q_{MTA})^{\left[\frac{N_{AT}}{N_{MTAQFF}}\right]} (1. - < \frac{N_{AT}}{N_{MTAQF}} > Q_{MTA})\}$$

（5.35）

式中 $[.]$ 表示取数的整数部分，$<.>$ 表示取数的小数部分。

由式（5.35）通过迭代即可求出 ΔN_{SS} 和 N_{MTAQF}。

（8）由机场数学模型确定 MTA 机群在机场被击毁的架数 $\Delta N_{JCSS} = \Delta N_{JCSS}(DB)$。在此模型中要考虑不同的 MTA 停泊机场方案（包括机场分布及每个机场所停泊的 MTA 的架数等），本模型的主要理论基础是极大值原理。

（9）由价格估算数学模型计算所讨论 MTA 方案的设计目标函数值（即 MTA 完成作战任务所需的全生存周期作战费用 W 值，参见式（5.35））。

（10）在协调数学模型中构造下一个计算方案，并且返回到设计步骤（1），重复设计步骤（1）～（9），直到完成所有有限计算方案为止。

至于各数学模型的建立原理及其详细的输入输出情况参见有关文献。

通过比较各计算方案的 W 值，即可获得最优方案及其对应的典型优化设计参数值：

· MTA 起飞重量 G^*_{MTA0}；

· MTA 停泊机场到敌防空系统作用区边界的距离 DB^*；

· MTA 进入敌防空系统作用区的纵深距离 DA^*；

· MTA 机载空对地导弹的起飞重量 G^*_{AR} 和枚数 n^*_{AR}；

· MTA 机载雷达特性参数：前、后半球对目标的截获距离 $D^*_{JH}|_{\sigma, P, PXJ}$（目标雷达反射面积为 σ、目标正确截获概率为 P、目标截获虚警概率为 PXJ）；$\varphi^*_{FY} \times \theta^*_{FW}, T^*_{MTALD}$；

· MTA 机载无线电干扰系统特性参数：在波段 λ_i 上的每赫兹干扰功率 $P^*_{MTAGR}(\lambda_i)$；

- MTA 机载空对空防御导弹的起飞重量 G_{DR}^* 和枚数 n_{DR}^*；
- MTA 机载红外假目标数量 L_{JM}^*（每个红外假目标的辐射强度为 J_{JM}）；
- MTA 机载偶极子反射器数量 L_{OJZ}^*（每束偶极子反射器有效雷达反射面积为 σ_{OJZ}）。

第6章 飞机总体参数优化

6.1 飞机总体参数的多学科设计优化

一、多学科设计优化的基本概念

飞机总体设计是一个复杂的系统工程,覆盖了多个学科的内容,例如空气动力学、结构学、推进理论、控制论等。对某一个学科领域,进行计算分析和优化设计,可以建立起数学模型和计算软件,对于复杂的工程系统,目前很难建立起统一的分析和优化的数学模型,只能是各子系统模型和计算软件的"总装配",这种装配式的设计必将是低效、耗时和昂贵的。它包括了大量的设计变量,性能状态变量,约束方程,各个系统模型相互交叉影响,各个设计目标对设计变量的要求相互矛盾,子系统的构成可能是由不同领域的专家甚至在不同地点来操作运行的。因此需要发展一种高效适合于像飞机这样的复杂工程系统设计优化的方法。多学科设计优化(Multidisciplinary Design Optimization)技术就是解决由相互耦合的物理现象控制的,由若干不同的交互子系统构成的复杂工程系统设计的有效方法。多学科设计优化技术在提供变量、约束、性能间交互作用和耦合信息的基础上实现同时满足各学科和系统约束的设计,具有对各种设计方案迅速进行折中分析的能力。多学科设计优化已成为研究的热点,是许多国际学术会议讨论的主题。它不仅仅是学术研究,而且已经用于工程实践,如在飞机改型设计中,以最小重量和成本代价对现有飞机实现改变设计要求,迅速计算出设计参数对性能的影响,有效控制寿命周期费用。

多学科设计优化是一种解决大型复杂工程系统设计过程中耦合与权衡问题,同时对整个工程进行综合优化设计的有效方法。它利用计算机网络技术集成各个学科(子系统)的知识,应用有效的设计优化策略,组织和管理设计过程,充分利用子系统之间相互作用产生的协同效应,获得系统的整体最优解。多学科设计优化通过并行设计缩短设计周期,这与现代制造技术中的并行工程思想是一致的。多学科设计优化技术有下列特点:

(1)通过对整个系统的优化设计解决不同学科间权衡问题,给出整个系统的最优设计方案,提高设计质量。

(2)通过直接或间接的数值计算方法解决各学科之间的耦合问题,容易获得各学科之间协调一致的设计,消除了过去依靠经验试凑迭代计算解决耦合问题。

(3)通过系统分解使计算并行化成为可能,通过计算机网络将分散在不同地区和设计部门的计算模块和专家组织起来,实现并行设计,使系统的综合优化设计变得简单。

（4）通过近似技术和可变复杂性模型的分析方法,减少系统分析次数,提高设计优化效率。

（5）通过系统和各子系统数学模型的模块化以及它们之间有效的通信及其组织形式,使各学科各计算模块之间数据传输量和所需附加操作尽可能少。

二、协同优化（Collaborative Optimization）

协同优化将优化设计问题分为两级:一个系统级和并行的多个学科级。系统级向各学科级分配系统级变量的目标值,各学科级在满足自身约束的条件下,其目标函数应使在本学科优化得到的系统级变量值与系统级分配下来的目标值的差距最小;经学科级优化后,各目标函数再传回给系统级,构成系统级的一致性约束以解决各学科间系统级变量的不一致性。由于协同优化独特的计算结构,一般情况下,要经过多次系统级优化才能达到学科间的协调。

协同优化的系统级优化问题表述如下:

$$\min f(\boldsymbol{z})$$
$$\text{s. t.} \quad J_i(\boldsymbol{z}, \boldsymbol{p}) = \sum_{j=1}^{h_i} (p_{ij} - z_{ij})^2 = 0, i = 1, \cdots, N \tag{6.1}$$

式中　$f(\boldsymbol{z})$——系统级目标函数;

$\boldsymbol{z}$——系统级设计变量向量,共有 k 个,z_{ij} 表示第 j 个系统级设计变量,被分配到了第 i 个学科中;

$\boldsymbol{p}$——系统级设计参数向量,它是学科级优化的设计变量最优解,共有 l 个,p_{ij} 表示第 j 个设计变量最优解,由第 i 个学科级优化传来,它是系统级分配给学科级优化的设计变量的函数;

J——系统级约束,共有 N 个;

h_i——系统级分配到第 i 个学科级的设计变量个数;

协同优化的学科级优化问题表述如下（以第 i 个学科为例）:

$$\min \quad J_i(\boldsymbol{x}, \boldsymbol{q}) = \sum_{j=1}^{h_i} (x_{ij} - q_{ij})^2$$
$$\text{s. t.} \quad c_i \leqslant 0 \tag{6.2}$$

式中　$\boldsymbol{q}$——学科级优化目标变量,等于系统级分配下来的系统级设计变量 z;

$\boldsymbol{x}$——学科级优化设计变量;

c_i——学科级优化约束;

系统级优化同学科级优化的关系如下:

$$p_{ij} = x_{ij}^*, \qquad q_{ij} = z_{ij}$$

上式表明,学科级优化时用到的参数 $\boldsymbol{q}$ 就是系统级优化的设计变量的最优解,而系统级优化时用到的参数 $\boldsymbol{p}$ 是学科级优化的设计变量的最优解。在协同优化中,系统级一致性约束和学科级目标函数之间的关系比较复杂但十分重要。

协同优化中,系统级优化使系统目标函数最小,同时设法使系统级设计变量最优解的约束违背程度(本质上是学科间的不一致性)趋近于 0,然后系统级优化将系统级设计变量最优解 q 分配到各个学科中,而学科级优化则设法找到本学科可行域内与系统级优化分配的最优解最近的点 p,并且将该点返回给系统级,系统级优化将利用各个学科返回的解进一步使系统级设计变量最优解的约束违背程度趋近于 0,这个过程不断进行,直到迭代收敛为止。协同优化算法的框架及各模块间信息通讯如图 6.1 所示。

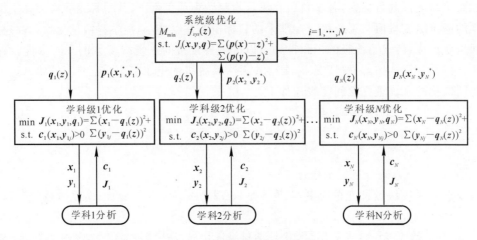

图 6.1　协同优化算法框架图

一、并行子空间优化(Concurrent Subspace Optimization)

并行子空间优化算法将设计优化问题分解为若干个学科级优化问题和一个系统级优化问题。在学科级(子空间) 优化中,本学科的状态变量计算通过该学科的精确模型来获取,所涉及的其他学科的状态变量计算通过某种近似模型来得到。各学科优化计算相互独立,可并行进行,因此称为并行子空间优化算法。近似方法的不同,衍生出不同的 CSSO 算法,采用响应面近似技术来构造学科间近似关系的 CSSO 算法称为基于响应面近似的并行子空间优化算法,其算法框架如图 6.2 所示。

图中:SA 代表系统分析过程(System Analysis,SA),也就是采用直接解耦方法解决系统耦合问题,提供满足耦合约束的协调解;而求解各个学科内部耦合方程的过程称为贡献分析(Contributing Analysis,CA);SA 和 CA 总的来说都使用精确模型求解状态变量的过程;SSO 代表子空间优化(Subspace Optimization,SSO),而 STO 代表系统级优化(System Optimization,STO),也就是系统级协调过程。SSO 和 STO 具有共同的优化目标,各个 SSO 具有各自的一组设计变量和状态变量,而所有这些设计变量和状态变量的集合组成了 STO 的设计变量和状态变量集。从图6.2可以看出，基于响应面的CSSO算法共由4个优化设计阶段和响应面近似过程构成，这4个阶段构成了基于响应面的并行子空间优化算法的迭代过程。基于响应面的并行子空间优化算法从图6.2左上角的系统分析过程开始，按逆时针顺序进行优化计算。为了在某一优化模块中获取其他学科的信息，即了解其他学科设计变量改变对本学科的影响，需先给出几组设计变量值作为初始信息，对它们进行系统分析和贡献分析，求出与设计变量对应的状态变量值，并利用这些信息构造响应面，以便构造状态变量和设计变量之间的近似函数关系。以上分析过程结束后，各个学科的设计人员就可以根据本学科的特点，采用本学科的精确计算工具和适当的优化算法来进行子空间优化，涉及其他学科的状态变量信息可通过响应面来获取。子空间优化结束后，利用优化结果再次进行系统分析和贡献分析，并把相应的设计变量和状态变量值补充到响应面构造数据库中，更新响应面。最后进行系统级优化，在系统级优化中，所有的状态变量信息均由响应面近似来获取。响应面近似的计算速度非常快，因此系统级优化耗费的计算时间非常少。系统级优化结束后，对系统级设计变量最优解再次进行系统分析和贡献分析以及更新响应面的过程，随着这个优化迭代循环不断进行，响应面越来越精确，最终收敛到一个最优解。

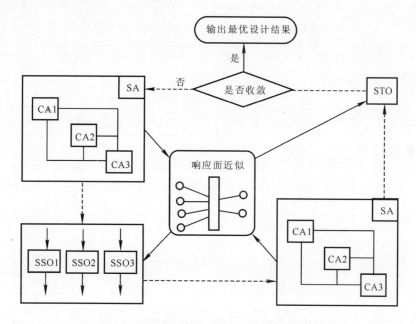

图6.2　基于响应面的并行子空间优化算法框架图

四、某通用航空飞机总体参数优化

本节用并行子空间优化方法解决某通用航空飞机概念设计阶段的总体参数优化问题。

（1）飞机总体参数优化问题，以飞机总重最小为目标，要求满足航程和失速速度的约束要求，即：航程必须大于允许的最小航程；失速速度不得超过允许的最大失速速度，以便获得较好的失速特性。该问题的设计变量如表 6.1 所示。

表 6.1　设计变量表

设计变量（符号）/ 单位	下限	上限
展弦比（A）	5	9
机翼面积（S_w）/m^2	9.29	27.87
机身长度（l_f）/m	6.096	9.144
机身直径（d_f）/m	1.219 2	1.524
巡航高度空气密度（ρ_c）/（$kg \cdot m^{-3}$）	0.979 2	1.185 4
巡航速度（V_c）/（$m \cdot s^{-1}$）	60.96	91.44
燃油重量（W_{fw}）/N	453.6	1 814.4

该问题中的固定参数如表 6.2 所示。

表 6.2　固定参数表

固定参数	符号	参考数值
机组人数	N_p	2
发动机效率	η	0.85
发动机耗油率 /m^{-1}	c	7.45×10^{-7}
有效载荷 /N	$W_{payload}$	1 805.328
最大过载	n_z	5.7
发动机数量	N_{en}	1
发动机重量 /N	W_{en}	893.592
最大升力系数	C_{Lmax}	1.7
最小航程 /km	$R_{required}$	901.23
最大失速速度 /（$m \cdot s^{-1}$）	$v_{srequired}$	21.336

（2）在飞机设计过程中，一般将气动、结构和性能等列为单独的学科进行分析和计算。这里的飞机概念阶段设计问题将重量单独列为一个学科，其主要原因是：重量学科所采用的数学模型较为复杂，模型内部存在 W_{dg} 与 W_E 的耦合关系，很难用一个简单的二次曲线（二次响应面）拟合出状态变量 W_{dg}、W_E 与各设计变量在整个定义域内的精确函数关系。单独建立重量学科并在学科内部进行精确分析将加快系统优化的收敛速度。从该学科运算结果与系统级优化结果的比较也可以看出，重量学科优化计算结果较接近最终优化结果，对整个系统分析起了较大的作用。

（3）该设计问题涉及三个学科：气动分析学科、重量分析学科和性能分析学科。各学科的信息交流如图 6.3 所示。

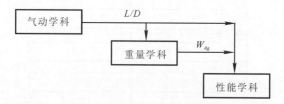

图 6.3 学科间信息交流图

基于响应面的并行子空间优化算法框架如图 6.4 所示（图中灰色图框用"⇔"右侧的子框图代替）。

基于响应面的并行子空间优化算法的计算步骤可归纳如下：

1）先用正交试验设计方法给出一组初始试验设计点 $\{(A,S_w,l_f,d_f,\rho_c,V_c,W_{fw})_i\}$；

2）在此基础上用各学科的精确计算工具进行分析，求出系统状态变量 $\{(S_{wet},L/D,W_E,W_{dg},R,V_s)_i\}$。如：用 Nastran 软件求解结构学科状态变量，用 CFD（计算流体动力学）方法求解气动学科状态变量等。在这里用一些经验公式代替了各学科的精确计算工具，作为各学科的精确计算模型。

3）将这些设计变量和状态变量数据添加到设计对象信息数据库中；

4）用这些数据构造学科级的响应面近似模型（即设计变量与状态变量的近似函数关系）；

5）各学科级并行优化，本学科的信息用相应的精确模型求解，涉及其他学科的信息通过响应面获取；

6）用精确的系统分析和贡献分析工具分析各学科优化所得的最优设计点，得到相应的状态变量信息；

7）将这些新增的设计点添加到设计对象信息数据库中；

8）用这些数据构造系统级的响应面近似模型；

9）在各学科近似模型的基础上进行系统级优化，得最优设计点 $(A,S_w,l_f,d_f,\rho_c,V_c,W_{fw})^*$；

10）判断是否收敛，若收敛，转第 11）步；不收敛，转第 2）步；

11）运算结束输出最优点。

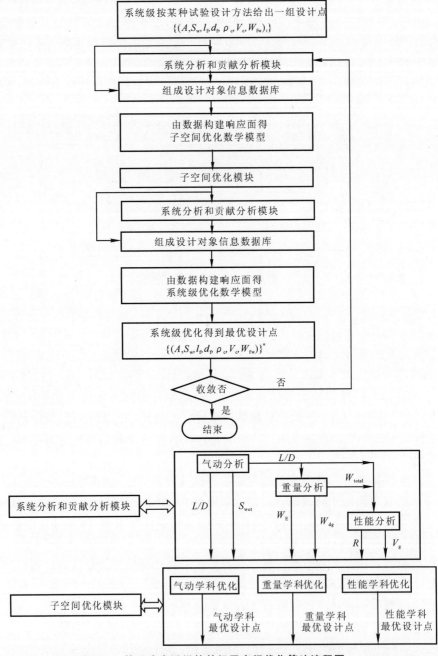

图 6.4　基于响应近似的并行子空间优化算法流程图

按照算法流程,编制算法程序。程序共分为系统分析和贡献分析模块、响应面近似模块和优化模块三大模块,数据均置于设计对象信息数据库中,各模块之间的数据传输如图 6.5 所示。

图中,"系统分析和贡献分析模块"与图 6.5 所示流程图中的同名模块对应,"响应面近似模块"执行流程图中构造响应面的环节,"优化模块"为流程图中的子空间优化模块和系统级优化提供优化算法框架。首先以试验设计方法(如正交设计、均匀设计等)给定一组初始设计点,主要目的是为了使初始设计点均匀分布于整个设计空间,尽量提高初始响应面的精确度,加速优化迭代收敛。然后将这些初始设计点传送给"系统分析和贡献分析模块",分析所得的状态变量信息连同初始设计点设计变量信息一同放入"设计对象信息数据库"中。"设计对象信息数据库"又将设计变量和状态变量信息提供给"响应面近似模块"用于计算近似模型,相应的近似模型系数提供给"优化模块",最后对优化所得结果进行系统分析,并将这些新的设计变量和状态变量信息添加到"设计对象信息数据库"中。如此循环传送数据,补充设计对象信息数据库,直到算法收敛。

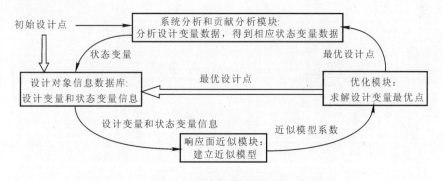

图 6.5　算法程序结构图

(4) 各学科内部的信息流如图 6.6 所示。

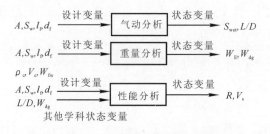

图 6.6　各学科内部信息流图

从图 6.6 可以看出,各学科以及系统级的设计变量和状态变量分别为:

气动学科:设计变量——A,S_w,l_f,d_f;状态变量——$S_{wet},L/D$

重量学科:设计变量——$A,S_w,l_f,d_f,\rho_c,V_c,W_{fw}$;状态变量——$W_E,W_{dg}$

性能学科:设计变量——A,S_w,l_f,d_f;状态变量——R,V_s

系统级:设计变量——$A,S_w,l_f,d_f,\rho_c,V_c,W_{fw}$;

状态变量——$L/D,W_{dg},R,V_s$

各学科精确分析工具用经验公式所组成的精确模型来代替,如式(6.3)~式(6.26)所示。

气动学科:

$$S_{wet} = S_{fuse} + 2S_w + 3 \times (0.2S_w) \tag{6.3}$$

$$S_{fuse} = \pi l_f d_f \tag{6.4}$$

$$L/D = 10.0 + 4.0 \times \left(\frac{A}{S_{wet}/S_w} - 1 \right) \tag{6.5}$$

式中,S_{wet} 是飞机的全机浸湿面积,S_{fuse} 是机身的浸湿面积。

重量学科:

$$W_{dg} = W_E + W_{fw} + W_{payload} \tag{6.6}$$

$$W_E = W_{struct} + W_{LG} + W_{prop} + W_{equip} \tag{6.7}$$

结构重量:

$$W_{struct} = W_{wing} + W_{HT} + W_{VT} + W_{fuse} \tag{6.8}$$

$$W_{wing} = 0.142\,7 S_w^{0.785} W_{fw}^{0.003\,5} \left(\frac{A}{(\cos(\Lambda_w))^2} \right)^{0.6} Q^{0.006} \lambda^{0.004} \times$$
$$\left(100 \frac{(t/c)_w}{\cos(\Lambda_w)} \right)^{-0.3} (N_z W_{dg})^{0.49} \qquad\qquad \text{(机翼重量)} \tag{6.9}$$

$$W_{HT} = 0.044\,2 S_{HT}^{0.896} \left(\frac{A_{HT}}{(\cos(\Lambda_{HT}))^2} \right)^{0.043} Q^{0.168} \lambda_{HT}^{-0.02} \times$$
$$\left(100 \frac{(t/c)_{HT}}{\cos(\Lambda_{HT})} \right)^{-0.12} (N_z W_{dg})^{0.414} \qquad\qquad \text{(平尾重量)} \tag{6.10}$$

$$W_{VT} = 0.022\,1(1+0.2H_t/H_v) S_{VT}^{0.873} \left(\frac{A_{VT}}{(\cos(\Lambda_{VT}))^2} \right)^{0.357} Q^{0.122} \lambda_{VT}^{-0.039} \times$$
$$\left(100 \frac{(t/c)_{VT}}{\cos(\Lambda_{VT})} \right)^{-0.49} (N_z W_{dg})^{0.376} \qquad\qquad \text{(垂尾重量)} \tag{6.11}$$

$$W_{fuse} = 0.132\,7 S_{fuse}^{1.086} (N_z W_{dg})^{0.177} L_t^{-0.051} (L/D)^{-0.072} Q^{0.241} + W_{press}$$
$$\text{(机身重量)} \tag{6.12}$$

在分析时假定机舱没有增压,因此 $W_{press}=0$。一般情况下,对单引擎通用飞机而言这样的假设是合理的。

起落架重量:

$$W_{LG} = W_{maingear} + W_{nosegear} \tag{6.13}$$

$$W_{\text{main gear}} = 0.128\,6(n_1 W_1)^{0.768}(L_m)^{0.409} \qquad \text{(主起落架重量)} \qquad (6.14)$$

$$W_{\text{nosegear}} = 0.242\,1(n_1 W_1)^{0.566}(L_n)^{0.845} \qquad \text{(前起落架重量)} \qquad (6.15)$$

假定采用的是前三点式起落架时,该分析是合理的。

推进系统重量:

$$W_{\text{prop}} = W_{\text{engines}} + W_{\text{fuelsystem}} \qquad\qquad (6.16)$$

$$W_{\text{engines}} = 2.421 W_{\text{en}}^{0.922} N_{\text{en}} \qquad \text{(发动机重量)} \qquad (6.17)$$

$$W_{\text{fuelsystem}} = 0.376\,6 V_t^{0.726}\left(\frac{1}{1+V_i/V_t}\right)^{0.363} N_t^{0.242} N_{\text{en}}^{0.157}$$

$$\text{(燃油系统重量)} \qquad (6.18)$$

设备重量:

$$W_{\text{equipment}} = W_{\text{flightcontrols}} + W_{\text{hydraulics}} + W_{\text{avionics}} + W_{\text{electrical}} + W_{a/c,\,anti-ice} \qquad (6.19)$$

$$W_{\text{flightcontrols}} = 0.436\,1 l_f^{1.536} B_w^{0.371}(0.000\,1 N_z W_{\text{dg}})^{0.8}$$

$$\text{(飞控系统重量)} \qquad (6.20)$$

$$W_{\text{hydraulics}} = 0.001 W_{\text{dg}} \qquad \text{(液压系统重量)} \qquad (6.21)$$

$$W_{\text{avionics}} = 2.007\,8 W_{\text{uav}}^{0.933} \qquad \text{(航电系统重量)} \qquad (6.22)$$

$$W_{\text{electrical}} = 8.533\,1(W_{\text{fuelsystem}} + W_{\text{avionics}})^{0.51} \qquad \text{(电气系统重量)} \qquad (6.23)$$

$$W_{a/c,\,anti-ice} = 0.207\,4 W_{\text{dg}}^{0.52} N_p^{0.68} W_{\text{avionics}}^{0.17} M^{0.08} \qquad \text{(防冰系统重量)} \qquad (6.24)$$

性能学科:

$$R = \eta \frac{L/D}{c}\ln\left(\frac{W_{\text{dg}}}{W_{\text{dg}} - W_{\text{fc}}}\right) \qquad\qquad (6.25)$$

$$V_s = \sqrt{\frac{2 W_{\text{dg}}}{\rho_c S_w C_{\text{Lmax}}}} \qquad\qquad (6.26)$$

重量学科所需参数如表 6.3 所示。

表 6.3　重量学科相关参数表

参数	符号	取值
机翼后掠角	Λ_w	0.0
空气动压	Q	$0.5\rho_c v_c^2$
机翼尖梢比	λ	1.0
机翼厚度比	$(t/c)_w$	0.15
平尾面积	S_{HT}	$0.2 S_w$

续　表

参数	符号	取值
平尾后掠角	Λ_{HT}	0.0
平尾尖梢比	λ_{HT}	1.0
平尾厚度比	$(t/c)_{HT}$	0.15
平尾展弦比	A_{HT}	$0.8A$
垂尾形式	H_t/H_v	0.0
垂尾面积	S_{VT}	$0.1S_w$
垂尾后掠角	Λ_{VT}	0.0
垂尾尖梢比	λ_{VT}	1.0
垂尾厚度比	$(t/c)_{VT}$	0.15
垂尾展弦比	A_{VT}	$0.8AR$
尾力臂	L_t	$0.81l_f$
主起落架长度	L_m	$d_f/2$
前起落架长度	L_n	$d_f/2$
总油箱容积	V_t	$W_{fw}/6.5$
整体油箱容积	V_i	V_t
油箱数	N_t	1
机翼翼展	B_w	$\sqrt{AR \times S_w}$
未装电子设备重量	W_{uav}	$0.05W_{dg}$
马赫数	Ma	$v_c/1\ 100$
着陆重量	W_1	$0.9W_{dg}$
着陆过载	n_l	3
巡航时耗油量	W_{fc}	$0.85W_{dg}$

（5）系统级和学科级的优化模型。

系统级优化模型：

$$\min \quad \widetilde{W}_{\mathrm{dg}} = \mathrm{RSM}(A, S_{\mathrm{w}}, l_{\mathrm{f}}, d_{\mathrm{f}}, \rho_{\mathrm{c}}, v_{\mathrm{c}}, W_{\mathrm{fw}})$$

$$\mathrm{s.\,t.} \quad 1 - \frac{\widetilde{R}}{R_{\mathrm{required}}} \leqslant 0$$

$$\frac{\widetilde{v}_{\mathrm{s}}}{v_{\mathrm{srequired}}} - 1 \leqslant 0$$

$$\widetilde{R} = \mathrm{RSM}(A, S_{\mathrm{w}}, l_{\mathrm{f}}, d_{\mathrm{f}}, \rho_{\mathrm{c}}, v_{\mathrm{c}}, W_{\mathrm{fw}}) \tag{6.27}$$

$$\widetilde{v}_{\mathrm{s}} = \mathrm{RSM}(A, S_{\mathrm{w}}, l_{\mathrm{f}}, d_{\mathrm{f}}, \rho_{\mathrm{c}}, v_{\mathrm{c}}, W_{\mathrm{fw}})$$

气动学科优化模型：

$$\min \quad \widetilde{W}_{\mathrm{dg}} = \mathrm{RSM}(A, S_{\mathrm{w}}, l_{\mathrm{f}}, d_{\mathrm{f}}, \rho_{\mathrm{c}}, v_{\mathrm{c}}, W_{\mathrm{fw}})$$

$$\mathrm{s.\,t.} \quad 1 - \frac{\widetilde{R}}{R_{\mathrm{required}}} \leqslant 0$$

$$\frac{\widetilde{v}_{\mathrm{s}}}{v_{\mathrm{srequired}}} - 1 \leqslant 0 \tag{6.28}$$

$$\widetilde{R} = \mathrm{RSM}(A, S_{\mathrm{w}}, l_{\mathrm{f}}, d_{\mathrm{f}}, \rho_{\mathrm{c}}, v_{\mathrm{c}}, W_{\mathrm{fw}})$$

$$\widetilde{v}_{\mathrm{s}} = \mathrm{RSM}(A, S_{\mathrm{w}}, l_{\mathrm{f}}, d_{\mathrm{f}}, \rho_{\mathrm{c}}, v_{\mathrm{c}}, W_{\mathrm{fw}})$$

重量学科优化模型：

$$\min \quad W_{\mathrm{dg}} = W_{\mathrm{E}} + W_{\mathrm{fw}} + W_{\mathrm{payload}}$$

$$\mathrm{s.\,t.} \quad 1 - \frac{\widetilde{R}}{R_{\mathrm{required}}} \leqslant 0$$

$$\frac{\widetilde{v}_{\mathrm{s}}}{v_{\mathrm{srequired}}} - 1 \leqslant 0 \tag{6.29}$$

$$\widetilde{R} = \mathrm{RSM}(A, S_{\mathrm{w}}, l_{\mathrm{f}}, d_{\mathrm{f}}, \rho_{\mathrm{c}}, v_{\mathrm{c}}, W_{\mathrm{fw}})$$

$$\widetilde{v}_{\mathrm{s}} = \mathrm{RSM}(A, S_{\mathrm{w}}, l_{\mathrm{f}}, d_{\mathrm{f}}, \rho_{\mathrm{c}}, v_{\mathrm{c}}, W_{\mathrm{fw}})$$

$$\widetilde{L/D} = \mathrm{RSM}(A, S_{\mathrm{w}}, l_{\mathrm{f}}, d_{\mathrm{f}}, \rho_{\mathrm{c}}, v_{\mathrm{c}}, W_{\mathrm{fw}})$$

重量学科存在内部耦合关系，需要通过迭代分析求出状态变量（W_{E} 和 W_{dg}）的精确值。W_{E} 的计算依赖于气动学科的 L/D，因此该学科的不确定性来自于 L/D 的近似信息。

性能学科优化模型：

$$\min \quad \widetilde{W}_{\mathrm{dg}} = \mathrm{RSM}(A, S_{\mathrm{w}}, l_{\mathrm{f}}, d_{\mathrm{f}}, \rho_{\mathrm{c}}, v_{\mathrm{c}}, W_{\mathrm{fw}})$$

$$\mathrm{s.\,t.} \quad 1 - \frac{r}{R_{\mathrm{required}}} \leqslant 0$$

$$\frac{v_{\mathrm{s}}}{v_{\mathrm{srequired}}} - 1 \leqslant 0 \tag{6.30}$$

$$\widetilde{L/D} = \mathrm{RSM}(A, S_{\mathrm{w}}, l_{\mathrm{f}}, d_{\mathrm{f}}, \rho_{\mathrm{c}}, v_{\mathrm{c}}, W_{\mathrm{fw}})$$

式中,"～"表示响应面构造的其他相关学科的近似模型,"RSM"代表响应面,不标注者为精确模型。假设各学科设计变量同系统级设计变量相同。在学科级优化中,采用本学科的精确模型和相关学科的响应面近似模型;而在系统级优化中,则采用各学科的近似响应面模型。各学科以及系统级的优化方法采用遗传-模拟退火混合遗传算法。

用以上基于响应面的并行子空间优化算法,经过 26 次迭代得到最优设计结果(迭代精度为 $|\Delta W_{dg}|/W_{dg} \leqslant 10^{-4}$),如图 6.7 所示。

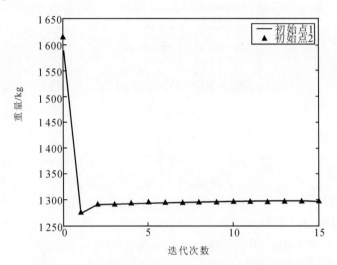

图 6.7 基于响应面近似的并行子空间优化算法叠代过程

基于响应面近似的并行子空间优化算法求出的最优解如表 6.4 所示。

表 6.4 基于响应面近似的并行子空间优化算法最优解

设计变量	A	$\dfrac{S_{w}}{m^{2}}$	$\dfrac{l_{f}}{m}$	$\dfrac{d_{f}}{m}$	$\dfrac{\rho_{c}}{(kg \cdot m^{-3})}$	$\dfrac{v_{c}}{(m \cdot s^{-1})}$	$\dfrac{W_{fw}}{kg}$
数值	5.000 2	9.29	6.096	1.219 2	0.998 3	60.96	124.525 3
目标函数	$\dfrac{W_{dg}}{N}$	状态变量	L/D	$\dfrac{W_{E}}{N}$	$\dfrac{S_{wet}}{m^{2}}$	$\dfrac{R}{km}$	$\dfrac{v_{s}}{m/s}$
数值	12 960	数值	9.96	9 925.5	47.51	904.012 5	7.08

从优化过程可以看出,基于响应面的并行子空间优化算法通过将一个复杂系统分解为若干个学科,降低了分析计算的难度。经过 15 次迭代,找到了最优点。在最优点处的设计变量

合理,航程和失速速度满足相应约束要求,证明基于响应面的并行子空间优化算法能有效求解大系统优化问题。

6.2　面向系统设计的方法

现代飞机设计是一个极复杂的系统工程,决定了飞机设计方法是建立和研究大型复杂系统的功能性规律最一般的描述及对其进行分析和综合的方法。其有别于以往设计方法的特征是:综合优化准则的应用;描述整个系统本质特征的数学模型的应用;数学优化方法、计算机技术的广泛应用。本节结合飞机现代设计技术对以上几个方面的特点进行的论述,对建立飞机综合设计的思想,提高综合设计与综合评估的能力与手段,有着重要的指导意义和理论价值。

一、现代飞机设计特点

作为设计对象的现代飞机是一个极复杂的工程系统,具有高度的层次结构。飞机本身有大量的构件与连接件,一架飞机所含的零部件及技术参数要达到 10^7 量级,而一辆汽车为 10^4 量级,一台金属切削机床为 10^3 量级。美国的波音 —747 大型客机,每架零件数量多达 600 万个。生产一架乘坐 19 人以下的小型飞机,飞机的零部件也要多达 10 万件,需要生产图纸 5 万多标准张,所需的原材料和锻铸件毛坯数千项。更重要的是保证飞机安全飞行和完成任务所需的各种设备,如通信、导航、显示和飞行控制设备等都需采用高新技术,如信息网络、激光、微波等。在这些数字及术语的背后是繁杂众多的专业,不仅包括一般机械加工工业的几乎所有专业,还有许多航空独有的技术专业。

无论是军用飞机还是民用飞机,都是由机体平台、动力系统、机载设备、控制系统等构成的。所以我们可以把飞机分成若干个完成各种功能的子系统,将这些子系统总和在一起就决定了它的有效性能。把飞机分成若干个子系统是为了分析和研究问题的方便,这决不意味着各子系统是完全独立的。飞机的各系统是相互联系和互相制约的。

飞机设计的任务是确定飞机的布局、结构和其他各组成部分。这些工作要保证在一定限度内使飞机最有效地满足给定的目标要求。为此需要有明确的设计目标,并需建立评价设计结果优劣的准则,从综合设计的观点出发,如果为了达到某一个或某些目标而不惜任何代价,显然是不可取的。

飞机设计是一个复杂的多阶段的过程,同时也是一个反复迭代、逐渐接近给定或最优的过程,这个过程的框图如图 6.8 所示。此框图的实质是在对各种备选设计方案多次重复分析的基础上实现对新的技术目标的综合。设计过程中的优化有双重作用:保证从所研究的许多方案中作出最优的决策;保证在抉择方案内确定设计参数最有利的组合。所以综合设计的思想和综合设计技术的广泛应用可以扩大设计方案的选择性,提高设计方案的全面性和在较短的时间内提高接近最优方案的程度,即提高设计质量,缩短设计周期。

图 6.8　飞机设计过程

二、面向系统设计的方法

现代飞机设计需要把物理、数学、空气动力学、飞行力学、控制原理、材料和工艺、经济学、发动机构造与原理、机械设计、结构力学等学科以及其他应用科学和基础科学的知识综合在一起。飞机设计中设计过程可分成若干阶段，而飞机则可划分成子系统和各部件。这也就决定了飞机设计的理论基础为系统工程的科学，其目标是建立和研究大型复杂系统的功能性规律最一般的描述及对其进行分析和综合的方法。

面向系统的设计方法是在充分考虑影响系统完成任务和达到指定目标的所有因素的基础上对系统进行研究。以数学模型为基础，系统设计的问题可归结为：总的目标函数在多种约束条件下的优化问题。

数学模型的建立从对设计对象的形式描述开始。在一般的情况下，设计对象靠其模型表达出其概念。为此一开始要找出合适的参数，使其能对模型分析的结果产生实质性的影响。这是设计工作带有创造性的十分重要的阶段，因为实质性的决定在很大程度上与设计的阶段、设计任务的类型有关，也在很大程度上与设计者的经验和对设计对象的透彻了解有关。

按照综合设计的方法，试图建立包括与设计工作有关的所有问题的万能的飞机设计模型是没有意义的。模型的形式，其完备性和可靠性不但取决于设计的工作阶段和设计任务，而且取决于所研制飞机的型别。

在飞机论证设计阶段，数学模型的作用特别大，基本上是采用有效性模型和经济性模型来描述大量的各个系统和组成部分的功能。飞机作为整个航空系统中的一员其数学模型可视为参数化的"点"模型，此时的飞机设计为面向工程的设计。

在飞机初步设计和详细设计阶段所使用的模型则不同，应尽量详细和完备地考虑影响选择设计方案的各种因素。这时的数学模型可视为参数化的"实体"模型，飞机设计为面向产品的设计。根据飞机性能和参数的关系，可将反映其结构和功能的不同方面分组，组成一系列的子模型，主要有：

（1）几何模型，描述飞机参数和其外形及尺寸特性之间的关系。用于在已选定的飞机总体布局和一定参数情况下确定飞机的几何定义，如外形、表面积、容积，以及机翼、尾翼和机身截面等。这一模型数据用于重量重心、气动和强度计算，飞机的布局和内部布置、结构的布置，以及工艺装配与数控。因此,这一模型也称之为统一数模。

(2) 重量模型,统一描述飞机几何形状与结构承力系统、飞机构造与设备布置、飞机装载情况与全机及各部件重量之间的关系。

(3) 气动模型,描述飞机的几何特性和气动力特性(在各种飞行状态下的气动阻力、升力、力矩以及力和力矩系数)之间的关系。

(4) 动力装置模型,描述在各种飞行状态下,发动机的尺寸、布置和推力及耗油率之间的关系。

(5) 飞行动力学模型,描述飞机的飞行性能和机动性能(速度范围、航程、爬升率、升限、过载等)与飞机的气动力、重量特性和动力装置特性之间的关系。

(6) 飞行操稳与控制模型,描述飞机的几何特性、重量特性(惯性)、气动力特性与操纵性、稳定性和控制系统之间的关系。

(7) 强度模型,描述飞机的气动载荷、重量和几何特性与飞机承力结构的强度特性、应力水平和变形大小之间的关系。现广泛采用的是有限元模型 FEM。

(8) 经济性模型,表示飞机的技术参数与其设计、生产和使用的费用之间的关系。

有了完全能够反映实际对象的模型,就可以着手解决寻找可行的或最优的目标设计参数。对于求目标函数极值的优化问题,其数学模型的一般表达式为

$$\begin{cases} \min & F(X,Y) \quad X,Y \in R^n \\ \text{s.t.} & g_u(X,Y)=0, \quad u=1,2,\cdots,m \\ & h_v(X,Y) \leqslant 0, \quad v=1,2,\cdots,p \end{cases}$$

式中,$F(X,Y)=[f_1(X,Y),f_2(X,Y),\cdots,f_q(X,Y)]^T$,是 q 维目标向量;X 为设计变量;Y 为状态变量。

在上述目标函数的最优化过程中,$q=1$ 为单目标优化问题,$q>1$ 为多目标优化问题。在多目标优化方法中,由于各目标优化对设计变量的要求往往是互相矛盾的,这就需要进行协调,以便取得一个对于各目标函数都比较好的最佳方案。

考虑到多目标函数最优化问题中各目标在同一层面上的重要程度不一样,可采用加权组合法,将各项分目标函数按下式组合成统一的目标函数:

$$F(X,Y)=\sum_{j=1}^{q} W_j f_j(X,Y) \rightarrow \min$$

式中,W_j 为加权因子,是一个大于零的数,其值决定于各项目标的重要程度及其数量级。

可以用正则化加权处理,即取 $\sum_{j=1}^{q} W_j=1$ 以表示各目标的相对重要程度。显然,加权因子选择得合理与否,将直接影响优化设计的结果,期望各项目标函数的下降率尽可能调得相近,且使各变量变化对目标函数值的灵敏度尽量趋向一致。

考虑到多目标优化问题中各目标的主次关系不一样,在优化设计中显然应首先考虑主要

目标,同时兼顾次要目标。主要目标法以此为指导思想。该方法首先将 q 个目标函数按其重要程度作出排列,然后以此求各项分目标函数的极小值。

对于求第 k 个目标函数极小化的数学模型

$$\begin{cases} f_k^* = \min f_k(\boldsymbol{X},\boldsymbol{Y}) \quad \boldsymbol{X},\boldsymbol{Y} \varepsilon \mathbf{R}^n \quad (1<k<q) \\ \text{s. t.} \quad g_u(\boldsymbol{X},\boldsymbol{Y})=0 \quad u=1,2,\cdots,m \\ h_v(\boldsymbol{X},\boldsymbol{Y}) \leqslant 0, \quad v=1,2,\cdots,p \\ f_j(\boldsymbol{X},\boldsymbol{Y}) - f_j^* \leqslant 0 \quad j=1,2,\cdots,k-1,k+1,\cdots,q \end{cases}$$

通过将上一个目标函数的最优值转化为附加约束,将多目标优化问题,转换成一系列单目标带附加约束的最优化问题,从而求得整个设计可以接受的相对最优解,有时称为非劣解。

三、面向系统设计的评价准则与评估方法

评价准则的选择是系统设计工作最主要的组成部分。每当对设计方案进行评定或要从若干方案中选定某一方案时都要有评价准则。不仅飞机性能和参数量值的确定,而且所设计和制造出来的飞机的未来发展都要依赖于评价准则的正确运用。准则选得不全面或不合理,将使得对飞机的评价也不正确。

早期的飞机是按一些主要战术技术指标或者飞机的性能进行评价的,显然分别按各自的准则对飞机进行评价和比较,不可能整体地评价飞机。因此,必须有能全面反映所有应该考虑的飞机使用方面和构造方面特性和参数统一的一般准则。这种准则不应是勉强制定出来的,它必须能反映所研制飞机的主要目的和任务。对于军用飞机是作战效能,即满足完成给定战斗任务要求的程度;对民用飞机是在满足给定的安全性、舒适性及定期飞行方面各种要求的情况下,最经济地运送旅客与货物。

飞机作战效能是一个内涵、外延十分丰富、运用范围极广的概念,可以从不同角度、不同侧重点来描述。通常是指完成指定战斗任务的能力,而从系统工程的角度,考虑飞机整个综合系统时,它还应该包含可用度、可靠度、保障度。由第五章可知效能可表示为

$$E = C \times A \times D \times S$$

这四项只要有一项很差,飞机的作战效能就会很低。飞机的作战能力如性能、威力等就飞机本身而言往往与飞机的设计思想、生产制造水平等有着决定性的关系,选配不同的动力系统、武器系统、航电系统对作战能力的提高至关重要,而作战当中战术的运用对作战能力的提高也起着相当大的作用;作战飞机的可用度、可靠度除了在设计时打下的基础外,往往还与使用过程的维修管理、零备件供应的组织工作以及使用方式等有关,反映了地面保障系统和机组的情况;飞机的保障度是指飞机的持续使用能力,牵涉到零备件需求、后勤供应和战时生产能力等问题,也反映了地面保障系统的情况。实际上在效能分析公式中还没有考虑飞行员和指挥员的素质。而人的因素是相当关键的,及时而准确的指挥和控制能充分发挥飞机和武器性能、提升完成作战任务的能力。但考虑到研究问题的针对性和可比性,一般不考虑人为的因素,只是

研究作战系统完成一定作战任务的能力,另外选取的作战效能指标也应对人为因素有尽可能低的敏感性。作战效能指标是描述作战效能高低的数字准则,通用的作战效能指标有:完成任务所需要的飞机架数、完成任务所损失的飞机架数、我方机群击毁目标的平均数量或概率、完成任务所需要的可比总费用等。

吨／公里费用和全寿命周期费用 LCC(Life Cycle Cost) 作为评价和比较民用飞机的经济性准则,直接反映了设计、制造和使用飞机所需的费用。当在飞机的航程、巡航速度、有效载重、各部分的成本和寿命均不变的条件下,对不同的飞机进行比较时,经济性准则变成更简单的准则,即飞机的起飞重量。当其他条件相同时,起飞重量最小的飞机方案即为最优方案。在许多情况下,使用重量准则可以明显地简化飞机参数优选和飞机设计工作。当然,这种评价方法的基础是建立在对各种等价重量值的概念上。

为了改善所设计飞机的某项性能(例如升阻比、耗油率、寿命等),常常要以降低其他方面的性能(例如重量特性、价格等)为代价。因为当某一参数得到改善,往往会使其他参数变坏,所以在设计过程中必须找出最合理地改善该参数的极限。如果有两个量值同时改变,而它们分别引起的飞机评价准则的变化大小相等,但符号相反,则认为这两个量值是等价的,可表示如下:

$$\sum_{i \geqslant 2} \Delta a_i = 0 \tag{6.31}$$

式中 a——飞机的评价准则;i——参数的数量。

对于飞机主要的特性参数升阻比 K、阻力 D_0 及阻力系数 C_{D0}、飞机成本 C_c 和飞机寿命 T_c,在不改变评价准则的情况下,其转化为等价重量的条件如下:

$$\Delta a_W + \Delta a_K = 0$$
$$\Delta a_W + \Delta a_{D0} = 0$$
$$\Delta a_W + \Delta a_{CD0} = 0 \tag{6.32}$$
$$\Delta a_W + \Delta a_{Cc} = 0$$
$$\Delta a_W + \Delta a_{Tc} = 0$$

显然,以上式子变为不等式,就得到评价设计方案是否合理的条件,若大于零参数未达最佳值;若小于零参数超出可能范围。在对若干个方案进行比较时,起飞重量减低最多的方案是最优方案。

有关飞机设计的通用评价准则的基本要求简述如下:

(1) 准则应该是可以度量的值,计算方法应是已知的;

(2) 准则应考虑设计对象的基本目的,同时也要考虑使用条件和限制;

(3) 准则应包括必须进行评价或优化的参数和性能;

(4) 必须使在不同层次上(各设计阶段)选择方案的准则不能有矛盾;

(5) 最好对各设计阶段都是同一个准则。

显然最后一项要求只是一种愿望,因为有时难于给出某种合适的统一准则。目前较为常用的统一准则有效 — 费比。用这种准则,须找出对应于给定成本的并使飞机效能最高的飞机参数;或者相反,即一架或全部飞机及其保障系统的效能给定,使成本费用最低的飞机参数。在无法给出统一准则时,要按若干个可能的准则来求解。在这种情况下,需要进行决策选择折中的方案。

从系统工程方法出发,确定相互联系的综合准则,要在系统计算的每一个层次上都找到最佳参数,并客观地评价设计结果。选择评价准则,使之适用于每个设计层次、每个组成部分和子系统参数与性能的选择,从而保证整个系统的高效率。因此,决策过程必须遵循最优化的原理:如果所有层次的各组成部分和子系统,对应于更高层次的准则是最优的,则整个系统最优。以上过程的层次结构如图 6.9 所示。

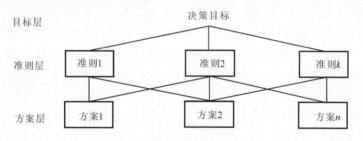

图 6.9　多准则决策的层次结构

运筹学中的层次分析法 AHP(Analytic Hierarchy Process,AHP)是广泛应用于此类问题的方法。AHP 法充分体现了人的大脑思维的基本方法 —— 分析和综合。分析过程是将复杂问题划为层次结构以及单一目标两两成对进行比较的;综合过程是用数值计算进行综合判断,以得出各因素按其相对重要性的排序。该方法将定量分析与定性分析相结合,改变了最优化技术只能处理定量分析的传统,广泛应用于许多决策问题如指标分配、冲突分析、方案评比等。

AHP 法依据人们对每一层次元素相互重要性给出判断,把这些判断用数值表示出来,写成矩阵形式,即为判断矩阵。假定 A 层元素与下一层元素 $B_1, B_2, \cdots, B_n$ 有联系,判断矩阵如下:

A_k	B_1	B_2	$\cdots$	B_n
B_1	b_{11}	b_{12}	$\cdots$	b_{1n}
B_2	b_{21}	b_{22}	$\cdots$	b_{2n}
$\vdots$	$\vdots$	$\vdots$		$\vdots$
B_n	b_{n1}	b_{n2}	$\cdots$	b_{nn}

其中,b_{ij} 表示对 A_k 而言,$\boldsymbol{B}_i$ 与 B_j 相对重要性的数值表现形式(一般用 $1 \sim 9$ 定量表示)。

判断矩阵的计算表明对于上一层次中某元素而言本层次与之有关的元素的重要性次序的数值。它是本层次中所有元素对上一层次而言其重要性进行排序的基础。层次单排序可归结为求判断矩阵的特征值和特征向量问题,即对判断矩阵 $\boldsymbol{B}$ 计算:

$$\boldsymbol{BW} = \lambda_{\max} \boldsymbol{W} \tag{6.33}$$

求出 $\boldsymbol{B}$ 的最大特征值 $\lambda_{\max}$ 和特征向量 $\boldsymbol{W}$。特征向量 $\boldsymbol{W}$ 的分量 W_i 即是相应元素单排序的权值。利用同一层次中各元素单排序结果,合成对应上一层次元素的权重,形成本层次所有元素相对重要性权值,这就是层次总排序。总排序要从上到下逐层进行计算,最高层的下一层的单排序即为总排序,由此逐层往下计算。

假设上一层所有元素 $A_1, A_2, \cdots, A_m$ 的总排序已完成,得到的权值分别为 $a_1, a_2, \cdots, a_m$。相邻下层的所有元素为 $B_1, B_2, \cdots, B_n$,它对应于上层元素 A_i 的的单排序计算结果为 $b_1^i, b_2^i, \cdots, b_n^i$。若 B_j 与 A_i 无关,则 $b^{ij} = 0$,则 B 层总排序计算列表如下:

A 层 B 层	A_1	A_2	$\cdots$	A_m
	a_1	a_2	$\cdots$	a_m
B_1	b_1^1	b_1^2	$\cdots$	b_1^m
B_2	b_2^1	b_2^2	$\cdots$	b_2^m
$\vdots$	$\vdots$	$\vdots$	$\cdots$	$\vdots$
B_n	b_n^1	b_n^2	$\cdots$	b_n^m

对应 B 层所有元素 $B_1, B_2, \cdots, B_n$ 的总排序为

$$\sum_{i=1}^{m} a_i b_1^i, \sum_{i=1}^{m} a_i b_2^i, \cdots, \sum_{i=1}^{m} a_i b_n^i$$

利用 AHP 方法所作出的每一个判断不可能向实际那样准确,但可以认为这些判断是围绕一组准确判断的有微小差别的判断。再经过进一步的综合评价,选择满意的实际方案。

下面给出一种类型飞机的各子系统的重要性分析实例,该系统的简单层次如下:

使用方要求层 → 可靠性、维修性、检测性、保障性、安全性

　　↓

　主设计系统层 → 机体、动力系统、武器系统、电子系统

　　　↓

　子功能系统层 → 机身和机翼、起落架、发动机、进气道、军械、火控、航电、电子对抗

基本要求之间的重要性如下：

使用方要求	可靠性	维修性	检测性	保障性	安全性	相对重要性
可靠性	1	5	7	7	1	0.38
维修性	1/5	1	2	2	1/7	0.082
检测性	1/7	1/2	1	1/2	1/9	0.042
保障性	1/7	1/2	2	1	1/8	0.057
安全性	1	7	9	8	1	0.439

主要设计系统之间的重要性如下：

主设计系统	可靠性	维修性	检测性	保障性	安全性	相对重要性	排序
机体	9	7	7	8	9	0.261 7	2
动力系统	9	7	9	7	9	0.268 9	1
武器系统	7	5	5	9	9	0.233 1	4
电子系统	7	7	9	5	9	0.236 3	3
使用要求相对重要性	0.38	0.082	0.042	0.057	0.439		

各子功能实现系统的相对重要性如下：

子功能系统	机体	动力系统	武器系统	电子系统	相对重要性	排序
机身和机翼	9	3	5	7	0.138 7	3
起落架	7	1	3	7	0.103 1	6
发动机	7	9	7	7	0.174 8	1
进气道	5	7	5	5	0.128 4	4
军械	3	1	9	5	0.100 5	7
航电	3	1	9	8	0.116 7	5
火控	3	7	7	9	0.149	2
电子对抗	1	1	5	9	0.088 6	8
主设计系统相对重要性	0.261 7	0.268 9	0.233 1	0.236 3		

从以上计算结果可知，使用要求中若安全性为第一，则发动机的特性影响最大。

参 考 文 献

1　叶格尔 C M 等.飞机设计.杨景佐等译.北京:航空工业出版社,1986

2　杨景佐,曹名.飞机总体设计.北京:航空工业出版社,1991

3　[美]雷曼尔 D P 著.现代飞机设计.钟定逵等译.北京:国防工业出版社,1992

4　方宝瑞.飞机气动布局设计.北京:航空工业出版社,1997

5　朱宝鎏等.作战飞机效能评估.北京:航空工业出版社,1993

6　张恒喜等.现代飞机效费分析.北京:航空工业出版社,2001

7　顾诵芬等.飞机总体设计.北京:北京航空航天大学出版社,2002

8　李学国.飞机设计中的主动控制技术.北京:航空工业出版社,1985

9　徐鑫福等.现代飞机操纵系统.北京:北京航空学院出版社,1987

10　郭锁凤等.先进飞行控制系统.北京:国防工业出版社,2003

11　李为吉.现代飞机总体综合设计.西安:西北工业大学出版社,2001

12　Raymer D P. Aircraft Design：A Conceptal Approach. AIAA Education Series，1992

13　Roskam J. Airplane Design. Part I Preliminary Sizing of Airplane，Part II Preliminary Configuration Design and Integration of the Propulsion System. DAR Corporation，1997

14　Stinton D. The Design of the airplane. Second Edition，AIAA, Inc. 2001

15　Corke T C. Design of aircraft. Prentice Hall，Pearson Education，Inc. 2003

16　Жеребин А М,Коротин О С. Елементы Внешнего Проектирования Ударных. Москва：МАИ Иэдательство,1987

17　Sobieski J etal. Multidisciplinary Aerospace Design Optimization：Survey of Recent Developments. Structural Optimization,1997,14(1)

18　Kroo I etal. Collaborative Optimization：Status and Directions. AIAA2000－4721